人力资源和社会保障部职业能力建设司推荐
冶金行业职业教育培训规划教材

地下采矿技术

（第2版）

主　编　陈国山
副主编　毕俊召　季德静
　　　　陈西林　韩佩津

北　京
冶金工业出版社
2018

内 容 提 要

本书为冶金行业职业技能培训教材,是参照冶金行业职业技能标准和职业技能鉴定规范,根据矿山企业的生产实际和岗位群的技能要求编写的,并经人力资源和社会保障部职业培训教材工作委员会办公室组织专家评审通过。

本书主要内容包括:地下采矿概述,地下采矿开拓,地下采矿提升、运输工作,地下采矿通风、排水、供水、供压、供电等辅助系统,地下采矿工艺,空场采矿法,充填采矿法,崩落采矿法,以及回采技术等。

本书可作为高职高专院校相关专业的教材(配有教学课件),也可供有关矿山工程技术人员参考。

图书在版编目(CIP)数据

地下采矿技术/陈国山主编. —2 版. —北京:冶金工业出版社,2018.1

人力资源和社会保障部职业能力建设司推荐 冶金行业职业教育培训规划教材

ISBN 978-7-5024-7519-2

Ⅰ.①地… Ⅱ.①陈… Ⅲ.①地下采矿法—技术培训—教材 Ⅳ.①TD803

中国版本图书馆 CIP 数据核字(2017)第 101909 号

出 版 人 谭学余
地 址 北京市东城区嵩祝院北巷 39 号 邮编 100009 电话 (010)64027926
网 址 www.cnmip.com.cn 电子信箱 yjcbs@cnmip.com.cn
责任编辑 俞跃春 杜婷婷 美术编辑 彭子赫 版式设计 孙跃红
责任校对 卿文春 责任印制 李玉山
ISBN 978-7-5024-7519-2
冶金工业出版社出版发行;各地新华书店经销;三河市双峰印刷装订有限公司印刷
2008 年 1 月第 1 版,2018 年 1 月第 2 版,2018 年 1 月第 1 次印刷
787mm×1092mm 1/16;16.5 印张;437 千字;244 页
48.00 元
冶金工业出版社 投稿电话 (010)64027932 投稿信箱 tougao@cnmip.com.cn
冶金工业出版社营销中心 电话 (010)64044283 传真 (010)64027893
冶金书店 地址 北京市东四西大街 46 号(100010) 电话 (010)65289081(兼传真)
冶金工业出版社天猫旗舰店 yjgycbs.tmall.com
(本书如有印装质量问题,本社营销中心负责退换)

冶金行业职业教育培训规划教材
编辑委员会

序

吴溪淳

　　改革开放以来，我国经济和社会发展取得了辉煌成就，冶金工业实现了持续、快速、健康发展，钢产量已连续数年位居世界首位。这其间凝结着冶金行业广大职工的智慧和心血，包含着千千万万产业工人的汗水和辛劳。实践证明，人才是兴国之本、富民之基和发展之源，是科技创新、经济发展和社会进步的探索者、实践者和推动者。冶金行业中的高技能人才是推动技术创新、实现科技成果转化不可缺少的重要力量，其数量能否迅速增长、素质能否不断提高，关系到冶金行业核心竞争力的强弱。同时，冶金行业作为国家基础产业，拥有数百万从业人员，其综合素质关系到我国产业工人队伍整体素质，关系到工人阶级自身先进性在新的历史条件下的巩固和发展，直接关系到我国综合国力能否不断增强。

　　强化职业技能培训工作，提高企业核心竞争力，是国民经济可持续发展的重要保障，党中央和国务院给予了高度重视，明确提出人才立国的发展战略。结合《职业教育法》的颁布实施，职业教育工作已出现长期稳定发展的新局面。作为行业职业教育的基础，教材建设工作也应认真贯彻落实科学发展观，坚持职业教育面向人人、面向社会的发展方向和以服务为宗旨、以就业为导向的发展方针，适时扩大编者队伍，优化配置教材选题，不断提高编写质量，为冶金行业的现代化建设打下坚实的基础。

　　为了搞好冶金行业的职业技能培训工作，冶金工业出版社在人力资源和社会保障部职业能力建设司和中国钢铁工业协会组织人事部的指导下，同河北工业职业技术学院、昆明冶金高等专科学校、吉林电子信息职业技术学院、山西工程职业技术学院、山东工业职业学院、安徽工业职业技术学院、武汉钢铁集团公司、山钢集团济钢公司、云南文山铝业有限公司、中国职工教育和职业培训协会冶金分会、中国钢协职业培训中心、中国钢协人力资源与劳动保障工作委员会教育培训研究会等单位密切协作，联合有关冶金企业、高职院校和本科院校，编写了这套冶金行业职业教育培训规划教材，并经人力资源和社会保障部职业培训教材工作委员会组织专家评审通过，由人力资源和社会保障部职业能力建设司给予推荐，有关学校、企业的编写人员在时间紧、任务重的情况下，克服困难，辛勤工作，在相关科研院所的工程技术人员的积极参与和大力支持下，出色地完成了前期工作，为冶金行业的职业技能培训工作的顺利进行，打下了坚实的基础。相信这套教材的出版，将为冶金企业生产一线人员理论水平、操作水平和管理水平的进一步提高，企业核心竞争力的不断增强，起到积极的推进作用。

随着近年来冶金行业的高速发展，职业技能培训工作也取得了令人瞩目的成绩，绝大多数企业建立了完善的职工教育培训体系，职工素质不断提高，为我国冶金行业的发展提供了强大的人力资源支持。今后培训工作的重点，应继续注重职业技能培训工作者队伍的建设，丰富教材品种，加强对高技能人才的培养，进一步强化岗前培训，深化企业间、国际间的合作，开辟冶金行业职业培训工作的新局面。

展望未来，任重而道远。希望各冶金企业与相关院校、出版部门进一步开拓思路，加强合作，全面提升从业人员的素质，要在冶金企业的职工队伍中培养一批刻苦学习、岗位成才的带头人，培养一批推动技术创新、实现科技成果转化的带头人，培养一批提高生产效率、提升产品质量的带头人；不断创新，不断发展，力争使我国冶金行业职业技能培训工作跨上一个新台阶，为冶金行业持续、稳定、健康发展，做出新的贡献！

编委会的话

党的十九大报告中提出，建设教育强国是中华民族伟大复兴的基础工程，必须把教育事业放在优先位置，深化教育改革，加快教育现代化，办好人民满意的教育。同时提出，完善职业教育和培训体系，深化产教融合、校企合作。这些都对职业教育的发展提出了新要求，指明了发展方向。

在当前冶金行业转型升级、节能减排、环境保护以及清洁生产和社会可持续发展的新形势下，企业对高技能人才培养和院校复合型人才的培育提出了更高的要求。从冶金工业出版社举办首次"冶金行业职业教育培训规划教材选题编写规划会议"至今已有10多年的时间，在各企业和院校的大力支持下，到2014年12月共出版发行培训教材60多种，为企业高技能人才和院校学生的培养提供了培训和教学教材。为适应冶金行业新形势下的发展，需要更新修订和补充新的教材，以满足有关院校和企业的需要。为此，2014年12月，冶金工业出版社与中国钢协职业培训中心在成都组织召开了第二次"冶金行业职业教育培训规划教材选题编写规划会议"。会上，有关院校和企业代表认为，培训教材是职业教育的基础，培训教材建设工作要认真贯彻落实科学发展观，坚持职业教育面向人人、面向社会的发展方向和以服务为宗旨、以就业为导向的发展方针，适时扩大编者队伍，优化配置教材选题。培训教材要具有实用、应用为主的原则，将必要的专业理论知识与相应的实践教学相结合，通过实践教学巩固理论知识，强化操作规范和实践教学技能训练，适应当前新技术和新设备的更新换代，以满足当前企业现场的实际应用，补充新的内容，提高学员分析问题和解决生产实际问题的能力的特点，加强实训，突出职业技能。不断提高编写质量，为冶金行业现代化打下坚实的基础。会后，中国钢协职业培训中心与冶金工业出版社开始组织有关院校和企业编写修订教材工作。

近年来，随着冶金行业的高速发展，职业技能培训工作也取得了令人瞩目的成绩，绝大多数企业建立了完善的职工教育培训体系，职工素质不断提高。各企业大力开展就业技能培训、岗位技能提升培训和创业培训，贯通技能劳动者从初级工、中级工、高级工到技师、高级技师的成长通道。适应企业产业升级和技术进步的要求，使高技能人才培训满足产业结构优化升级和企业发展需求。进一步健全企业职工培训制度，充分发挥企业在职业培训工作中的重要作用。对职业院校学生要强化职业技能和从业素质培养，使他们掌握中级以上职业技能，为我国冶金行业的发展提供了强大的人力资源支持。相信这些修订后的教材，会进一步丰富品种，适应对高技能人才的培养。今后我们应继续注重职业技能培训工作者队伍的建设，进一步强化岗前培训，深化职业院校企业间的合作及开展技能大赛，开辟冶金行业职业技能培训工作的新局面。

展望未来，要大力弘扬劳模精神和工匠精神，让冶金行业更绿色、更智能。期待本套培训教材的出版，能为继续做好加强冶金行业职业技能教育，培养更多大国工匠，为我国冶金行业职业技能培训工作跨上新台阶做出新的贡献！

第 2 版前言

本书是按照人力资源和社会保障部的规划，受中国钢铁工业协会和冶金工业出版社的委托，参照冶金行业职业技能标准和职业技能鉴定规范，根据矿山企业的生产实际和岗位群的技能要求编写的。书稿经人力资源和社会保障部职业培训教材工作委员会办公室组织专家评审通过，由人力资源和社会保障部职业能力建设司推荐作为冶金行业职业技能培训教材。

本书在 1 版书的基础上修订而成。主要修订了下列内容：

(1) 部分采矿方法增加了立体图，更加容易理解各种采准工程、切割工程的位置关系。

(2) 增加了充填材料、充填设备、充填技术等内容。

(3) 增加了覆盖岩石下放矿理论。

(4) 增加了地下采矿安全避险六大系统的内容。

(5) 更新了部分图表。

(6) 删除了用量极少的采矿方法。

参加本书编写工作的有：吉林电子信息职业技术学院陈国山、毕俊召、季德静、陈西林、韩佩津，潼关黄金矿业公司陈锋利，包头鑫达黄金矿业公司卢铀嘉，华鑫矿业公司刘乾，夹皮沟黄金矿业公司谭洪亮、姜武剑、陈超凡、任俊、刘忠言、李跃东、王文泽，长春黄金研究院邢万芳。全书由陈国山担任主编，毕俊召、李德静、陈西林、韩佩津担任副主编。

本书在编写过程中得到许多同行、矿山工程技术人员的支持和帮助，在此表示衷心的感谢。

本书配套教学课件可从冶金工业出版社官网（http://www.cnmip.com.cn）教学服务栏目中下载。

由于作者水平有限，书中不妥之处，欢迎读者批评指正。

作 者
2016 年 11 月

第1版前言

本书是按照劳动和社会保障部的规划，受中国钢铁工业协会和冶金工业出版社的委托，在编委会的组织安排下，参照冶金行业职业技能标准和职业技能鉴定规范，根据冶金企业的生产实际和岗位群的技能要求编写的。书稿经劳动和社会保障部职业培训教材工作委员会办公室组织专家评审通过，由劳动和社会保障部培训就业司推荐作为冶金行业职业技能培训教材。

地下采矿技术是采矿技术重要的组成部分。随着采矿业的迅速发展，地下采矿的矿山数量增多，从业人员数量扩大，矿山生产安全、矿产资源的有效利用、矿山生产的环境等问题日益突出，矿山开采技术的更新速度加快。因此，采矿业需要培训一批既懂得金属矿开采基本知识和基本生产工艺，又能熟练操作各种设备的技术工人。为此，我们在总结多年来从事培训教学工作经验的基础上，编写了本书。

参加本书编写工作的有：吉林电子信息职业技术学院陈国山、毕俊召、季德静，长春黄金研究院邢万芳，板石矿业有限公司吴军海，吉林吉恩镍业有限公司张晓满、于洪义、穆怀富、王安强、冷述智、于文、张维涛、王世忠，夹皮沟黄金矿业公司马杰、贾元新。本书由陈国山担任主编，邢万芳、吴军海担任副主编。

在编写过程中，得到许多同行、矿山工程技术人员的支持和帮助，在此表示衷心的感谢。

由于水平所限，书中不妥之处，诚请读者批评指正。

编　者

2007 年 9 月

目　　录

1 地下采矿概述

1.1 矿床基本特征

1.1.1 基本概念

凡是地壳中的矿物自然聚合体，在现代技术经济水平条件下，能以工业规模从中提取国民经济所必需的金属或其他矿物产品者，称作矿石。以矿石为主体的自然聚集体称为矿体。矿床是矿体的总称，一个矿床可由一个或多个矿体所组成。矿体周围的岩石称为围岩，据其与矿体的相对位置的不同，有上盘围岩、下盘围岩与侧翼围岩之分。缓倾斜及水平矿体的上盘围岩也称为顶板，下盘围岩称为底板。矿体的围岩及矿体中的岩石（夹石），不含有用成分或含量过少，从经济角度出发无开采价值的称为废石。

矿石中有用成分的含量，称为品位。品位常用百分数表示。黄金、金刚石、宝石等贵重矿石，常分别用 1t（或 1m³）矿石中含多少克或克拉有用成分来表示，如某矿的金矿品位为 5g/t 等。矿床内的矿石品位分布很少是均匀的。对各种不同种类的矿床，许多国家都有统一规定的边界品位。边界品位是划分矿石与废石（围岩或夹石）的有用组分最低含量的标准。矿山计算矿石储量分为表内储量与表外储量。表内外储量划分的标准是按最低可采平均品位，又名最低工业品位，简称工业品位。按工业品位圈定的矿体称为工业矿体。显然工业品位高于或等于边界品位。

矿石和废石，工业矿床与非工业矿床划分的概念是相对的。它是随着国家资源情况、国民经济对矿石的需求、经济地理条件、矿石开采及加工技术水平的提高，以及生产成本升降和市场价格的变化而变化。例如，我国锡矿石的边界品位高于一些国家的规定 5 倍以上；随着硫化铜矿石选矿技术提高等原因，铜矿石边界品位已由 0.6% 降到 0.3%；有的交通条件好的缺磷肥地区，所开采的磷矿石品位，甚至低于边疆交通不便富磷地区的废石品位。

1.1.2 矿石的种类

矿床按其存在形态的不同，可分为固相、气相（如二氧化碳气矿、硫化氢气矿）及液相（如盐湖中的各种盐类矿物、液体天然碱）等三种。

矿石按其属性来分，可分为金属矿石及非金属矿石两大类。其中金属矿石又可根据其所含金属种类的不同，分为贵重金属矿石（金、银、铂等）、有色金属矿石（铜、铅、锌、铝、镁、锑、钨、锡、铝等）、黑色金属矿石（铁、锰、铬等）、稀有金属矿石（钽、铌等）和放射性矿石（铀、钍等）。据其所含金属成分的数目，矿石可分为单一金属矿石和多金属矿石。

金属矿石按其所含金属矿物的性质，矿物组成及化学成分，可分为：

(1) 自然金属矿石。这是指金属以单一元素存在于矿床中的矿石，如金、银、铂、铜等。

(2) 氧化矿石。这是指矿石中矿物的化学成分为氧化物、碳酸盐及硫酸盐的矿石，如赤铁矿 Fe_2O_3、红锌矿 ZnO、软锰矿 MnO_2、赤铜矿 CuO、白铅矿 $PbCO_3$ 等。一些铜矿及铅锌矿床，在靠近地表的氧化带内，常有氧化矿石存在。

(3) 硫化矿石。这是指矿石中矿物的化学成分为硫化矿物的矿石，如黄铜矿 $CuFeS_2$、方铅矿 PbS、辉钼矿 MeS_2 等。

(4) 混合矿石。这是指矿石中含有上述三种矿物中两种和两种以上的矿石混合物。开采这类矿床时，要考虑分采分运的可能性。

我国化工系统开采多种盐类矿床，这些盐类矿物具有共同的特点，就是溶于水，只是各种矿物的溶解度不相同。按化学组成，盐类矿物可分为氯化物盐类矿物（如岩盐，钾石盐）、硫酸盐盐类矿物（如石膏、芒硝）、碳酸盐盐类矿物（如天然碱）、硝酸盐盐类矿物（如智利硝石）、硼酸盐盐类矿物（如硼矿）等。

矿石中有用成分含量的多少是衡量矿石质量的一个重要指标。根据矿石中含有用成分的多少，矿石有富矿、中矿和贫矿之分。如磁铁矿品位超过 55% 时为平炉富矿，品位在 50%~55% 时为高炉富矿，品位为 30%~50% 时为贫矿。贫铁矿必须进行选矿。品位超过 1% 的铜矿即为富矿。硫铁矿和磷矿常以品位合格不经选矿加工作为商品矿出售。含五氧化二磷 $w(P_2O_5)$ = 30% 的磷矿石和含硫 $w(S)$ = 35% 的硫铁矿作为标准矿；凡采出的磷矿和磁铁矿，均以其实际品位折合成标准矿计算产量。例如，生产出 3t 品位为 23.3% 的硫铁矿折算成 2t 标准硫铁矿产量。

矿石按其有用成分的价值可分为高价矿、中价矿及低价矿。低价矿如我国的磷矿石，一般都不用成本较高的充填采矿法开采。我国的金矿及高品位的有色、贵重和稀有金属矿，则可用充填采矿法开采。开采高价矿及富矿时，更应尽量减少开采损失和贫化。

对于某些矿物，主要是非金属矿物，决定其使用价值的不仅是有用成分的含量，还要考虑某些特殊物理技术性能，如晶体结构及晶体完整、纯净程度以及有害成分含量等，并以此定等划分品级，以适应不同的工业用途。

矿石中某些有害成分以及开采时围岩中有害成分的混入，如果通过选矿不能除去，或者不经选矿而直接用原矿（如高炉富铁矿）加工时，都会降低矿石的使用价值。铁矿石含硫、磷超过一定标准时，将严重影响钢铁质量。磷矿石中的氧化镁超过标准时（包括围岩的混入），会影响磷矿石的使用价值，增加加工成本。

1.1.3 矿岩力学性质

矿石的硬度、坚固性、稳固性、结块性、氧化性、自燃性、含水性和碎胀性是矿石和围岩的主要物理力学特性，它们对矿床的开采方法有较大的影响。

1.1.3.1 硬度

硬度是抵抗工具侵入的性能。它取决于组成矿岩成分的颗粒硬度、形成、大小、晶体结构及胶结物的情况等。

1.1.3.2 坚固性

坚固性是指矿岩抵抗外力的性能。这里所指的外力是一种综合性的外力，它包括工具的冲击、机械破碎以及炸药爆炸等作用力。它与矿岩强度的概念有所不同。强度是指矿岩抵抗压缩、拉伸、弯曲和剪切等单向作用力的性能。

坚固性的大小，常用坚固性系数 f 来表示。它反映矿岩的极限抗压强度、凿岩速度、炸药消耗量等值的综合值。目前，在我国坚固性系数常用矿岩的极限抗压强度来表示

$$f = \frac{R}{10}$$

式中　R——矿岩的极限抗压强度，MPa。

测试矿岩极限抗压强度的试件不含弱面，而岩体一般都含有弱面。考虑弱面的存在，可引入构造系数，相应降低矿岩强度，根据岩体中弱面平均间距不同，构造系数见表 1-1。

表 1-1　构造系数

岩体中弱面的 平均间距/m	构造系数	岩体中弱面的 平均间距/m	构造系数
>1.5	0.9	0.5~0.1	0.4
1.5~1	0.8	<0.1	0.2
1~0.5	0.6		

1.1.3.3　稳固性

矿岩的采掘空间允许暴露面积的大小和允许暴露时间长短的性能，称为矿岩的稳固性。稳固性与坚固性是两个不同的概念。稳固性与矿岩的成分、结构、构造、节理、风化程度、水文条件以及采掘空间的形状有关。坚固性好的矿岩，在节理发育、构造破坏地带，其稳固性就差。

矿岩稳固性对选择采矿方法和采场地压管理方法以及井巷的维护，有非常大的影响。矿岩按稳固程度通常可分为以下 5 种：

（1）极不稳固的。掘进巷道或开辟采场时，顶板和两帮无支护情况下，不允许有任何暴露面积，一般要超前支护，否则就会冒落或片帮的矿岩。此种矿岩很少（如流沙等）。

（2）不稳固的。只允许有很小的暴露面，并需及时坚固支护。

（3）中等稳固的。允许较大的暴露面积，并允许暴露相当长时间，再进行支护。

（4）稳固的。允许暴露面积很大，只有局部地方需要支护。

（5）极稳固的。允许非常大的暴露面积，无支护条件下长时间不会发生冒落。这种矿岩较前两种更为少见。

1.1.3.4　结块性

矿石从矿体中采下后，在遇水或受压后重新结成整体的性能，称为结块性。一般含黏土或高岭土质的矿石，以及含硫较高的矿石容易发生这种情况，这给放矿、装车及运输造成困难。

1.1.3.5　氧化性和自燃性

硫化矿石在水和空气的作用下变为氧化矿石的性能，称为氧化性。矿石氧化时，放出热量，使井下温度升高，劳动条件恶化。矿石氧化后还会降低选矿回收率。

有些硫化矿与空气接触发生氧化并产生热量；当其热量不能向周围介质散发时，局部热量就不断聚集，温度升高到着火点时，会引起矿石自燃。一般认为，硫化矿石含硫质量分数在 18%~20% 以上时，就有可能自燃，但并非所有含硫质量分数在 18%~20% 以上的硫化矿矿石都会自燃，磁化矿石的自燃，还取决于它的许多物理化学性质。

1.1.3.6　含水性

矿石吸收和保持水分的性能，称为含水性。它对放矿、运输、箕斗提升及矿仓贮存有很大影响。

1.1.3.7　碎胀性

矿岩从原矿体上被崩落破碎后，因碎块之间具有空隙，体积比原岩体积增大，这种性能称为碎胀性。破碎后的体积与原岩体积之比，称为碎胀系数（或松散系数）。碎胀系数的大小，与破碎后的矿岩块度大小及矿石形状有关。坚硬的矿石碎胀系数为 1.2~1.6。

1.1.4　矿床的赋存要素

1.1.4.1　走向及走向长度

对于脉状矿体，矿体层面与水平面所成交线的方向，称为矿体的走向。走向长度是指矿体在走向方向上的长度，分为投影长度（即总长度）和矿体在某中段水平的长度。

1.1.4.2　矿体埋深及延深

矿体埋藏深度是指从地表至矿体上部边界的垂直距离，如图 1-1 所示。矿体的延伸深度是指矿体的上部边界至矿体的下部边界的垂直距离或倾斜距离（称为垂高和斜长）。按矿体的埋藏深度可分为浅部矿体和深部矿体。深部矿体埋藏深度一般大于 800m。矿床埋藏深度和开采深度对采矿方法选择有很大影响。开采深度超过 800m，井筒掘进、提升、通风、地温等方面，将带来一系列的问题；地压控制方面可能会遇到各种复杂的地压现象，如岩爆、冲击地压等。目前，我国地下开采矿山的采深多属浅部开采范围，世界上最深的矿井，其开采深度已达 4000m。

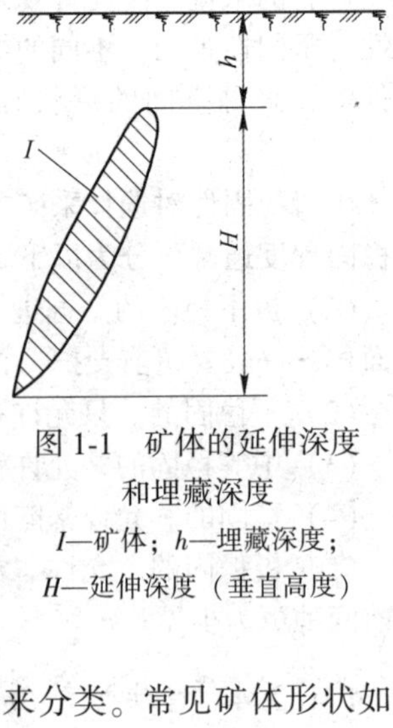

图 1-1　矿体的延伸深度
和埋藏深度
I—矿体；h—埋藏深度；
H—延伸深度（垂直高度）

1.1.4.3　矿体形状

金属矿床的形状、厚度及倾角对于矿床开拓与采矿方法的选择有很大影响。因此，金属矿床多以形状、厚度与倾角为依据来分类。常见矿体形状如图 1-2 所示。

（1）层状矿体。这类矿床大多是沉积和沉积变质矿床，如赤铁矿、石膏矿、锰矿、磷矿、硫铁矿等，如图 1-2（a）所示。这类矿体产状一般变化不大，矿物成分组成比较稳定，埋藏分布范围较大。

（2）脉状矿体。这类矿床大多是在热液和气化作用下矿物质充填在岩体的裂隙中而形成的矿体，如图 1-2（b）和（c）所示。根据有用矿物充填裂隙的情况不同，有呈脉状、网状。矿脉埋藏要素不稳定，常有分枝复合等现象，矿脉与围岩接触处常有蚀变现象。此类矿体多见于有色金属、稀有金属矿体。

（3）块状矿体。如图 1-2（d）~（f）所示。这类矿体主要是热液充填、接触交代、分离和气化作用形成的。其特点是矿体形状不规则，大小不一，大到有上百米的巨块或不规则的透镜体，小到仅几米的小矿巢；矿体与围岩的接触界线不明显。此类矿体常见于某些有色金属矿（铜、铅、锌等）、大型铁矿及硫铁矿等。

开采脉状和块状矿体时，由于矿体形态变化较大，巷道的设计与施工应注意探采结合，以

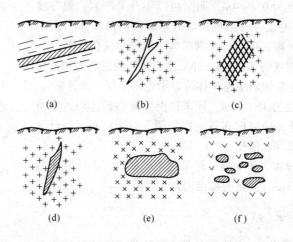

图 1-2 矿体形状

（a）层状矿体；（b）脉状矿体；（c）网脉状矿体；（d）透镜状矿体；（e）块状矿体；（f）巢状矿体

便更好地回收矿产资源。

1.1.4.4 矿体倾角与倾向

矿体倾角是指矿体中心面与水平面的夹角，矿体按倾角分类，主要是便于选择采矿方法，确定和选择采场运搬方式和运搬设备。矿体的倾角常有变化，所以一般所说的倾角常指平均倾角。

矿体倾向是地质构造面由高处指向低处的方向，即垂直于等高线指向标高的降低方向。用构造面上与走向线垂直并沿斜面向下的倾斜线在水平面上的投影线（称作倾向线）表示，是地质体（矿体）在空间赋存状况的一个重要参数。

（1）水平和近水平（微倾斜）矿体。一般是指倾角为 0°~5° 的矿体，这类矿体开采时，可将有轨设备直接驶入采场装运。如果采用无轨设备沿倾向运行，其倾角可到 10° 左右。

（2）缓倾斜矿体。一般是指倾角为 5°~30° 的矿体。这类矿体采场运搬通常用电耙，个别情况下也有采用自行设备或运输机的。

（3）倾斜矿体。通常是指倾角为 30°~55° 的矿体。这类矿体常用溜槽或爆力运搬，有时还用底盘漏斗解决采场运搬。

（4）急倾斜矿体. 一般是指倾角大于 55° 的矿体。这类矿体开采时，矿石可沿底盘自溜，利用重力运搬。薄矿脉用留矿法开采时，倾角一般应大于 60°。

1.1.4.5 矿体厚度

矿体厚度对于采矿方法选择、采准巷道布置以及凿岩工具和爆破方式的选用都有很大的影响。矿体厚度是指矿体上、下盘间的垂直距离或水平距离。前者称为垂直厚度或真厚度，后者称为水平厚度，如图 1-3 所示。开采倾斜、缓倾斜和近水平矿体时矿体厚度常指垂直厚度，而开采急倾斜矿体时常指水平厚度。

由于矿体厚度常有变化，因此常用平均厚度表示。矿体按厚度分类如下：

（1）极薄矿体。厚度在 0.8m 以下。开采这类矿体时，不论其倾角多大，掘进巷道和回采都要开掘围岩，以保证人员及设备所需的正常工作空间。

（2）薄矿体。厚度为 0.8~4m。回采可以不开采围岩，但厚度在 2m 以下，掘进水平巷道需开掘围岩。开采缓倾斜薄矿体时，4m 是单层回采的最大厚（高）度。开采薄矿体一般采用浅孔落矿。

（3）中厚矿体。厚度为 5~15m。开采这类矿体掘进巷道和回采可以不开采围岩。对于急倾斜中厚矿体可以沿走向全厚一次开采。

（4）厚矿体。厚度为 15~40m。开采这类急倾斜矿体时，多将矿块的长轴方向垂直于走向方向布置，即所谓垂直走向布置。开采这类矿体多用中深孔或深孔落矿。

（5）极厚矿体。厚度大于 40m。开采这类矿体时，矿块除垂直走向布置外，有时在厚度方向还要留走向矿柱。

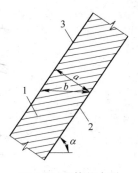

图 1-3　矿体的水平
厚度和垂直厚度
1—矿体；2—矿体下盘；
3—矿体上盘；
a—垂直厚度；b—水平厚度；
α—矿体倾角

1.1.5　矿床的工业特征

由于成矿条件等原因，矿床地质条件一般比较复杂，往往给矿床开采带来不少困难，在开采过程中对这些情况应给予足够的重视。

1.1.5.1　赋存条件不确定

由于成矿的原因，矿体形态常有变化。一个矿体，甚至两个相邻矿体，其厚度和倾角在走向和倾斜方向都会有较大的变化。脉状矿体常有分枝复合、尖灭再生等现象。沉积矿床常有无矿带和薄矿带出现。这些地质变化大多又无规律可循，使探矿工作和开采工作复杂化。除了加强地质工作外，还要求采矿方法具有一定的灵活性，以适应地质条件的变化，并注意探采结合。

1.1.5.2　品位变化大

矿石的品位沿走向和倾斜方向上常有变化，有时变化幅度较大。例如，铅锌矿床可能在某些地区铅比较富集，另一些地区则锌比较富集。矿体中有时还出现夹石。这就要求在采矿过程中按不同条件（品位、品种、倾角、厚度）划分矿块，按不同矿石品种或品级进行分采，剔除夹石，并考虑配矿问题。

1.1.5.3　地质构造复杂

在矿床中常有断层、褶皱、岩脉切入以及断层破碎带等地质构造，给采矿工作造成很大困难。例如，用长壁崩落法开采时，当出现断距大于矿体厚度的断层切断工作面时，工作面就无法继续回采，必须另开切割上山，采场设备也要搬迁，这样既降低工效，又影响产量。有的矿山开采时，碰到大量地下水，有的是地下热水（温泉），使开采非常困难。

1.1.5.4　矿石和围岩坚固

除少数矿山对坚固性较小的铁矿和磷灰岩矿采用连续采矿机直接破碎矿石外，绝大多数非煤矿岩都具有坚固性大的特点，因此凿岩爆破工作繁重，难以实现采矿工作的机械化和连续开采。

1.1.5.5　矿岩含水

矿岩的含水决定排水设备的能力，含水的矿岩在回采工作和溜矿工作中容易结块。地下暗河及地下溶洞水等地下水给开采带来极大的安全隐患。

地下采矿工作的另一特点是工作地点"流动"。一个矿块采完后，人员、设备又要移到另一个矿块去，而每个矿块又都要经过生产探矿、设计、采准、切割和回采等工序，这也体现了采矿工作的复杂性。

1.2 矿床开采基本知识

1.2.1 开采单元的划分

1.2.1.1 矿区的划分

矿床因成因条件的不同，其埋藏范围的大小也各有不同。相对来说，岩浆矿床的规模较小，走向长度常为数百米至一二千米，而沉积矿床埋藏规模较大，常为数千米至数十千米。缓倾斜及近水平的沉积矿床，其倾斜长度也常较大，有的可达一二千米。开采这类规模较大的矿床，就需要将矿床沿走向和倾斜方向划分成若干井田。

我国矿山的管理体制大多是矿业公司下设几个矿山，矿山下设一个或几个采区（或称车间）。矿井（或称坑口）是一个具有独立矿石提运系统并进行独立生产经营的开采单位。习惯上，划归矿井（坑口）开采的这部分矿床称为井田（有时也称为矿段）。划归矿山开采的这部分矿床称为矿田。划归矿业公司开采的矿床称为矿区。如果矿山下面不再分设矿井（坑口），则矿田就等于井田（见图1-4中Ⅰ、Ⅱ号矿田）。否则，一个矿田可包括若干个井田（见图1-4中Ⅲ号矿田）。同样，一个矿区也可包括若干个矿田。

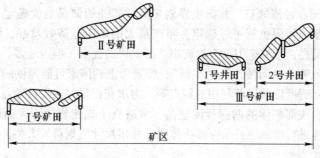

图1-4 矿区、矿田、井田

矿床开采前，首先要确定其开采范围，即井田尺寸。井田尺寸一般都用走向长度和倾斜长度来表示（对于急倾斜矿体，常用垂直深度表示）。

金属矿床一般埋藏范围不大，常根据其自然生成条件，划归一个井田来开采，一般井田走向长数百米至1000~1500m。一些沉积矿床，如磷矿、硫铁矿、石膏矿等矿床，其埋藏范围往往较大，因此井田尺寸相对较大。例如，我国四川、贵州、湖北不少矿由于地质成因关系，地形都比较复杂，工业场地难以选择，井田走向长度在3000~4000m，甚至更大些。应当指出，过大的井田长度会给矿井运输和通风带来困难。

矿山大多是在丘陵地区和山区。井田开采深度常以地面侵蚀基准面为准，分地面以上（上山矿体）和地面以下两部分。有些矿山的上、下两部分矿体的埋藏高度（或斜长）都可达数百米。埋藏范围很大不可能用一个井田来开采的矿床，需要人为地划定其沿走向和倾斜方向的境界。这时，应考虑以下因素：

（1）矿床的自然条件。埋藏连续的矿体，在两井田之间应留20~80m的境界隔离矿柱，以保证两矿井开采时相互不受影响。为减少这些矿柱的损失，应尽可能考虑以矿体开采范围内的地形地物，如河流、湖泊、铁路、水库、大型建筑物以及大断层等为界，如图1-5（a）所示，利用它们的保安矿柱兼作井田边界矿柱，或者可用无矿带、薄矿帮及贫矿作为井田境界矿柱。

具体划分井田境界时，沿走向一般都以某一地质勘探线为界，或以河流、铁路、公路、断层等为界。沿倾斜方向划定井田境界时，急倾斜及倾斜矿体，常以某一标高为界，如图1-5（b）所示；缓倾斜矿体，常以矿体某一标高的顶底板等高线为界；多层倾角较小的矿体，则各层之间以某一界线作垂直划分。

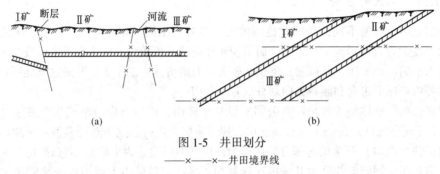

图 1-5 井田划分
——×——井田境界线

在确定矿体上部开采边界时，有时要考虑矿床氧化带的深度。某些金属矿（如铜、铅、锌等）氧化矿的选矿回收率较低，会影响初期投资效益。另外也要考虑到地方小矿山的开采及其影响，给它们划定开采范围。

（2）矿井的规模和经济效益。井田境界划定后，矿井的储量也就确定了，与之相应的经济合理的年产量和服务年限也就可以确定。年产量大的矿山经济效益好，但所需的大型设备多，基建投资大；反之，小型矿山具有投资小、出矿快的优点，但占地多、经济效益差。在划定井田尺寸时应充分考虑"国情"和"矿情"，即要考虑到国家可能提供的资金和设备、国民经济对该矿产的需要程度以及资源利用的特点等，力求获得最好的经济效益。

在实际工作中，浅部矿体的勘探程度较高，常适宜于先建规模不大的矿井，在开采过程中，逐步对深部矿体进行勘探。开采深部矿体时，井田尺寸常划得较大些，矿井开采规模也要大些，如图1-5所示。

1.2.1.2 矿段的划分

井田沿倾斜尺寸往往较大。由于开采技术上的原因，缓倾斜、倾斜和急倾斜矿体，还必须将其沿倾斜方向，按一定的高度，再划分成若干个条带来开采，这个条带称为阶段，在矿山常称中段，如图1-6所示。

每个阶段都应有独立的通风系统和运输系统。为此，每个阶段的下部应开掘阶段运输平巷，并在其上部边界开掘阶段回风平巷。一般随着上阶段回采工作的结束，上阶段的运输平巷就作为下阶段的回风平巷。这样，阶段的范围是：沿倾斜以上下两个相邻阶段的阶段运输平巷为界，沿走向则以井田边界为界。

上下两个相邻阶段运输平巷底板之间的垂直距离，称为阶段高度。对于缓倾斜矿体，有时也以两相邻阶段运输平巷之间的斜长来表示，称为阶段斜长。在矿山，常以阶段运输平巷所处的标高来命名一个阶段。例如，阶段运输平巷标高为+100m的阶段称为+100m中段，或称为+100m水平，也有按中段开采顺序命名的，如一中段、二中段等。

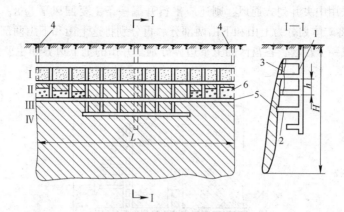

图 1-6　阶段和矿块的划分

Ⅰ—已采完阶段；Ⅱ—正在回采阶段；Ⅲ—开拓、采准阶段；Ⅳ—开拓阶段

H—矿体垂直延伸深度；h—阶段高度；L—矿体的走向长度

1—主井；2—石门；3—天井；4—排风井；5—阶段运输巷道；6—矿块

加大阶段高度可以减少阶段数目，减少全矿的阶段运输平巷、井底车场及硐室的开掘费用，也可减少阶段间的矿柱损失，这是有利的一面。另一方面，阶段高度的增大，带来了不少技术上的困难。

例如，开采缓倾斜矿体时，增加了采场内矿石及设备运搬的困难。空场法开采时增加了围岩的暴露面，增加了不安全因素；采场天井加长，增加了天井掘进工作的难度；特别是当矿体形态变化复杂时，给探矿工作、采准巷道布置及回采工作带来很大困难，从而会增加矿石的损失和贫化。此外，阶段高度的增加，也增加了矿井的排水费和提升费用。

我国个别矿山将阶段高度加大到 100~120m。为解决开采技术上的困难，将一个阶段划分成上下两个副阶（中）段。副阶段之间沿走向开掘副阶段运输平巷，并与副井及风井连通。由于副阶段水平不出矿，仅起通风、行人及设备运输的作用，巷道断面较小，也不需开掘井底车场系统。上副阶段的矿石通过下副阶段相应的矿块天井出矿。当用充填法开采时，采场从下副阶段一直采到上副阶段，不留副阶段间的矿柱。这种方法对于设有井下破碎站的矿山，并不增加提升费用。阶段高度的增加，可加大矿井的开拓矿量，对于阶段之间的衔接，是有很大好处的。有些用箕斗提升的矿井，为减少开拓工程量，也采用开副中段的办法，副中段的矿石通过溜井进入箕斗矿仓。

阶段沿走向很长，此时根据采矿方法的要求，将矿体沿走向每隔一段距离划分成一个块段，称为矿块。矿块是地下采矿最基本的回采单元，它也应具有独立的通风及矿石运搬系统。多数采矿方法在矿块内要开掘天井以贯通上下阶段，所以矿块之间沿走向常以天井为界。

当开采水平或近水平极厚矿体时，若矿体垂直厚度几乎与阶段高度相等时，则矿体厚度就是阶段高度，无需再划分阶段开采。

1.2.1.3　分区的划分

开采近水平矿体时，如果也按倾斜矿体那样划分为阶段开拓，由于阶段间的高差太小，如用竖井开拓时，井底车场不能布置；如用沿脉斜井开拓，则倾角小于 5°~8° 时，空车串车不能靠自重下放。因此，近水平矿体开拓时都不划分阶段而采用盘区开拓。

图 1-7 是盘区开拓的一种方案。它是在矿体倾斜方向的中部，沿走向方向开掘一条主要运

输平巷 3。如果采用中央并列式通风，则还应平行开掘一条主要回风平巷 8，并与主井、风井相通。两条平巷将矿体划分为上山和下山两部分。再分别将这上山和下山两部分矿体沿走向每200~400m 划分成一个盘区，各盘区的上下边界分别是井田的上下边界和主要运输平巷（或主要回风平巷）。

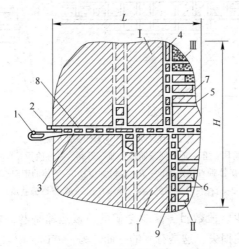

图 1-7　盘区和采区

L—矿体走向长；*H*—矿体倾斜长

I —盘区；II —采准盘区；III —回采盘区

1—主井；2—风井；3—主要运输平巷；4—盘区上山；5—采区运输平巷；
6—区段；7—切割上山；8—主要回风平巷；9—盘区下山

　　盘区沿走向的长度，主要由采区运输平巷内的运输方式来确定。盘区沿倾斜方向往往较长，可达数百米，这时还要将盘区沿倾斜方向划分成若干条带，称为采区。采区是盘区开拓时的独立回采单元。为解决盘区内的通风及矿石、器材、设备的运搬，要在盘区的中央或一侧开掘一对盘区上（下）山，其中一条作运输及进风之用，矿石通过采区运输平巷进入盘区上（下）山，再通过盘区车场进入主要运输平巷；另一条作盘区回风之用，与主要回风平巷相连。如果矿体距地表较浅，可将风井开在上部边界，将主要回风平巷布置在矿体上部边界，构成边界式通风系统，如图 1-8 所示。

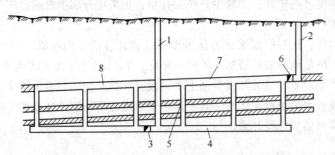

图 1-8　用盘区石门及采区溜井开拓近水平矿层群

1—主井；2—风井；3—主要运输平巷；4—盘区石门；5—采区溜井；
6—总回风平巷；7—盘区回风上山；8—盘区回风下山

　　主要运输平巷开掘的位置，对近水平矿体开采是个重要问题。如果矿体底板平整，起伏变化不大，则可在脉内沿矿体底板开掘；反之，则应在底板岩石中开掘，以利运输。为了解决倾角太小、盘区上（下）山中矿石运输的困难，特别在矿层群开拓时，常把主要运输平巷开掘在底板岩层中，并用盘区石门替代盘区上（下）山，各矿层间用采区溜井与盘区石门联通，矿石通过盘区石门运到井底车场。

1.2.2　金属矿地下开采的顺序

1.2.2.1　矿田内井田间的开采顺序

一个矿田可由若干个井田组成。在确定矿田内各井田的开发顺序时，应遵循先近后远、先浅后深、先易后难、先富后贫、综合利用的原则。

先近后远是指应该先开发那些外部运输条件好、距水源和电源较近的矿井，以减少初期投资，缩短基建时间。

先浅后深是指应该优先开采那些埋藏较浅、勘探程度较高的矿井，而将埋藏较深、勘探不足的矿井留待后期开发，以期早日取得良好的经济效益。

先易后难是指应该先开发那些地质条件变化不大、开采技术条件较好、采矿方法容易解决的矿井，以便早日形成生产能力。

先富后贫是指应该优先开发那些品位较高的矿段，以便早日收回基建投资，取得较好的经济效益。

在矿田开发时，就应该研究对矿床内的各种共生和伴生的有用矿物进行全面回收，综合利用，多种经营（例如一些磷矿经营磷肥及磷加工工业），这是我国目前矿山企业提高经济效益的重要措施。

1.2.2.2　井田内阶段间的开采顺序

开采急倾斜及倾斜矿体时，阶段间的开采顺序通常采用下行式，即阶段间由上向下、由浅部向深部依次开采的顺序，如图1-9（a）所示，这样可以减少初期的开拓工程量和初期投资，缩短基建时间。另外，由浅部向深部开采，有利于逐步探清深部矿体的变化，逐步提高深部阶段矿体的勘探程度，符合矿床勘探的规律。

由下向上、由深部向浅部的开采顺序称上行式，如图1-9（b）所示。这种开采顺序，特别对矿体较厚的倾斜及急倾斜矿体，在下部已采阶段的空区上方回采，极不安全。一般只有用胶结体充填下部采空区或者留大量矿柱，或开采薄矿体时才有可能。例如，国家急需深部某个部位的优质矿石或品种时在技术上采取措施后，可用上行式开采。开采急倾斜矿体采用上行式开采时，下部采空区可用来排放上部阶段的废石。

也有少数矿山，在同一个矿体范围内，在浅部用露天开采的同时，深部进行地下开采（一般都用充填法或空场采矿法采后充填采空区），称作露天和地下联合开采。这种联合开采大大地强化了矿床的开采，露天剥离的废石可用作充填，能确保开采工作的安全进行。适合于这种露天和地下联合开采顺序的矿床，应是储量很大、深部有富矿体或国家急需的矿种。这种开采顺序已引起重视。

一个矿井中，同时回采的阶段数最好是1~2个，最多也不应超过3~4个。增加同时回采的阶段数，可以增加采矿工作线的长度（崩落法例外），增大矿井产量，但可能造成管理分散、风流串联污染、占用的设备、管线和轨道增多、巷道维护的长度增大等一系列的缺点。

1.2.2.3　阶段中矿块间的开采顺序

阶段中各矿块间的开采顺序可以是前进式、后退式和混合式。

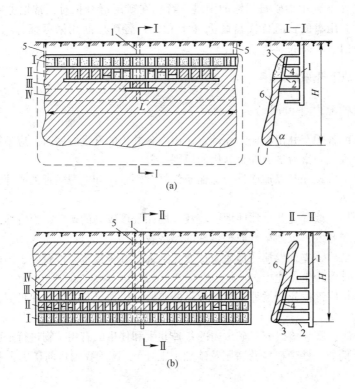

图 1-9　井田中阶段间的开采顺序

（a）下行式开采；（b）上行式开采

α—矿体倾角；Ⅰ—采完阶段；Ⅱ—回采阶段；Ⅲ—采准阶段；Ⅳ—开拓阶段

1—主井；2—石门；3—平巷；4—天井；5—副井；6—矿体

（1）前进式开采顺序。从主井（主平硐）附近的矿块开始，向井田边界方向的矿块依次回采的开采顺序，称为前进式（见图 1-10 Ⅰ）。这种开采顺序的优点是：当主井开掘到阶段水平，再掘进少量阶段运输平巷后，即可进行矿块的采准工作，这样，初期基建工程量少，投产早。缺点是当阶段运输平巷采用脉内布置时，整个阶段回采期间，阶段运输平巷处于采空区下部，当矿岩不稳固时，巷道维护条件差，维护费用高。此外，用脉内采准时，采掘相互干扰，影响生产。

（2）后退式开采顺序。从井田边界的矿块开始，向主井（主平硐）方向依次开采的顺序，称为后退式（见图 1-10 Ⅱ）。这种开采顺序必须将阶段运输平巷一直开掘到井田边界后，方可准备矿块。其优点与前进式相反。这种开采顺序，特别对地质变化复杂的矿体，为进一步探清阶段内的矿体变化，创造了有利条件，可避免因意外的地质变化给矿井生产带来的影响。

（3）混合式开采顺序。走向较长的井田，初期急于投产，先采用前进式开采，待阶段运输平巷开掘到井田边界后改用后退式开采，或者前进式和后退式同时进行，这种开采顺序称为混合式。它避免了单一使用前进式或后退式的缺点。

在生产实际中，当矿体地质条件变化大、走向长度不大时，以采用后退式为宜；当矿体走向长度较大、矿体地质条件变化不大而又要求早日投产时，以采用前进式为宜。

当阶段的运输巷道和回风巷道均在矿脉外较稳固的岩体中时，矿块之间开采顺序不受巷道维护条件的限制，在这种情况下许多矿山多采用混合式开采顺序，增加阶段矿石产量。

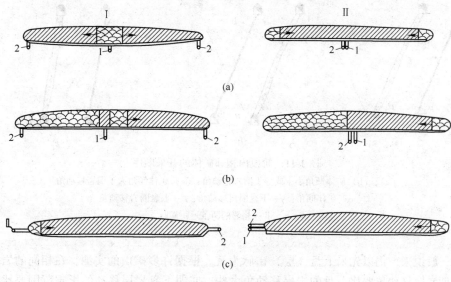

图 1-10　阶段中矿块的开采顺序平面图
（a）双翼回采；（b）逐翼回采；（c）侧翼回采
Ⅰ—前进式开采；Ⅱ—后退式开采
1—主井；2—风井

由于各矿块的地质条件有优有劣，矿体有厚有薄，矿石有富有贫，在生产实际中，为了产量和品位的平衡，矿块的开采顺序也不是绝对地依次前进或后退。当用崩落法回采时，为保持覆盖岩层的连续性，减少矿石的损失贫化和巷道的维护费，自然是应当尽可能地依次回采。

多数井田开拓时，主井设在井田的中央部位，将井田用阶段石门划分为两翼，每一翼都同时回采矿块，称为双翼回采，如图 1-10（a）所示。个别情况下，由于矿岩破碎巷道维护困难或者有自燃发火的矿体，要求矿井加快开采速度等原因，在一个阶段内也可先采完一翼后再采另一翼称为逐翼回采，如图 1-10（b）所示。逐翼开采是单翼开采，它可能布置的矿块数减少，矿井生产都集中在一翼，使矿井的通风和运输负荷加重，但管理集中。有的矿井，由于受地形限制等原因，井筒只能布置在井田的端部，这种开采方式称为侧翼回采，如图 1-10（c）所示。侧翼式开采也是一种单翼开采，常用于矿体走向不长的井田。

1.2.2.4　相邻矿体间的开采顺序

脉状矿床和沉积矿床的矿体，常可能成群（2 个或 2 个以上）出现而且往往脉（层）间距不大。对于这类近距离矿脉（层）群，应按一定的顺序进行开采。

急倾斜矿体开采后，上下盘围岩都可能要发生垮落和移动，其移动的界线以移动角来表示，即上盘岩层移动角 β 和下盘岩层移动角 γ，如图 1-11 所示。当矿体倾角 α 等于或小于下盘岩石移动角 γ 时，下盘岩层就不移动。应该指出，这种岩层移动对地表的影响，一般应从矿体的最深部位算起，而对于相邻的矿脉（层）间开采的影响，则局限于一个阶段高度的范围内。

根据岩层移动规律，在开采近距离矿脉（层）群时，当矿体倾角小于或等于下盘岩层移动角时，采用先采上盘矿脉后采下盘矿脉的下行开采顺序，对下盘矿脉开采不会造成影响，如图 1-11（a）所示。反之，若采用先采下盘（层）矿的上行开采顺序时，就可能对上盘（层）矿脉造成破坏，如图 1-11（b）所示。当矿体倾角大于下盘岩层移动角时，在层间距较小的情况下，不论先采上盘（层）或下盘（层）矿，都有可能影响另一层的开采，如图 1-11（c）

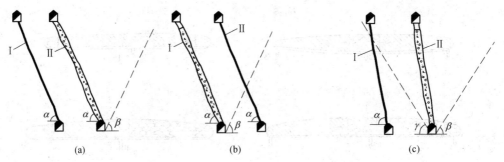

图 1-11　阶段内相邻矿体的开采顺序

(a), (b) 矿体倾角小于或等于围岩移动角; (c) 矿体倾角大于围岩移动角

α—矿体倾角; γ—下盘围岩移动角; β—上盘围岩移动角

Ⅰ, Ⅱ—相邻的两条近距矿脉

所示。

但一般说来，仍以先采上盘（层）矿脉为宜。根据许多矿山的实测，在相同的岩层条件下，下盘岩层移动角要比上盘的岩层移动角大些，亦即下盘岩层移动的影响范围要比上盘小些。另外，如果能将上阶段冒落的围岩，通过及时处理空场，将它放到下阶段的空场或者及时用废石充填部分采空区，都可以改变其影响范围。如果需要疏干上盘矿脉的含水层，或者由于品位、品种调节的需要，要先采下盘矿脉时，应研究上行开采的可能性。

开采缓倾斜及近水平的多层矿时，一般都是采用下行式或同时开采的方式；但当两层矿间距较大时也有例外。用崩落顶板的方法开采水平及近水平矿体时，矿层顶板先形成冒落带，待顶板冒落后，松散的岩块填满冒落空区，上部岩层就不再冒落，但有一定的下沉量，使上覆岩层折断，形成裂隙带；其下沉量及裂隙数量，越往上越减少，裂隙带再往上就形成了下沉带。这一带的岩层只有下沉，没有裂隙，仍保持岩层的整体性，如图 1-12 所示。

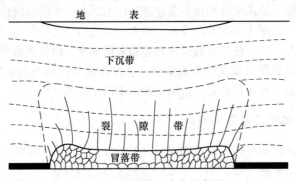

图 1-12　顶板岩层移动示意图

据我国有关部门对一些矿山的观测结果，冒落带和裂隙带的高度与顶板岩层的坚固程度有关。我国某些矿山由于特殊原因，也有采用上行开采的。实践表明，用上行开采时，上层只要在下层开采后形成的裂隙带的上部或中部，虽然顶板略微破碎，矿层与顶板有空区现象，但仍能顺利地采出。

不论采用上行开采或下行开采，都应贯彻贫富兼采、厚薄兼采、大小兼采、难易兼采。

1.2.3　金属矿地下开采的步骤

矿床进行地下开采时，一般都按照矿床开采四步骤，即按照开拓、采准、切割、回采的步骤进行，才能保证矿井正常生产。

（1）开拓。从地表开掘一系列的巷道到达矿体，以形成矿井生产所必不可少的行人、通风、提升、运输、排水、供电、供风、供水等系统，以便将矿石、废石、污风、污水运（排）到地面，并将设备、材料、人员、动力及新鲜空气输送到井下，这一工作称为开拓。矿床开拓是矿山的地下基本建设工程。为进行矿床开拓而开掘的巷道，称为开拓巷道，例如竖井、斜井、平硐、风井、主溜井、充堵井、石门、井底车场及硐室、阶段运输平巷等。这些开拓巷道都是为全矿或整个阶段开采服务的。

（2）采准。采准是在已完成开拓工作的矿体中掘进巷道，将阶段划分为矿块（采区），并在矿块中形成回采所必需的行人、凿岩、通风、出矿等条件。掘进的巷道称为采准巷道。一般主要的采准巷道有阶段运输平巷、穿脉巷道、通风行人天井、电耙巷道、漏斗颈、斗穿、放矿溜井、凿岩巷道、凿岩天井、凿岩硐室等。

（3）切割。切割工作是指在完成采准工作的矿块内，为大规模回采矿石开辟自由面和补偿空间，矿块回采前，必须先切割出自由面和补偿空间。凡是为形成自由面和补偿空间而开掘的巷道，称为切割巷道，例如切割天井、切割上山、拉底巷道、斗颈等。

不同的采矿方法有不同的切割巷道。但切割工作的任务就是辟漏、拉底、形成切割槽。采准切割工作基本是掘进巷道，其掘进速度和掘进效率比回采工作低，掘进费用也高。因此，采准切割巷道工程量的大小，就成为衡量采矿方法优劣的一个重要指标。为了进行对比，通常用采切比来表示，即从矿块内每采出 $1 \times 10^3 t$（或 $1 \times 10^4 t$）矿石所需掘进的采准切割巷道的长度。利用采切比，可以根据矿山的年产量估算矿山全年所需开掘的采准切割巷道总量。

（4）回采。在矿块中做好采准切割工程后，进行大量采矿的工作，称为回采。回采工作开始前，根据采矿方法的不同，一般还要扩漏（将漏斗颈上部扩大成喇叭口），或者开掘堑沟；有的要将拉底巷道扩大成拉底空间，有的要把切割天井或切割上山扩大成切割槽。这类将切割巷道扩大成自由空间的工作，称为切割采矿（简称切采）或称补充切割。切割采矿工作是在两个自由面的情况下以回采的方式（不是掘进巷道的方式）进行的，其效率比掘进切割巷道高得多，甚至接近采矿效率。这部分矿量常计入回采工作中。

回采工作一般包括落矿、采场运搬、地压管理三项主要作业。如果矿块划分为矿房和矿柱进行两步骤开采时，回采工作还应包括矿柱回采。同样，矿柱回采时所需开掘的巷道，也应计入采准切割巷道中。

（5）三级矿量。开拓、采准、切割和回采这四个开采步骤的实施过程，也是矿块供矿能力的逐步形成和消失过程，四者之间应保持正常的协调关系，以使矿山保持持续均衡的生产。如果配合失调，就会导致回采矿块接替紧张，使矿山生产被动，产量下降，乃至停产。为此，每个矿山必须做到开拓超前于采准，采准超前于切割，切割超前于回采。这种超前关系是指在时间上和空间上的超前。例如，在矿山正常生产时期，就可能有 1~2 个阶段进行回采和切割，有一个阶段进行采准和开拓，另有一个阶段专门进行开拓。

掘进和采矿是矿山的两项主要工作，要采矿必须先掘进。因此，必须正确处理好采矿掘进关系，以"采掘并举，掘进先行"的方针指导矿山生产，才能使矿山持续均衡生产。为了协调开拓、采准、切割之间的关系，应当采用网络计划方法。

国家为了考核一个矿山的采掘关系，保证各开采步骤间的正常超前关系，依据矿床开采准备程度的高低，将矿量划分为三个等级，即开拓矿量、采准矿量及备采矿量。有关部门对矿山三级矿量的界限和保有期限作出了规定。

1）开拓矿量。凡按设计规定在某范围内的开拓巷道全部掘进完毕，并形成完整的提升、运输、通风、排水、供风、供电等系统的，则此范围内开拓巷道所控制的矿量，称为开拓矿量。图1-6是一个用充填法开采中厚矿体的矿山，图中第Ⅳ阶段若完成了井筒、阶段石门、井底车场巷道、硐室及阶段运输巷道的开掘，并完成了设备的安装，则第Ⅳ阶段水平以上的矿量均为开拓矿量。开拓矿量包括该范围内的采准矿量和备采矿量，但在保有期内不能回收的各种保安矿柱，不能计入开拓矿量。

2）采准矿量。在已完成开拓工作的范围内，进一步完成开采矿块所用采矿方法规定的采准巷道掘进工程的，则该矿块的储量即为采准矿量。采准矿量是开拓矿量的一部分。图1-6中，第Ⅲ阶段中部的矿块和第Ⅲ阶段以上的各矿块（包括正在回采的矿块）储量，均属采准矿量。

3）备采矿量。在已进行了采准工作的矿块内，进一步全部完成所用采矿方法规定的切割工程，形成自由面和补偿空间等工程的，则该矿块内的储量称为备采矿量。备采矿量是采准矿量的一部分。图1-6中，第Ⅱ阶段中已完成拉底工程等的矿块储量（包括正在回采的矿块），即为备采矿量。不同的矿山，不同的采矿方法，对实现采准矿量及备采矿量所规定完成的各种采准巷道、切割巷进及切采工程，并不相同，这也反映了矿山和地质条件的复杂性。

我国有关部门以矿山年产量为单位，对矿山三级矿量保有年限作有一般规定，见表1-2。允许各矿经批准对三级矿量的保有期限，根据矿床赋存条件、开拓方式、采矿方法、矿山装备水平和技术水平以及矿山年产量等情况，有一定的灵活性。如矿石和围岩不稳固的矿山，巷道维护困难，以及开采有自燃发火的矿体时，其采准和备采矿量的保有期可以短些；对于小型矿山，也可适当降低要求。应该指出，过长的保有期限，会造成矿山资金的积压。

表 1-2　三级矿量保有年限

三级矿量	保有年限	
	黑色金属矿山	有色金属及化工矿山
开拓矿量	3 年	>3 年
采准矿量	6~12 月	1 年
备采矿量	3~6 月	0.5 年

复习思考题

1-1　简述矿石、废石的概念。

1-2　简述矿体、矿床的概念。

1-3　简述品位、最低工业品位、边界品位的概念及其表示方法。

1-4　简述开拓、采准、切割、回采的概念。

1-5　简述三级矿量（开拓、采准、备采）的概念。

1-6　阐述矿石与废石的关系。

1-7　简述矿石的分类方法。

1-8　阐述金属矿地下开采步骤。

1-9　简述矿体按稳固性、倾角、厚度的分类方法。

1-10　简述回采的工艺过程。

1-11　简述井田间、阶段间、矿块间矿体的开采顺序。

2 地下采矿开拓

2.1 矿床开拓方法

矿床埋藏在地下数十米至数百米，甚至更深。为了开采地下矿床，必须从地面掘一系列井巷通达矿床，以便人员、材料、设备、动力及新鲜空气能进入井下，采出的矿石、井下的废石、废气和井下水能排运到地面，还要建立矿床开采时的运输、提升、通风、排水、供风、供水、供电、充填等系统，这一工作称为矿床开拓。这些系统不一定每个矿山都有，例如，用充填法开采时才有充填系统，用平硐开拓时可不设机械排水系统。

矿床开拓是矿山的主要基本建设工程。一旦开拓工程完成，矿山的生产规模等就已基本定型，很难进行大的改变。矿井开拓方案的确定是一项涉及范围广、技术性、政策性很强的工作，应予以重视。

按照开拓井巷所担负的任务，可分为主要开拓井巷和辅助开拓井巷两类。用于运输和提升矿石的井巷称为主要开拓井巷，例如作为主要提运矿石用的平硐、竖井、盲竖井、斜井、盲斜井以及斜坡道等；用于其他目的井巷，一般只起到辅助作用的称为辅助开拓井巷，如通风井、溜矿井、充填井、石门、井底车场及阶段运输平巷等。

矿床开拓方法都以主要开拓井巷来命名，例如，主要开拓巷道为竖井时，称为竖井开拓法。地下矿床开拓方法很多。作为开拓方法分类，应力求简单，概念明确，并且要能够适应新技术发展的需要。一般把开拓方法分成两大类，即单一开拓法和联合开拓法。

凡在一个开拓系统中只使用一种主要开拓井巷的开拓方法称为单一开拓法；在一个开拓系统中，同时采用两种或多种主要开拓井巷时称为联合开拓法。例如，上部矿体采用平硐开拓，下部矿体采用盲竖井开拓，这就构成了联合开拓法。

随着井下无轨采矿设备的出现，开始出现斜坡道开拓的矿井。斜坡道是用于行走无轨设备的斜巷，无轨设备可以从地面直驶井下工作地点，但斜坡道施工工程量大，只有特大型矿山用斜坡道运送矿石。

2.1.1 竖井开拓法

主要开拓巷道采用竖井的开拓方法称为竖井开拓法。当矿体倾角大于45°或小于15°，且埋藏较深时，常采用竖井开拓。由于竖井的提升能力较大，故常用于大中型矿井。竖井开拓法在矿床开采中被广泛采用。

竖井内的提升容器可以是罐笼或箕斗，或既有罐笼又有箕斗，这些井筒分别称为罐笼井、箕斗井和混合井。罐笼提升灵活性大，但生产能力低，箕斗井提升能力大，但不能提升人员和材料。装矿、卸矿系统复杂。一般认为，矿石年产量在30万吨以下、井深在300m左右时，采用罐笼提升；矿石年产量超过50万吨、深度大于300m时，通常采用箕斗提升；当开拓深度较大、地质条件复杂、施工困难时，为减少开拓工程量和适当减少井筒数目，可考虑采用混合井。

竖井根据其与矿体的位置的不同有下盘竖井、上盘竖井、侧翼竖井和穿过矿体的竖井四种。

2.1.1.1　下盘竖井开拓法

图 2-1 是位于矿体下盘岩石移动界线以外的下盘竖井开拓法。每个阶段从竖井向矿体开掘阶段石门通达矿体。这种开拓方法是竖井开拓中应用最多的方法。

下盘竖井井筒处于不受矿体开采影响的安全位置，不需留保安矿柱。其缺点是竖井越深，特别是矿体倾角较小时石门长度越长。

2.1.1.2　上盘竖井开拓法

图 2-2 是将竖井布置在矿体上盘岩石移动界线以外的上盘围岩中的上盘竖井开拓法。每个阶段从竖井向矿体开掘阶段石门，阶段石门穿过矿体后再在矿体或下盘岩石中开掘阶段运输平巷。

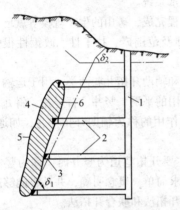

图 2-1　下盘竖井开拓法

1—竖井；2—石门；3—平巷；4—矿体；
5—上盘；6—下盘

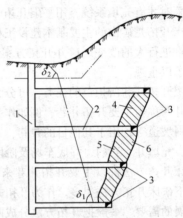

图 2-2　上盘竖井开拓法

1—竖井；2—石门；3—平巷；
4—矿体；5—上盘；6—下盘

上盘竖井的缺点是一开始就要开掘很长的阶段石门，基建时间长，初期投资大。

2.1.1.3　侧翼竖井开拓法

侧翼竖井开拓法是将主竖井布置在矿体走向一端的端部围岩或下盘围岩中的开拓方法，如图 2-3 所示，此时从竖井向矿体开掘阶段石门后只能单向掘进阶段运输平巷，故矿井的基建速度慢。

2.1.1.4　穿过矿体竖井开拓法

当矿体倾角很小，平面投影面积很大时，可采用竖井穿过矿体开拓法。若采用下盘竖井开拓，则石门长度非常长，如图 2-4 所示。采

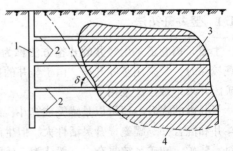

图 2-3　侧翼竖井开拓法

1—竖井；2—石门；3—矿体；4—地质储量界线

用竖井穿过矿体方案需留保安矿柱。当矿体埋藏深度不大、矿体倾角很小时，保安矿柱矿量不大，矿石损失有限。例如，在开采水平及缓倾斜矿体时较广泛采用这种方法。

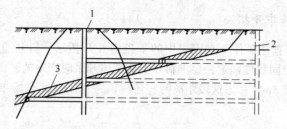

图 2-4　穿过矿体的竖井开拓法

1—穿过矿体的竖井；2—下盘竖井井位；3—保安矿柱

2.1.2　斜井开拓法

用斜井作为主要开拓巷道的开拓方法称为斜井开拓法。它主要适用于倾角为 15°~45° 的矿体、埋藏深度不大、表土不厚的中小型矿山。但采用胶带运输机的斜井可适用于埋藏较深的大型矿井，且可实现自动化。斜井开拓与竖井开拓相比具有施工简便、投产快等优点，但开采深度及生产能力受提升能力限制，不能太大。

斜井根据所用的提升容器，对倾角有不同的要求：胶带运输机不大于 18°，串车提升不大于 25°~30°，箕斗和台车不小于 30°。但是倾角大的斜井施工和铺轨都很复杂，一般使用很少。斜井按其与矿体的相对位置，可分为下盘、脉内、侧翼三种。

2.1.2.1　脉内斜井开拓法

脉内斜井开拓是将斜井开掘在矿体内靠近底板的位置上，如图 2-5 和图 2-6 所示。它适用于矿体倾角稳定、底板起伏不大、矿体厚度不大的缓倾斜矿体。

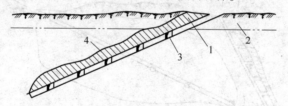

图 2-5　脉内斜井开拓法

1—脉内斜井；2—表土层；3—阶段平巷；4—矿体

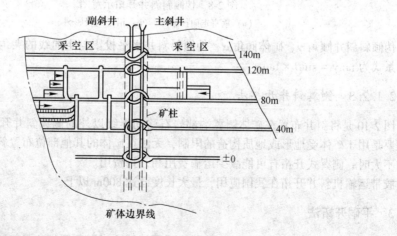

图 2-6　某矿脉内斜井开拓方案

2.1.2.2　下盘斜井开拓法

图 2-7 是将斜井布置在矿体下盘围岩中的下盘斜井开拓法。斜井通过阶段石门与矿体联系。石门长度视围岩稳固程度确定，要求斜井上部矿体开采时产生的矿山压力不致影响斜井的维护为宜，一般不小于 5m。考虑这段距离时，还应该考虑到斜井车场布置时与阶段运输平巷相连所需的距离。

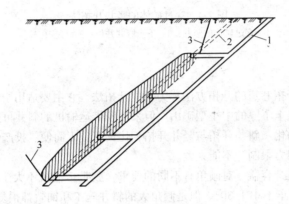

图 2-7　下盘斜井开拓法
1—主斜井；2—矿体侧翼辅助斜井；3—岩石移动界线

当矿体倾角小于或等于所选用的提升容器要求的极限倾角时，斜井倾角与矿体倾角相同，反之，斜井必须成伪倾斜开掘，如图 2-8 所示。

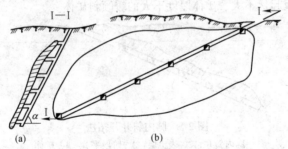

图 2-8　伪倾斜斜井开拓示意图
（a）垂直走向投影图；（b）沿走向投影图

伪倾斜斜井倾角 γ、矿体倾角 α，伪倾斜斜井水平投影与走向线的夹角 β（见图 2-9），三者关系式为 $\tan\gamma = \sin\beta \times \tan\alpha$。

2.1.2.3　侧翼斜井开拓法

图 2-10 是将斜井布置在矿体侧翼端部岩石移动界线以外的侧翼斜井开拓法。这种开拓方法主要是用于矿体受地形或地质构造的限制，无法在矿体的其他部位布置斜井时；特别是矿体走向不大时；侧翼式开拓有可能减少运输费用和开拓费用。

胶带运输机斜井开拓在我国应用，最大长度已达 800m 以上。

2.1.3　平硐开拓法

以平硐为主要开拓巷道的开拓方法称为平硐开拓法。平硐开拓法只能开拓地表侵蚀基准面

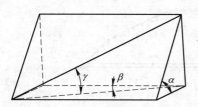

图 2-9 伪倾斜角与倾斜角关系图

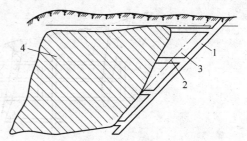

图 2-10 侧翼斜井开拓法

1—斜井；2—石门；3—矿体侧翼岩石移动角；4—矿体

以上的矿体或部分矿体。矿体赋存高度较大时，可以采用多个平硐开拓，一般最低的平硐称为主平硐，它担负上部各阶段矿石的集中运输任务，上部各阶段的矿石都通过溜井（个别矿用地表明溜槽）溜放到主平硐。上部各阶段可以与地面贯通，也可不贯通，但为了施工、排废石和通风方便，多数矿山都与地表贯通。

主平硐与上部各阶段间人员、材料和设备的运送，有时通过辅助井筒（竖井、斜井、盲竖井、盲斜井）提升，有时也通过地面公路连通上部各平硐口。

平硐开拓法在我国矿山中应用较广，主平硐最长的达 7000 多米。这类长平硐开拓时，为缩短基建时间，常采取在平硐的中部位置开掘措施（斜、竖）井的办法进行多头掘进。

平硐开拓法具有施工简单，速度快，无需开掘井底车场，以及不要提升、排水设备等主要优点，凡具备平硐开拓条件的矿山一般都优先选用平硐开拓法。

平硐开拓法视平硐与矿体的相对位置关系有穿脉平硐开拓法和沿脉平硐开拓法。这主要取决于外部运输及工业场地与矿体联系的方便程度。

2.1.3.1 穿脉平硐开拓法

主平硐与矿体垂直或斜交的平硐称为穿脉平硐。根据平硐进入矿体时所在的位置可分下盘穿脉平硐和上盘穿脉平硐两类。

图 2-11 为下盘穿脉平硐开拓示意图。主平硐 1 开掘在 598m 水平，阶段高度 40m，主平硐以上各阶段的矿石通过主溜井 2 溜放至主平硐，由电机车牵引矿车运至选矿厂。主平硐与各阶段之间由辅助竖井 3 连通，以解决人员、材料及设备的上下。

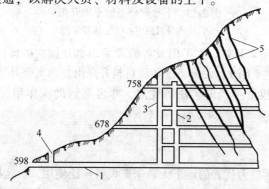

图 2-11 下盘穿脉平硐开拓

1—主平硐；2—主溜井；3—辅助竖井；4—入风井；5—矿脉

图 2-12 为上盘穿脉平硐开拓。主平硐从矿体上盘进入矿体。为使其不受下部矿体开采时岩层移动的影响，开采平硐下部的矿体时，需要留保安矿柱。

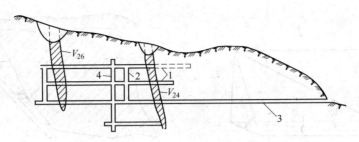

图 2-12　上盘穿脉平硐开拓
1—阶段平巷；2—溜井；3—主平硐；4—辅助盲竖井

2.1.3.2　沿脉平硐开拓法

平硐开掘方向与矿体走向平行的平硐称为沿脉平硐。根据其所在位置可分为脉外平硐和脉内平硐两类。

图 2-13 为下盘脉外沿脉平硐开拓。根据地形和工业场地的条件，采用沿脉平硐开拓工程量最小，因为沿脉平硐实质上就是阶段运输平巷。

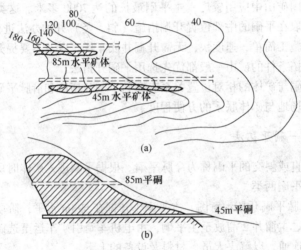

图 2-13　下盘脉外沿脉平硐开拓
(a) 坑内外对照图；(b) 纵投影图

图 2-14 为脉内沿脉平硐开拓。主平硐及各阶段平硐都开掘在矿体内。上阶段矿石分别通过溜井 3、4、5 溜放到主平硐 1。人员、设备和材料升降由辅助盲竖井 2 担负。

这种开拓方法具有投资少、出矿快等优点，并可起到勘探作用，所以多为小型矿山所采用。

2.1.4　斜坡道开拓法

近几十年来，以铲运机为代表的地下无轨采矿设备广泛使用。铲运机集铲装、运输、卸载三功能于一体，不需经过中转环节，因而工作简单，效率高、产量大。特别是大型地下自卸汽车的广泛应用。斜坡道就是适应无轨设备通行而产生的。

斜坡道是一种行走无轨设备的倾斜巷道。用斜坡道作为主要开拓巷道的开拓方法称为斜坡道开拓法。斜坡道一般宽 4~8m，高 3~5m，坡度为 10%~15%。使用大型设备时斜坡道弯道半

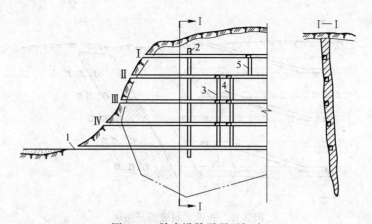

图 2-14 脉内沿脉平硐开拓法

Ⅰ~Ⅳ—上部阶段平硐

1—主平硐；2—辅助盲竖井；3，4—主溜井；5—溜井

径大于 20m，使用中小型设备时大于 10m。路面结构根据其服务年限可以是混凝土路面或碎石路面。斜坡道开拓适用于开采大型或特大型的矿体；斜坡道形式有螺旋式和折返式两种。

图 2-15 为螺旋式斜坡道结构图，它的几何图形是圆柱螺旋线或圆锥螺旋线，其优点是开拓工程量小，但施工困难，行车时司机视距小安全性差。图 2-16 为下盘沿走向折返式斜坡道开拓示意图，它是由直线段和曲线段（折返段）联合组成的，直线段变换高程，曲线段变换方向。直线段坡度一般不大于 15%，曲线段近似水平。其优缺点与螺旋式相反。

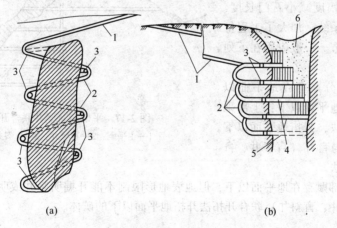

(a) (b)

图 2-15 螺旋斜坡道开拓法

（a）环绕柱状矿体螺旋道开拓；（b）下盘螺旋道

1—斜坡道直线段；2—螺旋斜坡道；3—阶段石门；4—回采巷道；5—掘进中巷道；6—崩落覆岩

2.1.5 联合开拓法

采用两种或两种以上的主要开拓巷道联合开拓一个井田的方法称为联合开拓法。

用平硐开拓时，平硐以下矿体的开拓以及某些埋藏较深的矿床，或者生产矿井深部发现新矿体时，限于提升力的关系，对深部矿体采用盲井开拓都可构成联合开拓。

联合开拓法根据井筒类型的不同可分为平硐与盲井（盲竖井、盲斜井）联合开拓法、竖

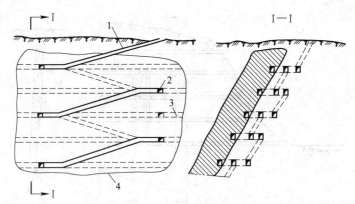

图 2-16　折返式斜坡道开拓法

1—斜坡道；2—石门；3—阶段运输巷道；4—矿体沿走向投影

井与盲井（盲竖井、盲斜井）联合开拓法、斜井与盲井（盲竖井、盲斜井）联合开拓法以及斜坡道联合开拓法。

2.1.5.1　平硐与盲井（盲竖井、盲斜井）联合开拓法

图 2-17 表示一个地平面以上矿体采用平硐开拓，平硐以下矿体采用盲竖井或斜井开拓的平硐与盲井联合开拓法。受地形限制，采用盲井开拓，下部矿体可以大幅度减小石门长度，但是增加了提升系统，加大了工程量和运输的转运环节。一般应用在下列条件：

（1）矿体部分赋存在地平面以上，部分赋存在地平面以下；上部采用平硐溜井开拓法，开拓地平面以下的矿体采用平硐与盲井（盲竖井、盲斜井）联合开拓法。

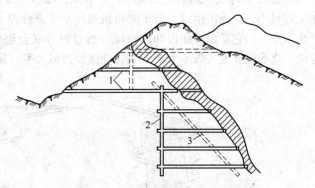

图 2-17　平硐与盲竖井联合开拓法

1—主平硐；2—盲竖井；3—盲斜井井位

（2）矿体全部赋存在地平面以下，但地表地形限制不能开掘明竖井或明斜井，故采用平硐与盲井（盲竖井、盲斜井）联合开拓法开拓地平面以下的矿体。

2.1.5.2　竖井与盲井（盲竖井、盲斜井）联合开拓法

一般在下述情况下应考虑用竖井与盲竖井或盲斜井联合开拓：

（1）矿体埋藏深度较大，或者井田深部发现了新矿体，现有井筒在深部开拓对提升能力不能满足要求时。

（2）矿体深部倾角显著改变，或石门长度大大增加时。

图 2-18 为竖井与盲竖井的联合开拓法。

上部矿体采用明竖井 1 开拓，深部开拓用多段盲竖井 2。明井开拓深度取决于单井最大提升能力，可达 1200~2000m。盲井开拓深度为 600~1200m。深部采用多段盲井开拓可加大提升能力，缩短石门长度。

倾斜与缓倾斜矿体深部的开拓可采用上盘明竖井与下盘盲斜井联合开拓，如图 2-19 所示。

从图 2-19（a）可看出 600~800m 以上采用竖井开拓。竖井与矿体相交处的下部矿体采用下盘盲斜井开拓。出矿采用斜井、竖井两段提升。深部采用盲斜井开拓可缩短石门长度。从图 2-19（b）可看出上部矿体采用明斜井开拓。当明斜井长度相当长时，掘进明竖井，将一段斜井提升改为斜井、竖井两段提升。

2.1.5.3 斜井与盲井（盲竖井、盲斜井）联合开拓法

斜井与盲井（盲竖井、盲斜井）联合开拓法的原因同竖井与盲井（盲竖井、盲斜井）联合开拓法相同。

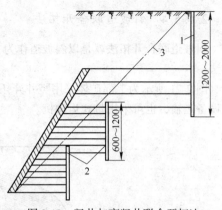

图 2-18 竖井与盲竖井联合开拓法
1—竖井；2—盲竖井；3—下盘移动线

图 2-20 是某铁矿采用上盘斜井与盲斜井开拓急倾斜矿体的实例。斜井倾角 11°~16°，采用多段皮带运输机提升。矿体厚 30~90m。矿体上部为疏干的湖底，地形起伏很大，难以布置主井和工业场地。辅助竖井位于疏干的小岛上。皮带运输机总长近 1800m。

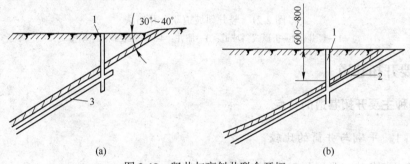

(a)　　　　　　　　　　　　　(b)

图 2-19 竖井与盲斜井联合开拓
（a）竖井盲斜井开拓；（b）斜井竖井开拓
1—上盘明竖井；2—明斜井；3—盲斜井

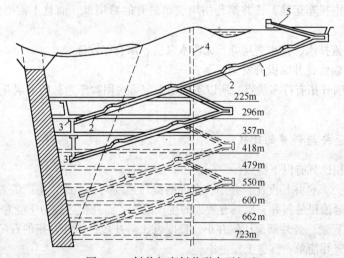

图 2-20 斜井与盲斜井联合开拓法
1—斜井；2—皮带运输机；3—地下破碎装载机组硐室；4—辅助竖井；5—皮带走廊

2.1.5.4　斜坡道联合开拓法

斜坡道联合开拓法就是以斜坡道作为主井或副井与其他开拓巷道或斜坡道联合开拓矿体的方法。

图 2-21 所示为上部矿体采用竖井开拓，下部矿体采用折返斜坡道开拓。斜坡道可采用自行设备运输，也可采用带式运输机。

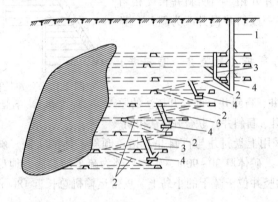

图 2-21　竖井斜坡道联合开拓法

1—竖井；2—折返式斜坡道；3—溜井；4—破碎装载机组硐室

2.2　主要开拓巷道

2.2.1　各种主要开拓巷道的特点

2.2.1.1　平硐与井筒的比较

与井筒开拓相比，平硐开拓具有许多优点：

(1) 施工简单，基建速度快。

(2) 掘进费用低，不需开掘井底车场和硐室，因此基建投资少。

(3) 平硐用电机车运输，比井筒开拓用绞车提升的费用低，而且不需要提升设备、井架及绞车房。

(4) 采用自流排水，排水费用低，无需水泵房、水仓等设施。

(5) 平硐运输要比井筒提升安全可靠。

正是由于平硐开拓有许多优点，所以不少矿山宁可选用数千米长的平硐开拓矿体，而不采用井筒开拓法。

2.2.1.2　竖井与斜井的比较

竖井与斜井相比具有以下特点：

(1) 提升能力。竖井长度比斜井小，允许的提升速度大，因此，生产能力比斜井大得多。但是用钢绳胶带运输机的斜井，也具有较大的生产能力，而且生产能力不受井筒长度的影响。

(2) 开拓工程量。竖井断面比斜井小，长度也比斜井短；斜井开拓的石门长度比竖井短，斜井井底车场比竖井简单，掘进工程量小。

(3) 施工技术。竖井施工技术和掘井装备比斜井复杂，斜井施工比较简单。

（4）生产经营费。竖井提升速度快，提升长度小、阻力小，因此提升费用比斜井低。斜井由于长度大、钢绳、管道长度大、阻力大、维修量大，因此其提升和排水费均比竖井大。

（5）安全方面。斜井维护条件差，特别是用钢绳提升时，易发生脱轨和断绳跑车事故；竖井井筒维修条件好，提升故障少。

综上分析，从使用角度来看，竖井优越性较大；从施工技术和施工速度来看，斜井优越性较大。在实际工作中大中型矿山使用竖井较多，小型矿山使用斜井较多。

2.2.1.3 斜坡道与井筒的比较

斜坡道与竖井、斜井相比，其突出的优点是掘进快、投产早。斜坡道掘进时采用包括凿岩台车和铲运机在内的一整套无轨自行设备，效率很高，掘进速度也很快。一般开采浅部矿体时，两年左右的时间就可投产。一条单一斜坡道既可作主井出矿，又可作副井运送材料人员等，只要配以通风系统就可形成生产系统。当开采较深矿体时，可另开掘竖井出矿，斜坡道改作为副井，通行各种无轨设备，并运送材料人员。

斜坡道的缺点是巷道工程量大，比竖井掘进量多3~4倍。此外，无轨设备投资大，维修技术复杂，采用内燃机动力无轨设备通风费用高也是一个缺点。

2.2.2 主要开拓巷道类型选择

（1）地形条件。矿床埋藏在地表侵蚀基准面以上时应尽可能选择平硐，平硐以下的矿体可用盲竖井或盲斜井开拓。当盲井井口距地表高程不很大时，有的矿山将盲井卷扬机房设在地表，避免开凿复杂的井下卷扬硐室。

（2）矿井规模及开采深度。选用竖井或是斜井，首先取决于选用的提升容器在矿床开采深度范围内能否满足矿井的生产能力。一般竖井提升和斜井用胶带运输机时能在较大的开采深度下满足较大的矿井生产能力，适用于大型矿井。斜坡道开拓可以达到较大的生产能力，但深度加大时（一般不宜超过300~400m），无轨设备运输费用升高，经济上不合理。串车、台车提升的斜井，适合于中小型生产能力的矿山。在选择主要开拓巷道类型时应先进行提升能力计算和设备选型。

（3）矿体倾角。用竖井开拓缓倾斜矿体时，深部石门长度增大，而缓倾斜矿体用斜井开拓时，石门长度很短。仅从这一点考虑，急倾斜矿体宜用竖井，倾角10°~40°的矿体宜用斜井，倾角小于18°、规模较大时可用胶带运输机斜井。但最终还应综合考虑生产能力、埋藏深度和围岩物理力学性质来选定。

（4）围岩物理力学性质。井巷通过流砂层、含水层、破碎及不稳固岩层时，需要采取一些特殊掘进措施，在这方面竖井施工要比斜井、斜坡道有利得多，因此应考虑采用竖井。

上述各因素常是相互影响的，要进行综合考虑和技术经济比较来选定主要开拓井巷的类型。

2.3 辅助开拓工程

任何一个矿井，要保持正常生产，必须要有两个或两个以上通达地面的独立出口，以利于通风及安全出入，主要开拓巷道一般只供提升和运输矿石。辅助开拓巷道主要是提供矿井的通风、上下人员、设备和材料、提升废石。有时任务过于饱满，还将负责提升一部分矿石的任务，辅助开拓巷道还应完成溜矿、输送充填料、布设管道及其他为进行采矿而开掘的各种专用硐室设施等。辅助开拓巷道包括副井（平硐）、通风井、溜井、充填井、石门、井底车场及井下硐室等。

具体而言辅助开拓巷道工程的作用有：

(1) 备用出口，安全规程规定要求地下开采不得少于两个安全出口。

(2) 井下通风，需有单独的进风与出风井巷。

(3) 解决提升与水平运输的衔接。

(4) 满足人员上下、设备调配、废石排出、变电、排水、地下破碎装载、充填、机修等要求。

2.3.1　副井硐

副井硐是指副井与副平硐而言，和主井、主平硐是相对应的，也属 I 级保护物。它的作用是辅助主井硐完成一定量的提升任务，并作为矿井的通风和安全通道。副井硐根据需要可安装提升或运输设备、行人管道间格，通过它辅助提升设备、材料和人员，或者提升废石和一部分矿石。

副井硐的配置，在不同的开拓方法中，有不同的配置要求。竖井开拓，用罐笼井作提升井时，一般不开副井，由罐笼井来承担副井的作用；用箕斗井或混合井作提升井时，由于井口卸矿会产生大量粉尘，影响入风，故安全规范规定，不允许箕斗井和混合井作入风井。为解决入风问题，必须开掘副井，与另掘专为排风的通风井构成一个完整的通风系统。罐笼井也需与另掘专为排风的通风井构成成对的通风系统。斜井开拓，主斜井装备串车或台车时，和竖井的罐笼井一样，可以不开副井，利用串车或台车进行辅助提升，并作为入风井使用；主斜井装备箕斗时，必须开掘副井；若主斜井装备胶带运输机，在胶带运输机一侧又铺设轨道作辅助提升时，可以不开副井；单是装备胶带运输机，仍需单独开掘副井。副井为竖井时提升容器为罐笼，罐笼可以是单层或双层、单罐或双罐。副井中应设管缆间和梯子间，人梯应随时保持完好，以作备用安全出口。副井为斜井时，可用串车或台车提升。

至于平硐开拓，其辅助开拓系统有多种形式：

(1) 通过副井（竖井或斜井）联系平硐水平以上的各个阶段。此副井可以开成明井，直接与地面联系；也可开成盲井经主平硐与地面联系。提升量大的矿山应尽量采用明井。

(2) 在主平硐水平以上每个阶段或间隔一个阶段用副平硐与地面联系。这种副平硐可供用来通风或排弃废石；若兼作其他辅助运输用时，要从地表修筑山坡公路或装备斜坡卷扬，以便和工业场地相联系。

(3) 采用上面两种结合形式，即用副竖井提升人员、设备和材料，而用副平硐排放废石。

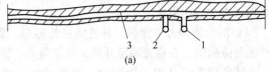

(a)

副井硐的具体位置，应在确定开拓方案时和主井硐的位置做统一考虑。副井硐位置确定的原则也和主井硐相同，所差异的只是副井硐与选矿厂关系不大，不受运矿因素的影响。副井硐与主井硐的关系，既可作集中布置又可分散布置，如图 2-22 所示。

如地表地形和运输条件允许，副井应尽可能和主井靠近，两井之间保持不小于

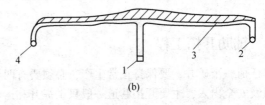

(b)

图 2-22　主副井布置形式

(a) 集中布置；(b) 分散布置

1—主井；2—副井；3—平巷；4—风井

30m 的安全防火间距，这种布置形式称为集中布置。如地表地形条件和运输条件不允许集中布置，则副井只能根据工业场地、运输线路和废石场位置等另外选点，两井筒间会相隔很远，这种布置形式称为分散布置。

图 2-23 是某铅锌矿用上盘竖井开拓时主副井中央集中布置的实例。该主副井布置在矿体上盘的中央，相距 45km，主井净直径 4m，用 3.1m³ 的双箕斗提升矿石；副井净直径 5.5m，供提升人员、设备、材料及废石，副井与东西两侧的回风井构成完整的通风系统，由副井入风，东西两回风井回风，形成中央对角式通风系统。

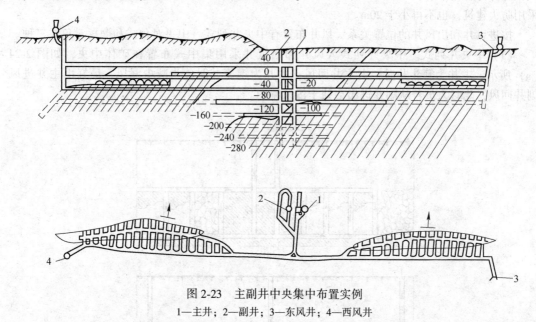

图 2-23 主副井中央集中布置实例
1—主井；2—副井；3—东风井；4—西风井

一般大中型矿山，矿石运输量和辅助提升工作量均较大，只要地表地形条件和运输条件允许，采取集中布置更为有利。

井筒开拓时，副井的深度一般要超前主井一个阶段。而平硐开拓，副井的高度一般要满足最上面一个阶段的提升要求。

2.3.2 风井硐

每个矿井都必须有进风井和出（回）风井。副井及用罐笼提升的主井均可作入风井，也可作回风井。箕斗主井一般不得作进风井用，但可作回风井用。由于用抽出式通风时，回风井要密闭，用压入式时进风井要密闭，而提矿主井及其井架、井口建筑密闭困难，因此，有条件时可设专用风井。风井的类型有竖井、斜井，也有平硐，所以一般风井是泛指通风井与通风平硐。每一个生产矿井，从满足通风的要求上，至少要有一个进风井（进风平硐）和一个回风井（回风平硐）。凡井口不受卸矿污染、不排放废石的井筒或平硐，如罐笼井、不受溜井卸矿污染的主平硐等，都可用作进风井。而回风井则需要专门开掘。从节省基建工程量着眼，有时也可利用矿体端部的采场天井作回风井用。此时，天井的断面和它的完好程度应该满足回风要求。回风井一般不应考虑作正常生产时的辅助提升和主要行人通道。专用风井的数量与矿井采用的通风系统有关。采用全矿井统一的通风系统，至少要有两个供通风用的井硐；采用分区通风的矿井，则每个分区也至少要有两个供通风用的井硐。分区之间通风是互相独立的。通常在下列这些条件下考虑采用分区独立的通风系统：

（1）矿床地质条件复杂，矿体分散零乱，埋藏浅，作业范围广，采空区多且与地表贯通。这时，用集中进风和集中回风可能风路过长、漏风很大、不利于密闭。而用分区通风可减少漏风、减少阻力且便于主扇迁移。

（2）围岩或矿石具有自燃危险的、规模较大的矿床。

（3）矿井年产量较大，多阶段开采，为了避免风流串联，采用分区通风。

通风井的位置与通风的布置形式有关。主井为箕斗井时，以箕斗井作回风井，改由副井进风；主井为罐笼井时，以罐笼井作进风井，另掘回风井回风。两井相距不得小于30m；如井口采用防火建筑，也不得小于20m。

按进风井和出风井的位置关系，风井布置有中央并列式、中央对角式和侧翼对角式三种。

（1）中央并列式。中央并列式入风井和回风井采用集中式布置在矿体中央，如图2-24（a）所示。主井为箕斗井时，由主井回风；主井为罐笼井时，为减少漏风，最好由主井进风副井回风，此时人员若从副井进出会处于污风流中。

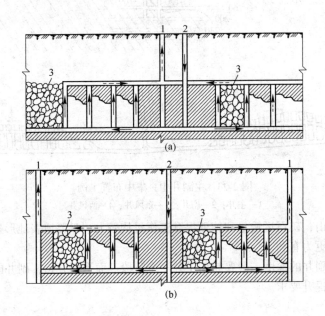

图 2-24　中央并列式与对角式布置

（a）中央并列式；（b）对角式

1—副井；2—主井；3—已采完矿块

（2）中央对角式。中央对角式入风井位于井田中央，两个回风井位于井田的两端。图2-24（b）所示是主井为罐笼井时作入风井时的布置图。如果主井为箕斗井时则需另开副井作进风井，如图2-25所示。

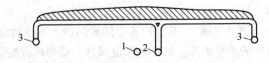

图 2-25　副井进风中央对角式布置平面图

1—主井；2—进风副井；3—出风井

（3）侧翼对角式。侧翼对角式入风井布置在井田的一端，回风井布置在井田的另一端如图2-26所示，由罐笼井入风。同样，如果用箕斗提升，还要另开副井进风。

2.3.3 阶段运输巷道

矿床开拓如按开拓巷道的空间位置，可分立面开拓和平面开拓。竖井、斜井、风井、溜井、充填井以及矿石破碎系统等的布置，包括确定其位置、数量、断面形状及尺寸等，属于立面开拓。井底车场、硐室、阶段运输巷道、石门等的布置，则属平面开拓。

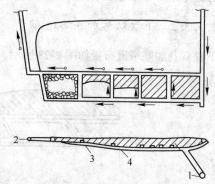

图 2-26 侧翼对角式布置

1—主井；2—副井；3—天井；4—沿脉平巷

阶段平面开拓又分运输阶段和副阶段。运输阶段一般是指形成完整的阶段运输、通风和排水系统，并和井筒有直接运输连接的阶段水平。在运输阶段内，开掘有井底车场、硐室、阶段运输巷道、石门等工程。它能将矿块运搬的矿石直接运出地表，或将矿块生产所需要的、设备、材料、人员等，不经转运直接运往矿块下部水平。副阶段则是指上下运输阶段之间增设的中间阶段。副阶段和运输阶段的区别是：它不和井筒直接连接，需通过其他巷道才能与运输阶段相连接。

运输阶段按运输的方式不同，又可分为一般运输水平和主要运输水平。凡采用分散运输，即从每个阶段内采场放出的矿石，直接经运输平巷运往井底车场。有独立运输功能的均属一般运输水平，主要运输水平是指上部各阶段的矿石通过其他运输方式集中运往此运输水平，而后运往井底车场或破碎系统。

2.3.3.1 单一沿脉布置

单一沿脉布置可分为脉内布置和脉外布置。按线路布置形式又可分为单轨会让式和双轨渡线式。

单轨会让式，如图 2-27（a）所示，除会让站外运输巷道皆为单轨，重车通过，空车待避或相反。因此，通过能力小，多用于薄或中厚矿体中。

当阶段生产能力增大时，采用单轨会让式难以完成生产任务。在这种情况下采用双轨渡线式布置，如图 2-27（b）所示。即在运输巷道中设双轨线路，在适当位置用渡线连接起来。这种布置形式可用于年产量 20~60 万吨的矿山。

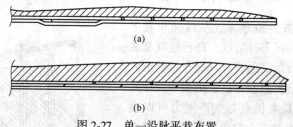

(a)

(b)

图 2-27 单一沿脉平巷布置

（a）单轨会让式；（b）双轨渡线式

在矿体中掘进巷道的优点是能起探矿作用和装矿方便，并能顺便采出矿石，减少掘进费用。但矿体沿走向变化较大时，巷道弯曲多，对运输不利。因此，脉内布置适用于规则的中厚矿体、产量不大、矿床勘探不足和品位低不需回收矿柱的条件。

当矿石稳固性差、品位高、围岩稳固时，采用脉外布置，有利于巷道维护，并能减少矿柱的损失。对于极薄矿脉，应使矿脉位于巷道断面中央，以利于掘进时适应矿脉的变化。如果矿脉形态稳定主要考虑巷道维护时，应将巷道布置在围岩稳固的一侧。

2.3.3.2　下盘双巷加联络道布置

下盘双巷加联络道布置如图 2-28 所示，分为下盘环形式和折返式。

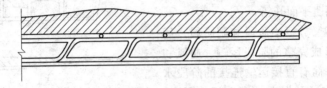

图 2-28　下盘沿脉双巷加联络道布置

下盘沿走向布置两条平巷，一条为装车巷道，一条为行车巷道，每隔一定距离用联络道联结起来采用环形联结或折返式联结。这种布置是从双轨渡线式演变来的。其优点是行车巷道平直有利于行车，装车巷道掘在矿体中或矿体下盘围岩中，巷道方向随矿体走向而变化，有利于装车和探矿。装车线和行车线分别布置在两条巷道中，生产安全、方便，巷道断面小有利于维护。缺点是掘进量大。这种布置多用于中厚和厚矿体中。

2.3.3.3　沿脉平巷加穿脉布置

沿脉平巷加穿脉布置如图 2-29 所示，一般多采用下盘脉外平巷和若干穿脉配合。从线路布置上讲，采用双线交叉式，即在沿脉巷道中铺双轨，穿脉巷道中铺单轨。沿脉巷道中双轨用渡线联结，沿脉和穿脉用单开道岔联结。

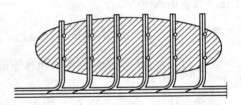

图 2-29　沿脉平巷加穿脉布置

这种布置的优点是阶段运输能力大，穿脉装矿生产安全、方便、可靠，还可起探矿作用。缺点是掘进工程量大，但比环行布置工程量小。这种布置多用于厚矿体，阶段生产能力在 60 万～150 万吨/年。

2.3.3.4　上下盘沿脉巷道加穿脉布置（即环行运输布置）

环行运输布置如图 2-30 所示，从线路布置上讲，设有重车线、空车线和环行线，环行线既是装车线，又是空、重车线的联结线。从卸车站驶出的空车，经空车线到达装矿点装车后，由重车线驶回卸车站。环行运输的最大优点是生产能力可以很大。此外，穿脉装车生产安全方便，也可起探矿作用。缺点是掘进工程量很大。这种布置通过能力可达 150 万～300 万吨/年。所以多用在规模大的厚和极厚矿体中，也可用于几组互相平行的矿体中。当开采规模很大时，也可采用双线的环行布置。

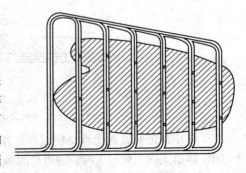

图 2-30　环行运输布置

2.3.3.5 平底装车布置

平底装车布置方式主要是由于采用高效率的装矿设备和平底装车结构的出现而发展起来的。这种布置有两个主要特点：一是装矿设备直接在运输水平装车；二是装矿点之间的距离不可能很远，一般只有 6~8m。如果采用有轨装岩设备，装矿点与运输巷道联结困难，这种布置的行车和调车与上述漏斗闸门装车的相同，其布置如图 2-31 所示。

必须指出，上述的 5 种布置仅是一些基本的布置形式，而在实际布置中矿体的形态、厚度和分布等往往是复杂多变的，生产要求也是不同的，因此，阶段运输巷道的布置也必须根据具体条件，灵活掌握。

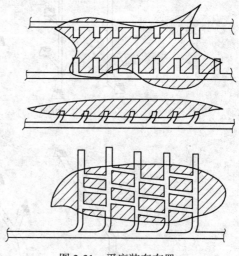

图 2-31 平底装车布置

2.3.4 溜井

溜井是指利用自重从上往下溜放矿石的巷道。它在平硐开拓或竖井开拓的矿山获得广泛应用。习惯所指的溜井有两种：一种是供上部阶段转放矿石或废石到下部阶段或下部矿仓，为一个或多个阶段服务的，称为主溜井，它属于辅助开拓巷道；另一是供采场内转放矿石到阶段运输巷道，为一个或多个采场服务的，称为采场溜井，后者属于采准巷道。

溜井放矿简单可靠，管理方便，尤其是当开采水平与主要运输水平之间高差越大、穿过矿岩越稳固，就越显出这种放矿的优越性。如平硐开拓矿山，将主平硐以上各阶段采下的矿石，经溜井转放到主平硐，可以实现集中运输。竖井开拓矿山，将几个阶段的矿石集中溜放到下部某一阶段，可以实现集中破碎和集中出矿。这对于节省提升、运输设备，节约动力及材料消耗，都将发挥重要的作用。但也要看到，溜井放矿对于黏结性很大的矿石，或选矿对破碎程度有特殊要求的，并不适用。溜井放矿的弱点是一旦当溜井出现故障，将会影响到阶段的运输能力和竖井的提升能力。因此，正确选择和设计溜井的形式、结构参数、生产能力以及合理位置等，将是矿床开拓工作中的又一项重要任务。

2.3.4.1 溜井的结构形式

溜井按其开掘的倾角、溜放阶段的数目以及溜放过程中能否控制等不同，分为多种形式。图 2-32（a）和（e）属单阶段型；图 2-32（b）、（c）、（d）、（f）和（g）属多阶段型；图 2-32（a）~（c）属垂直型；图 2-32（e）和（f）属倾斜型；图 2-32（c）和（d）为控制型；图 2-32（b）、（f）和（g）为非控制型。

与倾斜溜井相比，垂直溜井易于施工，便于管理，矿石呈中心落矿，对井壁的冲击磨损小，磨损主要在上口；但中心落矿冲击力大，矿石容易冲碎。倾斜溜井通向溜井的石门长度较长，溜井大量磨损在溜井底壁。

与多阶段溜井相比，单阶段溜井的施工与管理都较简单，而且可以在溜井内贮矿，这对降低矿石在溜井内的落差、减轻矿石对溜井壁的冲击磨损、调节上下阶段矿石的运输量都是十分有利的。多阶段卸矿溜井中贮矿高度受到限制，由于落差高，放矿冲击力大，对溜井壁的磨损

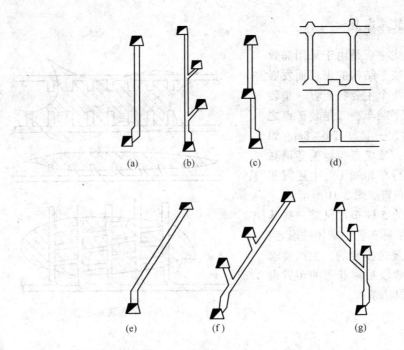

图 2-32　溜井的结构形式

(a) 单阶段垂直溜井；(b) 多阶段分枝垂直溜井；(c) 多阶段分段控制垂直溜井；

(d) 多阶段搞段溜井；(e) 单阶段倾斜溜井；(f) 多阶段分枝倾斜溜井；(g) 多阶段瀑布溜井

也较为严重。

与多阶段分枝溜井相比，分枝溜井的分枝处不易加固，但易堵塞；分枝对侧溜井壁的磨损比较严重，而且分枝较多时难以控制各阶段的出矿量。采用分段控制溜井，每个阶段都要设置闸门与转运硐室，它可以控制各阶段的矿石溜放，限制矿石在溜井中的落差，减轻矿石对溜井壁的冲击与磨损；但对这些设施的安装与控制，使生产管理大为复杂化。

瀑布式溜井是上阶段溜井与下阶段溜井间通过斜溜道相连，矿石以瀑布的形式从斜溜道溜下。这种结构形式相对缩短了矿石在溜井中的落差高度，对减轻溜井壁的冲击磨损能起一定的作用。但从施工和处理堵塞工作上带来很大困难。所以，除岩层整体性好、稳固、坚硬的地段以及生产规模不大的矿山有使用外，一般应用较少。

2.3.4.2　溜井与阶段水平的接口

溜井按与上下阶段水平的接口可分为上口、中口和下口。上口专供卸矿，下口专供装矿，中口则通过斜溜道供中间阶段卸矿。

A　溜井的上口结构

溜井与它所服务的最上部一个阶段水平的连接口称为溜井上口。溜井上口为卸矿石的卸矿口。

卸矿口的结构形状有喇叭形与直筒形两种。在正常情况下采用翻车机硐室卸矿（见图2-33），或采用底卸式矿车自卸（见图2-34）均用喇叭形卸矿口。喇叭口的尺寸就根据各卸矿方式来定。一般情况下采用翻转车厢式卸矿硐室（见图2-35）或曲轨侧卸式矿车自卸（见图2-36），因其卸矿长度短，均采用直筒形卸矿口。

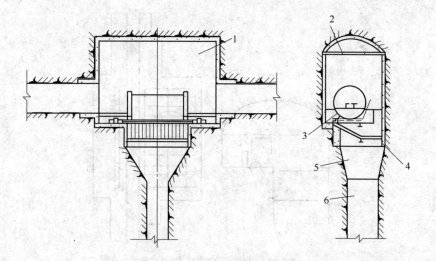

图 2-33 翻车机硐室卸矿

1—硐室；2—吊车梁；3—翻车机；4—格筛；5—溜井上口；6—溜井

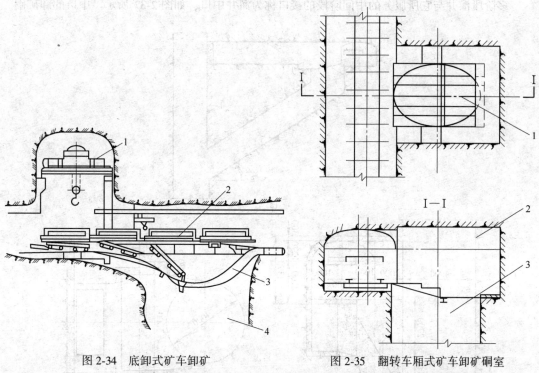

图 2-34 底卸式矿车卸矿

1—吊车；2—底卸式矿车；3—卸载曲轨；4—溜井

图 2-35 翻转车厢式矿车卸矿硐室

1—格筛；2—卸矿硐室；3—溜井

为防止粉矿堆积，喇叭口的倾斜坡度要大于 $50°\sim55°$。卸矿口要装设格筛，以阻止不合格的大块卸入溜井。格筛一般要安装成 $15°\sim20°$ 的倾角，使不能过筛的大块能滚到格筛两侧或卸矿方向进行处理。格筛采用钢轨、钢管、锰钢条等加工制成。格筛两侧及卸矿应留出不小于 0.6m 的工作平台，作处理大块用。

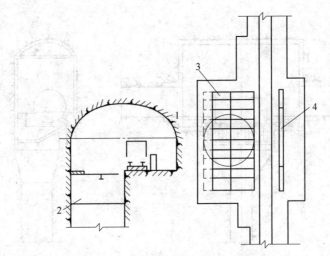

图 2-36 曲轨侧卸式矿车卸矿硐室

1—卸矿硐室；2—溜井；3—格筛；4—卸载曲轨

B 溜井的中口结构

多阶段溜井与它所服务的中间阶段的接口称为溜井中口，如图 2-37 所示。中口的卸矿硐

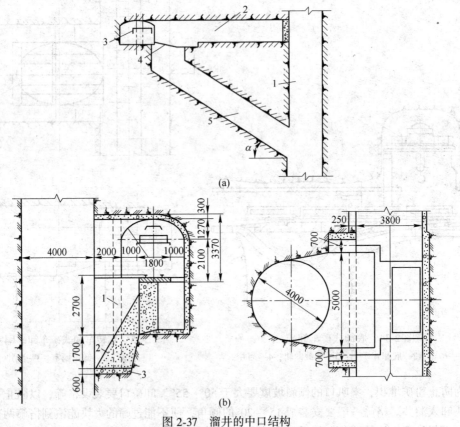

图 2-37 溜井的中口结构

（a）长溜道连接；（b）短溜道连接

1—溜井；2—施工平巷；3—卸矿硐室；4—格筛；5—斜溜道，α—溜道倾角

室与溜井之间用斜溜道连接。斜溜道的倾角应大于矿石的自然安息角，一般取 45°~55°。斜溜道的长度，按溜井与卸矿硐室之间保持 4~8m 安全岩柱的要求来决定，但不宜过长，以减轻矿石对井壁的冲击和磨损。斜溜道的宽度取等于或大于矿石最大合格块度的 4~5 倍，但不宜小于 2.5m。高度取等于或大于矿石最大合格块度的 3~4 倍，但不宜小于 2m。

斜溜道与溜井间的尖角接口应根据岩石情况进行支护。

C 溜井的下口结构

溜井下部与装矿硐室或箕斗装载硐室相连接处的出口结构称为溜口。溜口下安有闸门。溜口是溜井放矿的咽喉，矿石经常在溜口处堵塞。因此，欲使溜井正常工作，溜口的结构参数必须正确选择设计。

溜口按形状分筒形溜口和楔形溜口（见图 2-38 中 1、4 和 2、3）；按溜口数目又可分为单溜口和双溜口。楔形溜口较筒形溜口更容易堵塞，故设计中多采用筒形溜口。

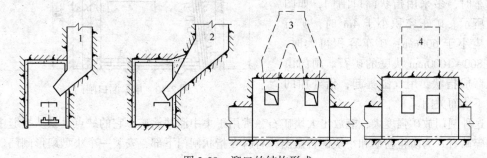

图 2-38 溜口的结构形式

1—筒形单溜口；2—楔形单溜口；3—楔形裤衩式溜口；4—筒形双溜口

溜井下口闸门的开闭，可用人力直接操纵或以压气为动力进行操纵。目前我国地下矿山最常用的闸门结构有木板和金属棍闸门、扇形闸门、指状闸门和链状闸门。

a 木板漏口闸门

木板漏口闸门如图 2-39 所示，闸门可用木质横板、圆木和金属棍制作。这种闸门结构简单，制造容易，安装方便。在生产能力不大和漏斗负担放矿量较小、矿石块度均匀时，应用这种结构较多；但劳动强度大，装车速度慢，作业条件差。

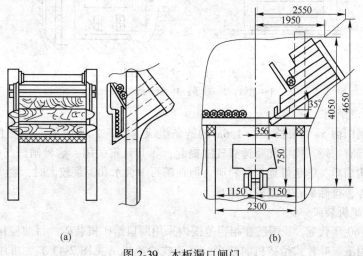

(a) (b)

图 2-39 木板漏口闸门

(a) 横板闸门；(b) 带装车台的横板闸门

　　b　扇形漏口闸门

　　扇形漏口闸门是一种结构比较完善、应用较广的闸门形式，如图 2-40 所示，碎块矿石或大块矿石，在产量或小产量，在矿车或小矿车，皆能适用。矿在块度较小时，用单扇形闸门；矿石块度较大时，用双扇形闸门。闸门结构比较简单、构件标准化，容易开闭，装车速度快，工作安全，不易撒漏矿石，坚固耐用。

　　c　指状漏口闸门

　　当生产量大、矿石块度大、采用大型矿车时，多采用指状漏口闸门，如图 2-41 所示。矿车容积小于 4m³ 时，矿石块度应小于 600mm；矿车容积再大时，可装 800~1000mm 块度的矿石。闸门由钢轨弯成指状，用气缸提起，借外加的配重下落而关闭。

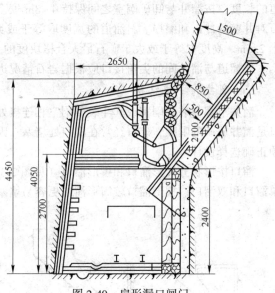

图 2-40　扇形漏口闸门

　　这种闸门放矿强度大，能放出大块矿石，常用于集中溜井放矿。它的缺点是易从指缝中漏出细碎矿石。为防止粉矿和小块矿石撒出，有时在指状闸门下部，安装一个小型扇形闸门。

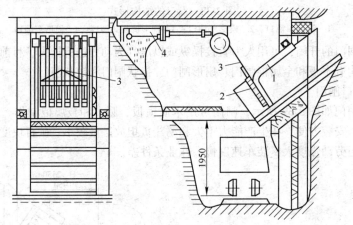

图 2-41　指状漏口闸门
1—钢轨；2—链子；3—钢丝绳；4—气缸

　　d　链式漏口闸门

　　链式漏口闸门由 5~7 根长 1.2~1.6m 的链条组成，如图 2-42 所示。链条上端连接在漏口的钢梁上，下端有重锤。铁链和重锤靠气缸提起，靠其自重关闭。这种闸门与指状闸门比较，工作可靠，结构简单，能更好地挡住粉矿。但在矿石中含水和泥浆较大时，容易冲开链条发生跑矿事故。此外，排除矿石堵塞较为困难。

　　e　漏口给矿机装矿

　　从 20 世纪 60 年代起，我国已在相当范围内采用漏口给矿机装矿。目前应用较多的是振动式给矿机，使用滚筒叶片式给矿机的较少。振动式给矿机（见图 2-43），可用于任何硬度和易结块的矿石。

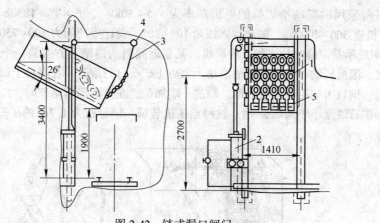

图 2-42 链式漏口闸门
1—铁链；2—气缸；3—钢丝绳；4—滑轮；5—重锤

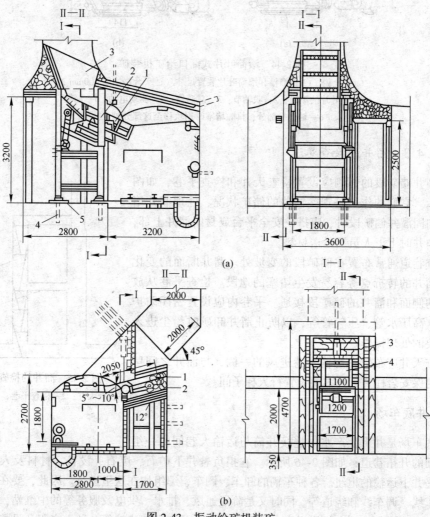

(a)

(b)

图 2-43 振动给矿机装矿
（a）AⅢJⅠ型给矿机：1—给矿机；2—组合式框架；3—侧面钢板；4—锚杆；5—混凝土
（b）BKBC 型给矿机：1—溜槽，2—缓冲器；3—闸门的风动气缸；4—闸板

我国目前采用的振动给矿机的电机功率为 1.5～30kW ，长×宽＝1830m×810m～5200m×1360mm ，机重 300～4000kg，振动台面倾角 10°～20°，设计生产能力 300～750t／h 。

图 2-44 所示是滚筒叶片式漏口给矿机，紧靠近倾斜的溜槽下方安装一个直径不大的带短叶片的滚筒，滚筒转动时矿石沿溜槽滚动。为防止矿石自行滚落，在漏口上面的一根横轴上悬吊几段钢轨，钢轨末端压在矿石上面。轴的一端加长，在排除溜槽堵塞时，应使全部钢轨移至该端轴上。矿石块度小于 400mm 时，这种给矿机装满一辆容积为 1.7m³ 的矿车只需 7～8s 。

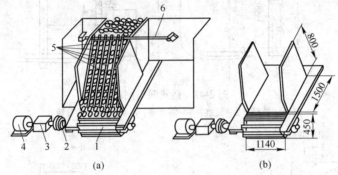

图 2-44　滚筒叶片式漏口给矿机装矿
（a）全貌；（b）溜槽和滚筒叶片装置尺寸（适于合格块度 400mm）
1—带叶片的滚筒；2—联轴节；3—减速器；4—驱动电动；5—钢轨；
6—轴的一部分，排除堵塞时钢轨移至这部分轴上

2.3.4.3　溜井的检查巷道

在溜井储矿段的邻侧应设置检查天井和检查平巷，如图 2-45 所示。它们的作用是观察溜井的储矿状况、处理溜井堵塞；当加固溜井储矿段时、应搭设安全平台或封闭溜井上部，供检修溜井时上下人员及运送材料。

检查巷道通常布置在储矿段的变坡处、溜井断面的变化处以及溜井的转折点等容易发生堵塞的地段。检查平巷从放矿方向的侧面和溜井的储矿段接通。平巷内应设置密闭防护安全门、高压水管、压气管等，以防止溜井卸矿时粉尘进入及供必要的处理操作。

检查天井应布置在运输平巷进风的一侧，与溜井之间留8～10m 的保安岩柱。天井内要设置行人梯子间。

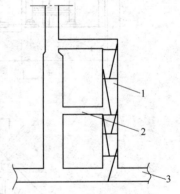

图 2-45　溜井的检查巷道
1—检查天井；2—检查平巷；3—运输平巷

2.3.5　井底车场

井底车场是井下生产水平连接井筒与运输大巷间的一组近似平面的开拓巷道，如图 2-46 所示。它担负着井下矿石、废石、设备、材料及人员的转运任务，是井下运输的枢纽。各种车辆的卸车、调车、编组均在这里进行。因此，要在井筒附近设置储车线、调车线和绕道等。同时又是阶段通风、排水、供电及服务等的中继站，在这里设有调度室、候罐室、翻车机操纵室、水泵房、水仓及变电整流站等各种生产服务设施。

井底车场根据开拓方法的不同分为竖井井底车场和斜井井底车场；根据对应井筒的作用分为主井井底车场和副井井底车场；根据井筒类型分为竖井井底车场和斜井井底车场；根据井筒

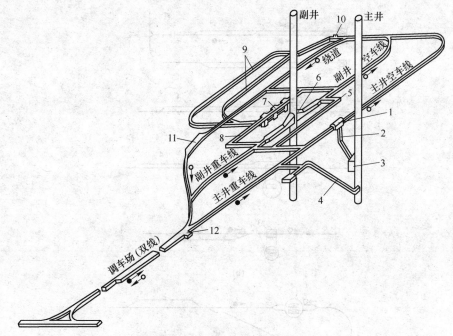

图 2-46　井底车场结构示意图

1—翻车机硐室；2—矿石溜井；3—箕斗装载硐室；4—回收粉矿小斜井；5—候罐室；6—马头门；7—水泵房；
8—变电整流站；9—水仓；10—清淤绞车硐室；11—机车修理硐室；12—调度室

提升设备分为罐笼井井底车场、箕斗井井底车场及混合井井底车场；根据井底车场的形式分为尽头式井底车场、折返式井底车场及环形式井底车场。

2.3.5.1　竖井井底车场

竖井井底车场按使用的提升设备分为罐笼井底车场、箕斗井底车场、罐笼—箕斗混合井井底车场和以输送机运输为主的井底车场，按服务的井筒数目分为单一井筒的井底车场和多井筒（如主井、副井）的井底车场，按矿车运行系统分为尽头式井底车场、折返式井底车场和环形井底车场，如图 2-47 所示。

尽头式井底车场如图 2-47（a）所示，用于罐笼提升。其特点是井筒单侧进出车，空车、重车的储车线和调车场均设在井筒一侧，从罐笼拉出来空车后，再推进重车。这种车场的通过能力小，主要用于小型矿井或副井。

折返式井底车场如图 2-47（b）所示。其特点是井筒或卸车设备（如翻车机）的两侧均铺设线路。一侧进重车，另一侧出空车。空车经过另外铺设的平行线路或从原线路变头（改变矿车首尾方向）返回。折返式井底车场的优点主要是：提高了井底车场的生产能力；由于折返式线路比环形线路短且弯道少，因此车辆在井底车场逗留时间显著减少，加快了车辆周转；开拓工程量省。由于运输巷道多数与矿井运输平巷或主要石门合一，弯道和交叉点大大减少，简化了线路结构；运输方便、可靠，操作人员减少，为实现运输自动化创造了条件。列车主要在直线段运行，不仅运行速度高，而且运行安全。

环形井底车场如图 2-47（c）所示。它与折返式相同，也是一侧进重车，另一侧出空车，但其特点是由井筒或卸载设备出来的空车经由储车线和绕道不变头（矿车首尾方向不变）返回。

图 2-48（a）是混合井井底车场的线路布置，箕斗线路为环形车场，罐笼线路为折返式车

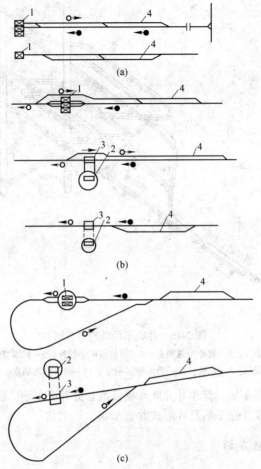

图 2-47　井底车场形式示意图
(a) 尽头式；(b) 折返式；(c) 环形
1—罐笼；2—箕斗；3—翻车机；4—调车线路

场，通过能力比图 2-48 (c) 形式大。

图 2-48 (b) 是双井筒的井底车场，主井为箕斗井，副井为罐笼井。主、副井的运行线路均为环形，构成双环形的井底车场。

为了减少井筒工程量及简化管理，在生产能力允许的条件下，也有用混合井代替双井筒，即用箕斗提升矿石，用罐笼提升废石并运送人员和材料、设备。此时线路布置与采用双井筒时的要求相同。

图 2-48 (c) 为双箕斗单罐笼的混合井井底车场线路布置。箕斗提升采用折返式车场，罐笼提升采用尽头式车场。

2.3.5.2　斜井井底车场

斜井井底车场有折返式和环形式两种。环形式用于箕斗井提升或胶带提升，对于使用串车提升的斜井多用折板式井底车场。

竖井与其井底车场直交，通过马头门连接、斜井与井底车场的连接方式有三种：旁甩式 (甩车道)、吊桥式、平场式。

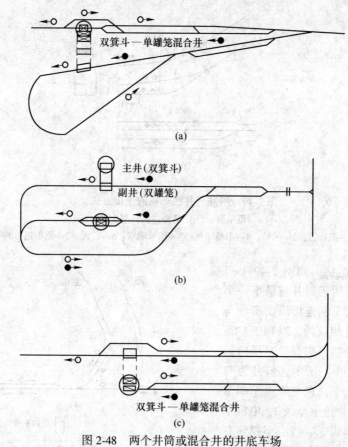

图 2-48 两个井筒或混合井的井底车场

（a）双箕斗—单罐笼混合井；（b）主井双箕斗，副井双罐笼，双环形井底车场；

（c）双箕斗—单罐笼混合井，折返—尽头式井底车场

（1）甩车道连接，如图 2-49（a）所示。甩车道是一种既改变方向又改变坡度的过渡车道，用在斜井内可从井筒的一侧（或两侧）开掘。当串车下行时，串车经甩车道由斜变平进入车场；在车场内 [见图 2-50（a）]如果从左翼来车，经车场线路 1 调转车头，将重车推进主井重车线 2，再回头去主井空车线 3 拉走空车；空车拉至调车场线路 4，又调转车头将空车拉向左翼巷道。右翼来车，电机车也要在调车场调车头，而空车则直接拉走。主副井的调车方法是相同的。

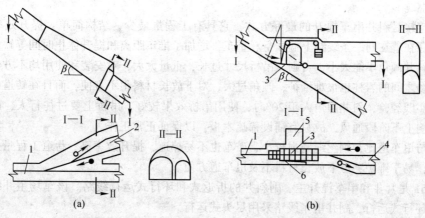

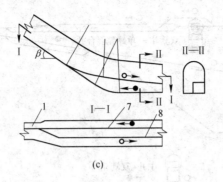

(c)

图 2-49　斜井与井底车场的连接方式

(a) 甩车道；(b) 吊桥；(c) 平车场

1—斜井；2—甩车道；3—吊桥；4—吊桥车场；5—信号硐室；6—行人；7—重车道；8—空车道

（2）平车场连接，如图 2-49（c）所示。平车场只适用于斜井与最下一个阶段的车场连接。车场连接段重车线与空车线坡度方向是相反的，以利于空车放坡，重车在斜井接口提升。车场内运行线路如图 2-50（b）所示，斜井为双钩提升。从左翼来车，在左翼重车调车场支线 1 调车后，推进重车线 2，电机车经绕道 4 进入空车线 3，将空车拉到右翼空车调车场 5，在支线 6 进行调头后，经空车线 6 将空车拉回左翼巷道。

（3）吊桥连接，如图 2-49（b）所示。吊桥连接是指从斜井顶板出车的平车场。它有平车场的特点，但它不是与最下一个阶段连接，而是通过能够起落

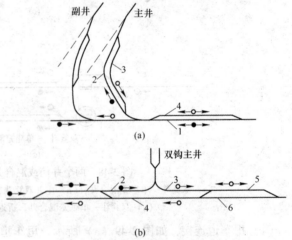

图 2-50　串车斜井折返式车场线路图

(a) 甩车道；(b) 平车场

的吊桥、连通斜井与各个阶段之间的运行。吊桥放落时，斜井下来的串车可以直接进入阶段车场，这时下部阶段提升暂时停止；当吊桥升起时，吊桥所在阶段的运行停止，斜井下部阶段的提升可以继续。

吊桥连接是斜井串车提升的最好方式。它具有工程量最少、结构简单、提升效率高等优点；但也存在着在同一条线路上摘挂空、重车，增加了推车距离和提升休止时间等缺点。使用吊桥时，斜井倾角不能太小，否则，吊桥尺寸过长，重量太大，对安装和使用均不方便，而且井筒与车场之间的岩柱也很难维护；倾角过大，对下放长材料很不方便，而且在转道时容易掉道。根据实践经验，斜井倾角大于 20°时，使用吊桥效果较好。吊桥上要过往行人，吊桥密闭后又会影响上下阶段通风，故只宜铺设稀疏木板，以保证正常工作。

吊桥与甩车道比，钢丝绳磨损较小，矿车也不易掉道，提升效率高，巷道工程量少，交岔处巷道窄，易于维护；但下放长材料不及甩车道方便。

图 2-51 是箕斗和串车提升主、副斜井的折返式和环行式运行线路。该车场主井线路采用折返式或环行式运行，副井串车线路采用尽头式运行。

2.3.6 硐室

2.3.6.1 水仓水泵房

用竖井、斜井或斜坡道开拓地平面以下的矿床，均需在地下设置水泵房及水仓；使矿坑水能从井底车场汇流至水仓，澄清后由水泵房的水泵排出至地表。

水泵房及水仓的设置由矿井总的排水系统来决定，并与矿井的开拓系统有着密切的关系。一般矿井的排水系统分直接式、分段式及主水泵站式。

直接式是指各个阶段单独排水，此时需要在每个阶段开掘水泵房及水仓，其排水设备分散，排水管道复杂，从技术和经济上是不合理的，应用也较少。

分段式是指串接排水，各个阶段也都设置水泵房，由下一阶段排至上一阶段，再由上一阶段连同本阶段的矿坑水，排至更上一阶段，最后集中排出地表。这种方式的水头没有损失，但管理非常复杂。

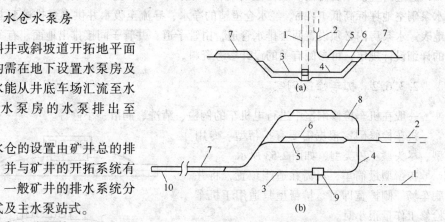

图 2-51 斜井折返式和环行式车场

(a) 箕斗斜井折返车场；(b) 箕斗斜井环行式车场
1—主井（箕斗井）；2—副井（串车井）；3—主井重车线；
4—主井空车线；5—副井重车线；6—副井空车线；
7—调车支线；8—回车线；
9—翻车机；10—石门

多阶段开拓的矿山，普遍采用主水泵站式，即选择涌水量较大的阶段作为主排水阶段，设置主水泵房及水仓，让上部未设水泵房阶段的水下放至主排水阶段，并由此汇总后一起排出地表。这种方式虽然损失一部分水头能量，但可简化排水设施，且便于集中管理。

图 2-52 所示为主排水阶段水泵房及水仓的布置形式，通常设在井底车场内副井的一侧，以其水沟坡度最低处将涌水汇流至内、外水仓。内、外水仓作用相同，供轮流清泥使用。水仓的容积应按不小于 8h 正常涌水量计算。水仓断面积需根据围岩的稳固程度、矿井水量大小、水仓的布置情况和清理设备的外形尺寸等作综合考虑确定，一般为 5~10m²，断面高度不大于

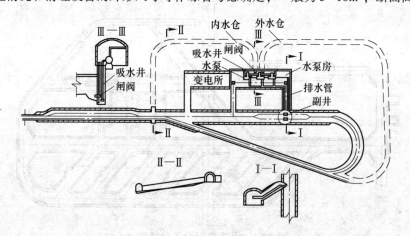

图 2-52 主排水阶段排水系统

2m。水仓入口处应设置水算子。但采用水砂充填采矿法或矿岩含泥量大的崩落法矿山，水仓入口通道内应设立沉淀池。沉淀池的规格一般为长 3m、宽 3m、深 1m。水仓顶板的标高应比水泵硐室地坪标高低 1~2m。经水仓澄清的净水，导流至吸水井供水泵排送至上一主水泵站或地表。水泵房内必须设置两套排水管道，由管子道、井管子间接排出地面。有关水泵房及水仓的详细设计规定，可参阅有关的设计参考资料。

2.3.6.2 机车检修硐室

一般在机车检修硐室中进行电机车的例检、清洗、润滑、小修等。

机车检修硐室根据需要有扩帮型、专用型、尽头型三种类型，如图 2-53 所示。

扩帮型最简单，只需在适当位置，将井底车场一侧扩宽即可。扩帮型只适用于机车检修工作量很小时。

机车库硐室工程量一般为 200~400m³，其长度取决于同时检修机车台数。机车库中应有机车检修地坑。

2.3.6.3 无轨自行设备检修硐室

无轨内燃自行设备检修工作量大且复杂，所以凡有直达地表辅助斜坡道的矿山，无轨设备检修工作多在地表进行。但有些老矿山改变原设计采用无轨自行设备，没有直达地表斜坡道，只好在地下开掘无轨设备检修硐室。为了避免无轨自行设备与有轨运输设备的工作互相干扰和保证安全，某些矿将无轨设备检修硐室、井下破碎硐室及主排水站集中设一专用阶段。其无轨设备检修硐室平面布置，如图 2-54 所示。

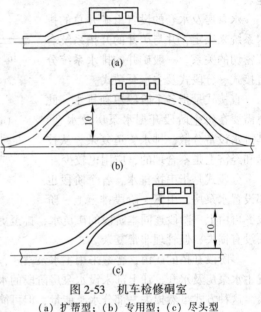

图 2-53　机车检修硐室
(a) 扩帮型；(b) 专用型；(c) 尽头型

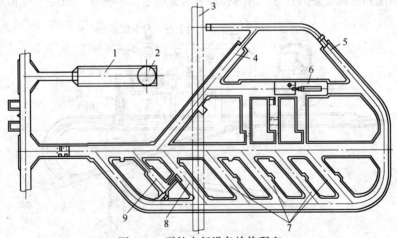

图 2-54　无轨自行设备检修硐室
1—设备接运硐室；2—设备材料井；3—斜坡道；4—焊接室；5—内燃机调试室；
6—修理硐室；7—自行设备库；8—设备清洗室；9—清洗设备污水净化室

有的矿山无条件为无轨设备开拓专门阶段。为了解决有轨运输与无轨自行设备工作互相干扰的矛盾，采用两条石门，一条专供无轨自行设备使用，一条供有轨运输。无轨自行设备检修硐室位于两条石门之间，如图 2-55 所示。

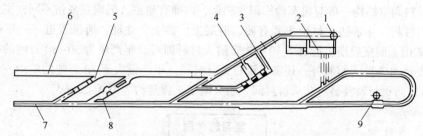

图 2-55　双石门井底车场无轨自行设备检修硐室位置

1—罐笼井；2—水泵房与主变电站；3—炸药库；4—炸药加工室；5—油料库；6—无轨自行设备石门；
7—有轨运输石门；8—无轨自行设备检修硐室；9—主箕斗井

2.3.6.4　医疗站

井下应设医疗站，以便进行医务紧急处理。每班井下同时工作人数不足 80 人时，有一间即可，大于 80 人时应有两间，工程量为 30~85m³。医疗站内应有药品柜、问诊床、担架、消毒洗手池等，如图 2-56（a）所示。

2.3.6.5　调度室

调度室一般由两格组成。一格供调度员调度和指挥井下运输用，另一格供检修人员值班使用。年产量小于 30 万吨的矿山，工程量可为 30m³，大于 30 万吨的矿山，工程量可为 60m³，如图 2-56（b）所示。

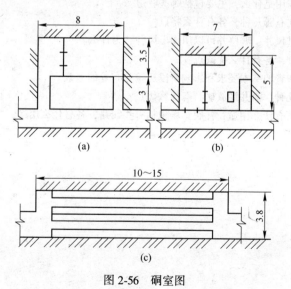

图 2-56　硐室图

（a）医疗站；（b）调度室；（c）候罐硐室

2.3.6.6　候罐硐室

候罐硐室供工人等候上井和下井及分工用。设计中每人座位宽可取 0.4m。可设一排或两排长凳。硐室长 10~15m，宽 1.5~3.6m，工程量 40~150 m³，如图 2-56（c）所示。

2.3.6.7　防火材料硐室

防火材料硐室结构一般与机车检修硐室相似，内铺有轨道，但硐室规格不同，主要用来存放井下防火材料。井下防火材料主要有砖、混凝土、黏土、立柱，通风管道等。年产量小于 30 万吨的矿山，硐室轨道上能容下 10~12 车防火材料即可。年产量为 30~80 万吨的矿山，除轨道上停放 6~8 车防火材料外，还需另设防火材料间。年产量大于 80 万吨的矿山，轨道上应停放 8~10 车防火材料及另有防火材料间。防火硐室工程量约为 100~200m³。

复习思考题

2-1　什么是矿床开拓？

2-2　什么是主要开拓井巷、辅助开拓井巷？

2-3　简述开拓方法的命名方法。

2-4　什么是开拓工程，一般包括哪些井巷？

2-5　简述崩落带、移动带、崩落角、移动角的概念。

2-6　简述竖井开拓法的适用条件、常用方式、特点。

2-7　简述斜井开拓法的适用条件、常用方式、特点。

2-8　简述平硐溜井开拓法的适用条件、常用方式、特点。

2-9　联合开拓法有哪几种方式，为什么用联合开拓法？

2-10　比较竖井开拓法和斜井开拓法的优缺点。

2-11　比较平硐开拓法与井筒开拓法的优缺点。

2-12　比较斜坡道开拓法与井筒开拓法的优缺点。

2-13　辅助开拓巷道的作用是什么，主要包括哪些巷道？

2-14　主副井的布置方式有哪几种，各有什么特点？

2-15　哪些井可以用作进风井、哪些井可以用作出风井，为什么？

2-16　通风方式有哪几种，各有什么优缺点？

2-17　简述阶段运输巷布置的基本要求和影响阶段运输巷布置的因素。

2-18　溜井的形式有哪几种，溜井溜放矿石有什么优点？

2-19　什么是井底车场，有什么用途；井底车场包括哪些线路，各有什么用途；井底车场包括哪些硐室？

3 提　　升

3.1　罐笼井提升

3.1.1　罐笼提升概述

3.1.1.1　罐笼的应用

矿井提升设备的用途是沿井筒提升矿石和废石、升降人员、下放材料、设备和工具，矿井提升设备主要由提升容器、提升钢丝绳、提升机井架及天轮等装载、卸载装置组成。按其提升容器分为罐笼提升和箕斗提升，根据用途分为专门提升矿石的主井和提升废石、升降人员、运送材料设备的副井。罐笼可作为提升矿石的主井，也可作为提升废石，升降人员、运送材料设备的副井，即副井只能应用罐笼。

从提升钢丝绳的数量来看，罐笼有单绳和多绳两种，从罐笼的层数有单层和双层两种，从提升平衡配置有单罐笼配平衡锤提升和双罐笼互为平衡配置两种。

3.1.1.2　提升设备

A　罐笼

罐笼由罐体、悬挂装置、导向装置、断绳防坠装置和罐笼承载装置组成。

a　罐体

罐体是承载矿车、人员、材料、设备的金属结构六面体，罐体两侧是带孔的钢板，以防止淋水和石块掉入罐内，保护罐内人员的人身安全，两端装有罐门，以保证提升人员的上下安全，顶部设有可开启的顶盖门，供放入长材料时打开使用，底部焊有花纹钢板并铺设有供推入推出矿车的轨道。为避免提升过程中矿车的移动，罐底还装有阻车器。

b　悬挂装置

悬挂装置是指提升容器与提升钢丝绳之间连接部件的总称。单绳悬挂装置只有连接装置部分，其用途是将罐笼和钢丝绳连接起来。一般采用双面夹紧的楔形绳卡，其特点是：钢丝绳直线进入，能防止在最危险部分产生附加弯曲应力，可减少断丝现象，延长钢丝绳的寿命；双面夹紧具有较大的楔紧安全系数，可防止钢丝绳因载荷的变化在楔面上产生的滑动以及磨损；自动调位结构能使钢丝绳上夹紧压力分布均匀；且其长度较短，可减少容器的总高度，克服了桃形环绳卡连接装置的缺点。

c　导向装置

导向装置一般称为罐耳，罐笼借助罐耳沿着井筒中的罐道运动。根据罐道的不同分为刚性罐道（槽钢组合罐道、钢轨罐道）导向装置和柔性罐道（钢丝绳罐道）导向装置。

d　断绳防坠器

安全规程规定：升降人员或升降人员和物料的罐笼，必须装置可靠的断绳防坠器（保险器）。当钢丝绳或连接装置万一发生断裂时，防坠器可使罐笼卡在罐道上，以保证运送人员的安全。防坠器的结构一般与罐道种类有关，不同的罐道有不同的断绳防坠器。

　　e　罐笼的承接装置

　　罐笼在井底、井口车场以及中间中段为了便于矿车出入而使用承接装置。用于刚性罐道的承接装置有承接梁、罐座（托台）以及摇台三种形式。承接梁只用于井底车场，罐座和摇台可用于井底和井口车场，中间中段规定使用摇台。钢丝绳罐道应用于多中段提升时，为保证罐笼进出车时的稳定，必须设置中间中段的稳罐装置，有钩式稳罐器和活动平台稳罐器等。

　　B　钢丝绳

　　钢丝绳按股分类有单股钢丝绳、多股钢丝绳和多层股钢丝绳三种。单股钢丝绳又可分为普通捻钢丝绳和密封型钢丝绳。多层股钢丝绳即不旋转钢丝绳。此外，按钢丝间的接触形式又可分为点接触、线接触和面接触三种，它们都是圆形股钢丝绳。其中点接触钢丝绳称为普通圆形股钢丝绳。按绳股的断面形状分则有圆形股与异形股两种，其中异形股钢丝绳可分为三角股、扁股和椭圆股等。

　　三角股钢丝绳的绳股有效面积较大，与绳槽接触面积大，工作条件好，它与相同直径的普通圆形股钢丝绳比较破断力大 20%，比线接触钢丝绳大 10%～15%。另外，由于其外径钢丝直径较大，故而耐磨性好。国产三角股钢丝绳被列为重点发展品种。线接触的钢丝绳由于钢丝绳绳股平行，在整个长度上互相接触，钢丝间产生的弯曲应力以及接触压力均小，有较长的使用寿命，被广泛应用。

　　面接触钢丝绳结构紧密，表面光滑，比绳槽接触面积大，耐磨以及抗挤压性能好，绳股内钢丝接触应力小，因而寿命较长，此外此种钢丝绳有效断面面积大，钢丝间相互紧贴，耐腐蚀性强，钢丝绳伸长变形小，缺点是挠性差。

　　C　提升机及天轮

　　提升机是矿山提升设备的主要组成部分，供缠绕和传动钢丝绳之用，以完成矿井提升或下放重物的任务。现在我国生产和使用的矿井提升机分两类：单绳缠绕式和多绳摩擦式。

　　单绳缠绕式提升机是等直径的。按卷筒个数多少可分为双筒和单筒提升机两种。

　　双筒提升机在主轴上装有两个卷筒，其中一个用键固定在主轴上，称为死卷筒（固定卷筒）；另一个套装在主轴上，通过调绳装置与轴连接，称为活卷筒（游动卷筒）。双筒提升机用作双钩提升，每个卷筒上固定一根钢丝绳，两根钢丝绳的缠绕方向相反，因此，当卷筒旋转时，其中一根向卷筒上缠绕，令一根则自卷筒上放松，此时悬吊在钢丝绳上的容器一个上升一个下放，从而完成提升重容器、下放空容器的任务。因双筒提升机有一个活卷筒，故更换中段、调节绳长和换绳都比较方便。单筒提升机可用作单钩提升，也可用作双钩提升，双钩提升时，卷筒缠绕表面为两根钢丝绳所共用，下放绳空出卷筒表面时，上升绳即向该表面缠绕，这样，卷筒缠绕表面，每次提升都得到了充分的利用。因此，它较双筒提升机具有结构紧凑、重量轻的优点。缺点是当双钩提升时，不能用于多中段提升，且调节绳长、换绳也不太方便。

　　天轮安设在井架上，供引导钢丝绳转向之用。根据结构形式不同可分为两类：铸造辐条式天轮和型钢装配式天轮。

　　天轮直径的选择，一般等于卷筒直径，或按安全规程规定：对于地面提升设备，天轮直径大于 80 倍钢丝绳直径；对于井下提升设备，天轮直径大于 60 倍钢丝绳直径。

　　D　罐道和罐道梁

　　a　罐道

　　罐道是固定在罐梁上供罐笼滑行的装置，起到稳定罐笼保证提升安全的作用。

罐道分刚性罐道（木罐道、钢轨罐道、型钢组合罐道、整体压制罐道）和柔性罐道（钢绳罐道）。

木罐道为矩形断面，材质要求强度大，木质致密，必须作防腐处理，常用于井筒淋水较大且属侵蚀性水，以及中小型金属矿山。

钢轨罐道使用年限长，强度大，多用于箕斗井和有钢丝绳防坠器的罐笼井。

型钢组合罐道是空心罐道，由槽钢和角钢焊接而成，其特点是抵抗侧向弯曲和扭转阻力大，罐道刚性增强，可配合使用弹性胶轮滚动罐耳，因此提升运行平稳，罐道与罐耳磨损小，使用年限长，是一种较好的刚性罐道。

整体压制罐道，这种罐道具有型钢组合罐道的优点，并胜过其性能，不仅质量可以保证，而且自重轻，这可节省加工费用，因为它是密闭型，比其他截面使用寿命更长。

钢绳罐道比刚性罐道更具有以下优点：

（1）绳罐道不用罐梁，可节约大量钢材，降低建井投资。

（2）结构简单，安装方便，施工期短。

（3）便于维修，使用寿命长，换绳简单，影响生产小。

（4）绳罐道有柔性，提升平稳，无碰撞，能改善提升系统受力状况，减少卡罐事故。

（5）井内无罐梁，故可减少通风阻力，保持井壁整体性，减少井壁漏水。

但是也有不足之处：安全间隙比刚性罐道大，因而井筒断面相应要大一些；井架要悬吊罐道绳因而井架负荷大，井底要设拉紧装置，也要增加井筒深度，因而加大了井筒工程量。

b 罐道梁

罐道梁是固定于井壁内，在井筒内为固定罐道而设置的水平罐道梁，常用的有木罐梁、金属罐梁、钢筋混凝土罐梁，由于金属罐梁具有强度大、易加工、服务年限长、占有井筒断面小以及施工安装方便等优点，国内矿山使用最为广泛。

E 梯子间及管缆间

梯子间由梯子、梯子平台、梯子梁构成，通常布置在井筒一侧，并用隔板（活隔网、隔栅）与提升间、管缆间隔开。

管缆间主要用于布置各种管道（排水管、压风管、供水管、下料管等）和电缆（动力、通信、信号等），通常布置在副井内，并靠近梯子间。管路用 U 形或钩形螺栓卡固在管子梁（梯子梁或罐道）上。

压风管的布置应考虑地面压风机房的位置，尽量缩短管路，减少弯头，以减少压风损失。

排水管的布置要与井下水泵房的管子道相配合，管路数目根据井下涌水量的大小而定，但不得少于两路，其中一路工作，一路备用，管子间距除按最大尺寸考虑外，还要满足安装检修要求。

井内的动力、照明、通信、信号等电缆用的电缆支架，固定在靠近梯子间的井壁上。线缆位置应考虑进出方便、动力电缆与信号、通信电缆最好分别固定在梯子间的两侧或间距大于 0.3m。

3.1.2 矿石、废石的提升

前已叙及，罐笼井既可以用作主井提升矿石，也可以作为副井提升废石、升降人员、运送材料和设备。

3.1.2.1 提升前的准备工作

提升前的准备工作如下：

（1）根据井下生产安全规定，井下井上的作业地点必须有两个以上的作业人员，必须指定其中一人负责安全。

（2）入井人员必须按规定佩戴齐全的劳动保护用品。

（3）做好交接班工作，交接双方就设备运行情况、工作进展情况、人员、材料运送情况做好交接，做好记录，并双方签字。

（4）作业前应认真检查罐笼安全卡、安全门、阻车器、摇台等装置是否灵活，工作正常，如发现问题应立即进行修理，不能带病工作，同时禁止罐笼升降人员、运送材料和设备。

（5）作业前应认真检查安全门、信号（打点器）、信号指示灯、电话等通信装置是否工作正常，否则要及时修理。

（6）提升矿石、废石前要对罐笼进行一次空罐试车，一切工作正常后再开始工作。

（7）工作前信号工与倒车工要取得联系，双方准备就绪，一切正常无误后，才能开始工作。

3.1.2.2　矿石、废石提升工作步骤

罐笼作为主井提升矿石，还是作为副井提升废石，其工作方式与井底车场的形式有关，井底车场的形式有尽头式、折返式和环形式。尽头式井底车场大多采用人力推进矿车，折返式和环形式多采用推车器推进矿车。

尽头式井底车场的工作步骤：

（1）首先做好前期准备工作，一切无误，人员、通信、设备工作正常，开始提升工作。

（2）将井底车场的线路扳向空车线一侧，使空车线与罐笼连通。

（3）装有空矿车的罐笼从地表井口下降到提升水平，待罐笼停稳后，两名倒车工站在罐笼两侧，打开井口门和罐笼门，两人要协调一致，用力将空矿车拉出罐笼，并推向调车线。

（4）将井底车场的线路扳向重车线一侧，使重车线与罐笼连通。

（5）将重矿车从调车线推进罐笼，推进罐笼的瞬间，两人用力要协调一致，设置好挡车器，关好罐笼门。

（6）一切正常后，信号工发出提罐信号，一个循环的井底装卸车工作结束。

（7）井口倒车工的工作程序与井底相同，区别是从罐笼内拉出的是重车，推入罐笼的是空车。

折返式和环形式井底车场的工作步骤：

（1）首先做好前期准备工作，检查好通信设备、推车设备、稳车装置等。

（2）罐笼携带空矿车停稳后，打开罐笼门，放好摇台。

（3）推车机推动重车前进，以规定的速度进入罐笼。将空矿车借助撞击力撞出罐笼，重矿车停留在罐笼内。

（4）空矿车借助初始的速度自溜到储车线后停止。

（5）关好罐笼门，确认提升设备，稳车装置无误后，发出提罐信号。

（6）到达井口后，打开罐笼门，借助空车的速度将重车撞出罐笼。

3.1.2.3　矿石、废石提升工作的一般规定

（1）工作期间要坚守岗位，精神集中，不得脱岗，不得溜号，严格按操作规程的要求工作，严禁在工作中打闹、喧哗，严禁在间隙时睡觉、闲聊。

（2）推车时要精力集中，注意前方行人，避免发生碰撞，时刻注意挡车器、阻车器的工作状态。

（3）矿车在罐笼内升降时，人员应远离井口，以免坠物伤人。

（4）矿车在推进过程中，应使用正确的方式刹车，人员不得站在车上行走。

（5）罐笼未停稳，打开罐门之前，不要打开阻车器和挡车器，不准将矿车推向罐笼，严防矿车坠井以及撞坏罐笼门。

（6）罐笼停在井口时，不准从罐笼内穿行或停留，以免发生危险。

（7）罐笼在运行过程中，绝对禁止与信号工讲话、打闹，也禁止在信号工的周围说笑、打闹，以免影响信号工的注意力，影响正常工作。

（8）矿车在推进的过程中，经过弯道、岔道，接近阻车器时要减速慢行，以免掉道、撞坏阻车器，防止矿车内的矿石震落。

（9）矿车推进罐笼时，矿车内的大块矿石不得突出罐笼之外，以免在提升过程中发生危险。

（10）工作中倒车工和信号工要密切配合，协调一致，提高工作效率。

（11）要经常检查和留意罐笼内的阻车器，井底车场的阻车器是否完好，要经常注意周围场所水、电、气的安全。

3.1.2.4　提升中的注意事项

（1）推车、滑行过程中，要注意手、脚的安全，要防止挤伤和轧伤，车与车之间要保持一定的间距，两人以上工作时，动作要协调一致，以免受伤。

（2）罐笼检修后，间隔一段时间未使用，使用前要认真检查各种装置、各种通信设备、各种挡车设备是否完好，要做空罐试验，确认无误后，方能进行生产。

（3）信号工的信号发送要清晰、准确，罐笼在运行过程中要注意监听走动声音和钢丝绳摩擦声音，若听到声音异常，要及时停罐检修。

（4）罐笼提升矿石时，不准人员、矿车、设备混罐升降。

（5）信号工在发出升罐、停罐信号时注意力要特别集中，准确及时发出信号，以免发生蹲罐和冒罐事故。

（6）罐笼停止运行时，应关好罐门、井口门，处理好井口两侧的阻车器和挡车器，以免矿车滑入井筒内，发生重大事故。

（7）信号工要坚守岗位，严禁非信号工打点，信号室内严禁闲杂人员进入。

3.1.2.5　常见问题以及处理

（1）信号工发出升罐信号后，罐笼未离开井口，为防止罐笼出现异常情况，信号工的手不要离开按钮。

（2）罐笼离开本中段后，要及时关好井口门。

（3）矿车进出罐笼的瞬间，注意力要特别集中，出现异常情况及时处理。

3.1.3　材料设备的提升

3.1.3.1　提升材料

（1）升降木料等材料时，按规定要求装好、绑牢、装卸和运输，过程中严防坠落伤人。

（2）升降木料、铁轨、坑木、铁管等材料时，特别要检查物料是否突出罐外，以防罐笼在运行过程中发生危险。

（3）升降材料、设备时，信号工要特别注意，在罐笼运行前应先准确给定人或料的指示灯，检查一切无误后，方可发出升降信号。

（4）升降雷管和炸药时，必须用专罐升降，不得与其他人、材料、设备同罐升降，雷管和炸药也要分别升降。

（5）雷管和炸药等爆炸器材，不准存放在井口周围，应及时运往井下炸药库存放。

3.1.3.2　提升设备

（1）井下的生产设备一般有矿车、电机车、喷浆机、装运机、铲运机、凿岩台车等，对于一些小型设备，可以放入矿车或直接装入罐笼内升降，对于不能装入罐笼内的大型设备，要单独升降。

（2）升降大型设备是矿山生产过程中的重要工作，整个升降过程要制定严密的计划。上报主管领导批准，按计划实施。

（3）升降大型设备时，要根据设备情况和主副井提升井筒直径选择升降井筒。

（4）升降大型设备涉及矿山生产的各个部门，安全部门、生产部门、辅助部门要有专人负责，统一指挥，协调一致。

（5）大型设备本身要做好包装保护，特别是突出部分，要更加注意，吊装装置与设备间的连接要牢固可靠。

（6）升降过程中，要做到慢速启动，匀速升降，慢慢停止。

3.1.4　人员的升降

（1）罐笼未停稳时，不准打开罐门，等罐笼完全停稳后，才允许人员上下。

（2）信号工在运送人员时，精力要特别集中，手不能离开按钮，不准与其他人说话，时刻观察注意罐笼运行情况。

（3）严格控制乘罐人数，严禁超载，维护好乘罐秩序，对抢上、抢下、越线的乘罐人员，必须坚决制止。

（4）要注意观察入坑人员的精神状态，发现喝酒等不适应入坑规定的人员，禁止入坑，乘罐人员进入罐笼，待人员全部站稳、扶好、关好罐笼门后，才能发出开罐信号。

（5）要认真检查入坑人员是否配备劳动保护，即是否携带电灯（手电筒、充电灯），是否穿戴口罩、安全帽，严禁劳动保护不全者入坑。

（6）严禁人料混装，乘罐时除小工具随身携带外，不准携带其他材料，爆破工带有爆破器材时，不准与其他人员同乘一罐。

（7）对于升降人员的罐笼，信号工要及时给信号灯指示。

（8）运送病号或发生事故的人员，必须有专人陪同，严禁一人乘坐。

（9）遇到特别情况，要求入井或升井的人员，在可能的情况下要及时给罐。

3.1.5　井口卷扬工作

对于采用单绳缠绕式提升的矿井，需要在井口设置卷扬，用来作为竖井提升的动力。

3.1.5.1　卷扬设备

井口卷扬设备有卷扬机房、配电室、缠绕式提升卷筒、减速器、电动机、操作台、制动装置和深度指示装置。

（1）提升卷筒。单绳缠绕式提升机的卷筒为等直径的，有单卷筒和双卷筒。双筒提升机在主轴上装有两个卷筒，其中一个用键固定在主轴上，称为死卷筒（固定卷筒）；另一个套装在主轴上，通过调绳装置与轴连接，称为活卷筒（游动卷筒）。

（2）减速器。矿井提升机的主轴转速，根据提升速度要求，一般在 20~60r/min 之间，而用作拖动提升机的电动机的转速，通常在 290~980r/min 的范围内。因此，除采用低速直流电动机拖动外，不能把电动机与主轴直接连接，必须经过减速器。

提升机减速器分一级和二级。一般传动比小于 11.5 时制成一级的，传动比大于 11.5 时制成二级的。

提升机主要采用侧动式圆弧齿轮减速器或采用侧动式渐开线齿轮减速器。他们的高速轴用弹性联轴器与电动机轴相连，低速轴用齿轮联轴器与主轴装置相连。减速器各个轴的支撑除采用滚动轴承外，大多采用滑动轴承。

（3）深度指示器。深度指示器是矿井提升机的一个重要部分，其用途是：

1）向司机指示容器在井筒内的位置。

2）容器接近井口车场时发出减速信号。

3）当提升容器过卷时，打开装在深度指示器上的终点开关，切断保护回路，进行安全制动。

4）在减速阶段，通过限速装置，进行过速保护。

深度指示器有圆盘式、牌坊式和电子式。

3.1.5.2 卷扬工作的一般规定

（1）卷扬工是一个特殊、重要的岗位，对责任心、技术水平的要求非常高，卷扬工必须经过严格的岗位培训，考试合格后才能上岗操作。

（2）上岗前必须具有饱满的精神状态，上岗前绝对禁止喝酒，也不能将不满情绪带到工作中来，更不能带病工作。

（3）卷扬工必须保持至少两名司机同时在岗，操作室严禁无关人员进入，操作时精神要集中，严禁与其他人谈话，操作过程中听清信号，操作准确，随时注意深度指示器和各种仪表的变化。注意监听设备运行声音，出现异常情况要及时停车处理。

（4）设备间歇时，不能脱离岗位，不能干私活，更不能在操作室内打闹、开玩笑、看书、阅报。

（5）做好交接班工作，交接班要面对面，认真填写交接班记录，详细记录设备运转情况，提升工作进展情况以及注意事项，同时也要做好设备运转记录，记录设备运转状态、外来人员情况、设备保养、维护以及维修情况。

（6）接班后，首先检查设备、仪表工作是否正常，特别是检查钢丝绳是否有损坏、断丝、破损，确认没有问题，具备开车条件方准开车。

（7）工作过程中，对信号工发出的信号要听清，看清的情况下才能启车，在听清没看清或看清没听清的情况下，不准盲目启车，要进行必要的联系，待确认无误后才能启车。

（8）严禁在没有信号工的情况下，私自启车工作，更不准在没有信号工的情况下接送人员。

（9）在上下班高峰时间，除值班司机在岗位操作外，副司机也应在旁监护，不准离开操作台，去完成其他工作。

（10）任何情况，严禁非专业司机执行司机任务，也不允许其他人员操作设备。

（11）设备长时间停歇时，需将控制手柄扳到零位，然后切断电源。

（12）设备运行过程中严禁打开离合器，使设备靠惯性下滑，严禁提升设备超速行驶，以免撞坏限位开关，发生冒罐事故。

3.1.5.3　提升系统的安全检查

（1）对提升钢丝绳，除每日进行检查外，每周必须以 0.3m/s 以下的速度进行一次详细检查，每月进行一次全面检查；对平衡绳（尾绳）和罐道绳，每月进行一次详细检查。所有检查结果，均应记入检查记录簿。

（2）钢丝绳遭受卡罐或突然停罐等猛烈拉伸时，应立即停止运转，进行检查。如发现钢丝绳受到损伤，或钢丝绳延长 0.5% 或直径缩小 10%，均需更换新绳。提升设备上禁止使用有断股、接头或其他易造成事故的缺陷钢丝绳。

（3）竖井用罐笼升降人员的加速度和减速度，不得超过 0.75m/s。

（4）提升机控制系统，除满足正常提升要求外，还应满足下列运行工作状态：低速检查井筒及铜丝绳，运行速度不得超过 0.3m/s；调换工作中段；低速下放大型设备或长材料，运行速度不得超过 0.5m/s。

3.1.5.4　注意事项

（1）工作时，允许正式司机操作，学徒工要在师傅的指导下操作，不得单独操作，上下人员时不准学徒开车。

（2）调绳工作要在空载下进行，禁止在机器运转时进行。

（3）湿手不得操作电气设备，严禁用湿毛巾擦拭电器按钮，机器运转时禁止触及或清扫运转部位。

（4）禁止带电检查、检修或更换保险丝。

（5）停电期间不得擅自检查、检修或拆卸设备。

（6）卷扬操作工严禁连续工作 8h，在一个班内的两名司机要交替开车，更不许连班。

（7）在运行过程中，要根据提升状态和提升类别调整提升速度，启动要慢，通过中段时要慢，升降人员时要慢，升降人员的加速度或减速度不得超过 0.75m/s，运行时速度不得超过 12m/s，低速检查井筒以及钢丝绳时，其运行速度不得超过 0.3m/s，低速下放大型设备或长材料时，运行速度不得超过 0.5m/s。

（8）严禁信号工自己打点升降自己。

3.2　箕斗井提升

3.2.1　箕斗

3.2.1.1　箕斗的应用

箕斗只能用来提升矿石和废石，箕斗的提升与罐笼的提升不同，罐笼提升是将盛装矿石、废石、材料、设备的矿车同时提升，罐笼在下降时需将卸载后的矿车运回井底。箕斗本身是提升容器，同时也是矿石、废石的盛装容器。竖井箕斗按结构形式分为两大类，翻转式箕斗和底卸式箕斗，一般情况下翻转式箕斗适合于单绳提升，底卸式箕斗适合于多绳提升。

翻转式箕斗的结构是当箕斗提升到地表后，箕斗进入卸载轨道，在轨道上翻转 135°，矿石靠自重卸入贮矿仓，当箕斗下放时，斗箱回到原来的垂直位置下降。

底卸式箕斗的结构是当箕斗到达卸载位置时，卸载装置会把箕斗斗箱往外拉动倾斜40°，同时打开箕斗斗箱底板，将矿石、废石卸入旁边的贮矿仓，卸载结束后装置再把斗箱放回原来的位置并关闭斗箱底板，下放箕斗。采用箕斗提升矿石需在井底破碎，经过粗破的矿石，经计量（体积或重量）装入箕斗。

箕斗提升容器质量小，提升能力大，便于实现机械化和自动化。只能用来提升矿石、废石，不能升降人员、材料和设备。还要设置粉矿回收设施，基建工程量大、基建时间长，且井筒不能用作进风井。

3.2.1.2 提升设备

A 装矿装置

多绳底卸式箕斗多用计量（质量）漏斗装矿，允许装载的矿岩的块度不大于350mm，多采用定点装矿。翻转式箕斗的最大允许块度一般为400~500mm，用计量（体积）漏斗定点装矿。

矿井下设有坑内破碎系统，多用震动给矿机或板式给矿机，经带式输送机运至计量漏斗，然后，经计量漏斗计量质量或体积后，装入箕斗，提升到地表矿仓。

B 地下破碎设施

地下破碎采用的破碎机多为固定式，大多设置在主溜井或箕斗井旁侧，集中处理矿岩。为减少溜井地下破碎硐室对主井的影响，也可将破碎机运离主井，破碎后经带式传送机运至计量装载装置，装入箕斗。

地下采矿经常使用的粗破碎机形式有颚式和旋回式两种。

旋回式破碎机又有普通型和轻型之别，轻型比普通型的质量少30%左右，功率低10%~30%，适用于破碎脆性物料。

颚式破碎机的优点是结构简单，配置高差小，破碎潮湿含泥矿石时不易堵塞，井下专用的颚式破碎机易于拆装和运输，其缺点是不能直接受矿，中间需设给矿溜槽及缓冲链。

旋回式破碎机的优点是生产能力大，可直接受矿，无需专设粗矿仓及给矿装置，破碎比大；其不足是外形尺寸比较大，拆装困难。

C 粉矿回收设施

竖井箕斗提升，存在着矿石和粉矿的撒落问题。尽管在设计上可以采用相应的技术措施，生产上加强管理，但只能减少粉矿的撒落量。实践证明，竖井箕斗提升的粉矿撒落现象是不可避免的。撒落在井底的粉矿，如不及时进行清理，越堆越多，将会影响到竖井的正常作业和安全生产。某矿曾由于粉矿的长期积压，处理时大量泥水和粉矿涌出，造成人身事故。所以，对于采用箕斗提升的竖井，必须在井底设粉矿回收装置，及时清理回收。

对于采用罐笼提升的竖井，除了在矿车上下罐笼过程中，有时出现少量的撒矿现象和随同中段涌水流入井底的少量粉矿外，不存在其他撒矿因素。即使有粉矿撒落，也可以在清理井底水窝时处理。

粉矿撒落的主要原因：

（1）箕斗在装卸作业中通过设备间隙撒矿。

（2）人工放矿装载过量时撒矿。

（3）箕斗未到位开始放矿或放矿闸门未关闭时开始提升等操作错误时撒矿。

D 地下破碎硐室防尘

地下破碎硐室是产生矿尘最多的地点。如果不采取防尘措施或防尘措施不良时，能污染邻近作业场所的空气。矿山地下硐室采用的除尘方式是将破碎机密闭并喷雾洒水，同时用扇风机将含尘空气吸出引到专门的除尘硐室中，用除尘器收尘。

常用的有湿式旋流除尘风机除尘，将给矿机及颚式破碎机密闭，矿石进入颚式破碎机破碎时，产生的粉尘通过伞形集尘罩抽入风箱，再经过湿式旋流除尘风机净化，净化后的空气流进附近巷道。还有布袋除尘是将给矿机及破碎机全部密闭。由给矿机及破碎机产生的粉尘，用风箱抽至布袋除尘室。布袋除尘室分上下两部分，上部放置布袋，下部为粉尘沉降坑。

3.2.2　箕斗井提升工作

3.2.2.1　破碎工作

（1）开车前检查油箱内是否有足够润滑油，油质是否符合要求。

（2）检查各连接部位是否松动。

（3）破碎机必须空载启动。

（4）先将各路冷却水打开，启动油泵，待其工作 3~4min 后，才可启动主电动机。

（5）用钢丝绳将飞轮绕上，并用天车带动一周后，再启动主电动机。

（6）破碎机停车时，一定要先切断给矿机的电动机线路，停止给料，待颚膛中的矿石完全破碎后，再切断主电动机和油泵电动机的线路，关闭各路冷却水。

（7）不允许卸空状态下直接往链板上放矿，应于链板上铺一层保护层，再放矿。

（8）链板上的杂物或矿渣较多时，必须进行清理。

（9）发现链板跑偏，必须进行调整。一切正常后才能生产。

（10）老虎口被大块堵住处理时，要先处理好给矿机前部浮石，确认安全后，在保证安全的前提下，进行处理。处理过程中要系好安全带，派专人监护。

（11）破碎机禁止带负荷启动，待破碎机运转正常后，才能开启给矿机给矿。

3.2.2.2　给矿工作

（1）操作者应熟悉本机器的结构原理。

（2）每班工作前应手动操作将油泵将润滑部位注入适量润滑油脂，检查各连接部位是否松动，经检查正常后方可启动运转。

（3）正确润滑各轴承和减速器，并定期更换新油。

（4）使用中应在链板上始终保持一定厚度的料层（一般不应小于 300mm），不允许在卸空状态下直接向链板上放料，当无法避免卸空时，放料前应在链板上铺一层防护层，以防直接冲击链板。

（5）当物料在料仓中堵塞时（尤其在排料口附近），应在链板上增设防护层后方可进行爆破，严禁在链板上直接进行爆破。

（6）机器安装后，排料口到链板的距离不应小于 1.5~2 倍的最大块度，挡板安装后应于链板两侧挡缘之间留有不小于 25~30mm 距离，拉紧装置轴心线距链仓后壁为 350~500mm。

（7）工作中经常注意链板上的物料分布情况，以防长期因负荷不均，降低链环使用寿命。经常检查槽板的紧固螺栓，严防松动时运转。

（8）经常注意检查链板的工作情况，保持松紧程度适当，必要时可用拉紧装置进行调整，以防链环受力不均。

（9）当链板在运行过程中发现经常跑偏时，应找出原因，并调整拉紧装置及时排除。

（10）拉紧装置拉杆，左右箱体中的滑道应保持干净，防止锈蚀。运转过程中发生不正常声响和故障应立即停止，认真检查排除。

（11）使用中除注意日常维护保养外，还应定期检查、检修，并及时更换已磨损零件。

（12）生产过程中应注意人身和设备的安全。

3.2.2.3　粉矿回收工作

（1）操作前要认真清理，检查工作场地，不得有杂物。检查放矿闸门各部位及操作系统是否完好。

（2）工作时精力要集中，对闸门各部位及操作系统的任何异常现象，要认真检查处理，之后方可作业。

（3）发现闸门堵塞时，处理堵塞的任何工具，不得正对身体，严禁身体进入闸门内处理堵塞。

（4）车辆移动时，注意前进方向是否有行人和障碍物。

（5）严禁乘坐矿车滑行和放飞车。放矿时，车要停稳，严禁自动滑行。

（6）矿车掉道时，要及时通知前、后车辆停止运行，前后车辆距掉道车不得小于 10m。

（7）处理掉道车时，所用工具必须牢靠，确定无误时方可使用。

（8）作业完毕后，工作场地要认真清理，不得有杂物。

3.2.2.4　注意事项

（1）破碎机在空负荷转动时，应该是无杂音的，如有敲击声，则表明不是拉紧装置拉紧程度不够，就是紧固齿板的螺钉松弛，应通知维修人员加以消除。

（2）检查各轴承温度是否正常（一般应为 60℃ 以下），各润滑部位是否有润滑油。

（3）运转中发生不正常声响和故障应立即停车，认真检查排除。

（4）运转时，禁止任何修理工作，禁止矫正大块矿石在颚腔中的位置或者从破碎机中取出。

（5）要经常检查紧固件是否松动。

（6）破碎机每周要进行一次加固修理，检查润滑和控制测量仪表的效应，检查和拧紧螺钉，检查皮带和保护装置，检查电动机及启动装置的良好情况。

（7）每周要进行一次清理和擦洗机器的外部。

（8）润滑油的油质、油量、油压必须符合规定，油路必须畅通，各部无渗漏。

（9）更换润滑油时，必须将污油清洗干净。

3.2.2.5　常见故障原因及排除方法

常见故障原因及排除方法，见表 3-1。

表 3-1　常见故障原因及排除方法

序号	故　障	原　因	排除方法
1	有不正常声响	（1）齿板固定不紧； （2）拉紧弹簧压得不紧； （3）其他紧固件没有拧紧	（1）紧固齿板； （2）压紧弹簧； （3）各紧固件复查一遍
2	破碎粒度增大	衬板下部显著磨损	将衬板调换 180° 或调整排矿口
3	上下机架连接螺钉松弛	振动	紧固连接螺钉
4	弹簧拉杆断裂	（1）弹簧压得过紧； （2）在缩小出料口时忘记放松弹簧	（1）放松弹簧； （2）排矿口每次调整必须调整弹簧装置

3.3　斜井提升

斜井（坡）提升是提升设备沿着斜井或斜坡运行，提升矿石、废石、人员、材料。升降设备的一种提升方式，根据使用的提升设备有斜井（破）串车提升、皮带运输提升、箕斗斜井（坡）提升，由于箕斗和皮带应用较少，以下主要介绍斜井串车提升。

3.3.1　串车提升概述

3.3.1.1　串车提升的应用

斜井串车提升主要应用在矿体倾角在 15°~45° 之间，矿体位于地平面以下，埋藏深度不大的中小型矿山，斜井串车提升可以用作提升矿石的主要开拓巷道，也可以用作升降人员、材料、设备的副井，串车提升的斜井倾角一般在 30° 以下，斜井箕斗提升的矿井倾角一般大于 40°。

3.3.1.2　串车提升的设备

A　矿车

用于串车提升的矿车容积，一般为 $0.5 ~ 1.2 m^3$，轨距多为 762mm、900mm，也有少数矿山选用稍大容积的矿车。矿车的形式有固定式、侧卸式和底卸式，一般多采用固定式矿车，根据电机车的牵引能力和卷扬的提升能力及井底车场的容车能力，一组矿车的车数多为 3~5 辆。

串车提升的基建工程量较小、投资低、转载设备简单、系统环节少、不需倒装，可减少粉尘和粉矿的产生，但串车提升速度低，提升能力小，劳动生产率低，易发生跑车等交通事故，矿车容易掉道等。

B　斜井人车

经常使用的斜井人车有 XRC 型和 SR 型两种类型，这两种只是安全制动装置、抓捕方式不同。前者以插爪插入枕木进行制动；而后者则以抱爪抓捕钢轨进行制动，并对卷扬轨道钢轨有一定的特殊要求。

斜井人车根据载人数量有 8 人、10 人、15 人、20 人多种，根据轨距有 600mm、762mm、900mm 多种，适用于倾角为 10°~40°。

C　斜坡托棍及立棍

为避免钢丝绳与地面及枕木发生摩擦，减少运动阻力，增加钢丝绳的使用寿命，卷扬道上应布置托棍，托棍间距应在 8~10m。

托棍应当惯性小、耐磨、耐冲击，一般应选用带胶衬（或废胶带圈）滚动轴承的托棍，托棍和棍子侧端的螺母均不能露出外面，以免钢丝绳跳出后被卡死，发生事故。

托棍的布置高度，在无错车道的卷扬道上，为防止钢丝绳的摆动和弹跳，在不妨碍提升容器运行的情况下，尽可能安置高些，在有错车道的线路中，可适当安装低些。

托棍的直径一般为 100~300mm，长为 200~600mm。

立棍布置于甩车道和错车道处，使钢丝绳沿预定的线路通过道岔和弯道，减少钢丝绳和巷道壁的摩擦，使矿车沿轨道行进，减少掉道现象的发生。

立棍的直径一般为 100~250mm，长为 0.2~1.5m，安置位置以不影响矿车的运行又能发挥主棍的作用为宜。

3.3.2　串车提升工作

3.3.2.1　斜井提升矿石工作

（1）经常检查箕斗、钩头、钢丝绳、配重车等提升装置是否完好，信号装量、电话等是否正常。检查吊桥工具、阻车器等设备是否灵活好使。

（2）井筒内有人作业时，未经联系不准动车。如必须动车，要通知作业人员进躲避硐，方可运行。

（3）严格执行行车不行人的制度，严禁在运行的箕斗上和平衡锤上坐人。

（4）信号发送中精力要集中，观察要仔细，打点要清晰，坚守岗位。

（5）做好现场卫生、交接班和作业记录。

（6）接班后检查好电机车、运输线路、扳道器、照明等设备及安全装置是否正常好使，发现问题及时处理或报告。

（7）工作中要精神集中，矿车（箕斗）停稳后方可摘挂钩，并确认挂车牢固的情况下，方可提至斜井主运道，并注意车组的运行情况。在任何情况下，不得在斜井主运道上摘挂钩。

（8）遇到矿车（箕斗）掉道或需人力推车时，应遵守运搬工的安全技术操作规程。严禁井口打闹、喧哗、睡觉、无关人员进入警戒区，挂车时将挂钩检查好，确认无误，方可打点发车。

在矿车（箕斗）上下运行时严禁井口处站人，发车后将阻车器关闭好。无关人员禁止动用井口信号。

3.3.2.2　斜井升降人员工作

斜井升降人员工作由斜井跟车工负责：

（1）跟车工必须熟悉人车的自动装置、开动装置、缓冲装置的构造，并宣传监督执行斜井人车乘车制度。

（2）每班运送人员前，跟车工必须先试放一次空车，查明巷道有无危险后方可运送人员。

（3）每班运送人员前，跟车工必须检查人车的连接装置（三环链、插销、开口销等），制动装置，开动装置灵活可靠后方可运送人。

（4）运行前跟车工必须与人车维修工做一次手动落闸试验，确认可靠方可运送人。

（5）升降人员时跟车工要详细检查绳头链、插销、钢丝绳，确认无异常情况后方可升降，把人车慢慢调到井口车场。

（6）跟车工要严格执行斜井人车管理制度，按规定人数指挥乘车，严禁超员或蹬车，维持上下人员的秩序。

（7）乘坐在列车行驶的第一节车厢的跟车工必须乘坐在人车安设手闸的第一排座位上，同时注意监视运行的前方，观察轨道和巷道的情况。

（8）在斜井使用人车时，必须装设人车专用信号。

（9）人车跟车工由外运班长担任和有经验的信号工担任。

（10）斜井人车的信号装置除跟车工外其他人员严禁操作，接近停车位置时要鸣笛。

（11）乘车人员必须严格遵守下列规定：

1）服从跟车工的指挥，携带的工具和零件不得露出车外。

2）人车行驶时和停稳前，禁止将头部和身体探出车外，禁止上下车。

3）禁止超员乘车。

4）除抢救伤员和处理事故的车辆外，禁止搭挂其他车辆。

（12）在开车前，人车管理人员及跟车工要检查好防护链是否挂好，乘车人员是否把身体或携带工具露出车外，确认无问题后方可鸣笛发车。

（13）跟车工和人车管理人员有权按照乘车制度监督乘车人员。

（14）确认有下列情况之一者，即可停车或采取紧急刹车：

1）路轨上有障碍物，人车通过时会引起掉道。

2）下放的速度超过正常提升速度时，发出信号不见效时，可采取紧急制动刹车。

3）人车运行时，危及安全的情况突然发生，来不及打点停车时可搬动闸把刹车。

3.3.2.3　斜井箕斗装卸矿工作

（1）熟悉和掌握卸矿装置各部结构，操作时精力集中，准确无误。

（2）卸矿前必须看清箕斗位置是否合适，然后操纵气缸按钮。

（3）卸矿完毕后，观察箕斗是否返回原位，确认无问题后，方可发出开机信号。

（4）经常检查箕斗卸矿曲轨，滚轮有无卡撞现象，如发现问题应及时通知维修人员处理。

（5）油雾器、汽动装置及时加油。

（6）严格掌握计量漏斗的装矿量，控制箕斗的正常装载系数，保证提升效率和运行安全。

（7）做好工作场所的工业卫生和文明生产。

（8）严格执行行车不行人的制度，严禁在运行的箕斗上和平衡锤上坐人。

（9）信号发送中精力要集中，观察要仔细，打点要清晰，坚守岗位。

（10）做好现场卫生、交接班和作业记录。

3.3.3　斜井安全制度

3.3.3.1　斜井钢丝绳安全检查

A　钢丝绳安全系数

（1）新绳。钢丝绳安全系数副井不得低于9，主井不得低于6.5。

（2）使用中钢丝绳。经定期试验，安全系数低于下列数值时必须更换：专门提升人员时小于7，提升降物料时小于6。

B　钢丝绳的日检与更换

（1）钢丝绳要每日进行检查，日检查由工区井口蹬钩工、信号工负责，每日检查后将结果详细写入记录，发现异常及时逐级上报。

（2）钢丝绳的日检包含钢丝绳与钩头的联结装置，从钩头到20m内为日检的重点项目内容。

（3）钢丝绳在下列情况之一时必须予以重灌钩头或更换新绳：

1）提升钢丝绳在一个捻距内断丝5%。

2）提升钢丝绳直径比开始悬挂时缩小了10%。

3）一个捻距内比悬挂时延长了0.5%或外层钢丝直径减少10%。

4）钢丝绳受到损伤或钢丝绳延长0.5%或直径缩小了10%。

C　钢丝绳的试验

（1）所有提升钢丝绳使用前都必须经过试验，如停用或库存一年以上再使用时要重新试验。

（2）新钢丝绳使用前的试验，如果其中拉断钢丝与钢丝总数之比，提升人员、物料（副斜井）钢丝绳达 6%，升降物料（主斜井）达到 10%时都不得使用。

（3）使用中的钢丝绳作定期试验时，如果经拉断弯曲试验不合格钢丝数达钢丝总数 25%必须更换。

（4）使用过提升钢丝绳，如经过试验证明还能符合提升物料用的钢丝绳各项规定时，可作为平衡钢丝绳使用。

（5）升降人员和物料用钢丝绳，副斜井自悬挂时起 6 个月试验一次，以后每 3 个月试验一次。

（6）主斜井钢丝绳自悬挂时第一次试验间隔时间为 1 年，以后每 3 个月试验一次。

（7）做钢丝绳试验时截取 1.5m 长作为试样，使用过的要在近钩头端取样，试验要按规程进行。

3.3.3.2 斜井安全管理制度

（1）任何人不得在卷扬到井口之间停留和打闹。

（2）人行道应经常检查，保持梯子完好，要经常清扫杂物、刨冰、保持地表和井口干净，井筒要有良好的照明。

（3）要经常检查井筒内顶板及两帮的支护情况，发现问题要及时处理。

（4）要定期检查修理电器设施和机械部分，如信号装置、卷扬机、矿车、阻车器、钩头、安全链等部分。

（5）卷扬工要经常检查卷扬的各个系统的运行情况，有问题要及时汇报，要经常给托绳天轮注油，保持轮和轴的润滑。

（6）井口蹬钩工、信号工要经常检查钢丝绳磨损情况，有问题要及时汇报。

（7）井筒、地表的地轮和轨道要经常检查，保证矿车人车的正常运行。

（8）矿车在提升过程中不许乘人及偷爬矿车。

（9）斜井运送人员时，一定要严格遵守斜井乘车制度。

（10）运送材料（钢材、木材、设备）时，一定要用材料车，不得使用矿车。

（11）运送爆破器材时，不得把炸药与雷管混装放在同一车上，要分车装或分次运送。

（12）提升运输过程中，矿车的矿石不得超载，防止滚石伤人。

（13）斜井井口处要设立阻车器，不得在阻车器下面停留。矿车在斜井轨道上，不准摘钩。

（14）斜井每隔一定距离打一个躲避硐，一定距离设立防跑车装置。

（15）卷扬工、信号工、蹬钩工要坚守工作岗位，精力集中，必须互相配合，严格遵守安全操作规程和各项规章制度。

复习思考题

3-1 常用矿井提升设备有哪些？

3-2 常用矿井提升方式有哪些？

3-3 简述尽头式井底车场、折返式和环行式井底车场的工作步骤。

3-4 简述提升中常见问题以及处理办法。

3-5　比较箕斗提升与罐笼提升的优缺点。

3-6　常用箕斗提升设备有哪些？

3-7　箕斗井提升工作包括哪些内容？

3-8　简述箕斗井提升工作常见故障原因及排除方法。

3-9　常用斜井提升方式有哪些？

3-10　常用斜井井底车场有哪几种？

3-11　简述常用斜井与井底车场的连接方式。

3-12　串车提升工作包括哪些内容？

4 运　　输

4.1　概述

4.1.1　矿山运输的任务

运输是矿山生产过程的重要组成部分，金属矿地下开采运输工作的任务分为井上的运输和井下的运输。井下运输的任务是将矿石、废石从回采矿块运往井底车场，将材料、设备从井底车场（机修硐室）运往回采的工作面，有时也将设备从工作面运往机修硐室进行维修，其中的炸药、雷管、爆破器材需从井底车场运往井下炸药硐室。在大型矿山，人员还需从井底车场运往回采、掘进的工作面，井上运输的任务是将提升到地表的矿石运往选厂，废石运往废石场，材料、设备从材料设备仓库或机修厂、锻纤厂运到井口，如果是爆破器材需从炸药厂（仓库）运来。

另外，矿山生产的运输任务还有外部运输，是将精矿从选厂运往附近的车站货场，材料、设备从车站货场运回矿山，选厂产生的尾矿需从选厂运往尾矿场。

4.1.2　矿山的运输方式

4.1.2.1　普通翻斗汽车运输

普通汽车运输一般应用在矿石从井口向选厂的运输过程中，矿石从井下提升到地表，一般有两种方式，罐笼提升和箕斗提升。箕斗提升到地表后，矿石需经倒装后转运，罐笼提升到地表后可以不经过倒装直接转运。根据地表、地形和运距，一般采用普通翻斗汽车运输或采用窄轨铁路运输。

4.1.2.2　窄轨铁路运输

窄轨铁路一般应用在地表地形比较平坦、起伏坡度不大的地面运输，采用电机车牵引矿石的运输，窄轨一般为 600mm、762mm、900mm。窄轨铁路运输是矿山最常用的一种运输方式，特别是在井下巷道内的矿石、废石、材料、设备的运输。

4.1.2.3　其他运输方式

胶带运输是一种以胶带承载矿石，用钢绳托住胶带并牵引胶带运行的一种运输方式，是一种连续式的运输方式，可以应用在斜井（坡）提升和地面运输，露天矿和地下矿均有应用。

架空牵道运输是一种架设在空中的钢丝绳作为货车运行的导轨，货车由钢丝绳牵引运输货物，架空牵道可以运输矿石、废石，也可以运输人员（矿石运输索道不能运人）。特点是能适应复杂地表地形，爬坡能力强，缩短运输距离，不受气候影响，占地面积小，安全、可靠、环保。

普通汽车运输一般应用在爆破器材和零散材料、小型设备的运输，在此主要阐述常用的汽车和铁路运输。

4.1.3　矿山运输的基本要求

矿山运输的基本要求包括：

（1）运输是矿山生产过程的重要环节，由于矿山运输环境的特殊性，要求运输设备牢固可靠。

（2）永久性地下铁道应随巷道掘进及时铺设，临时性铁道的长度不得超过 15m。永久性铁道路基应铺以碎石或砾石道碴，轨枕下面的道碴厚度应不小于 90mm，轨枕埋入道碴深度应不小于轨枕厚度的 2/3。

（3）倾角大于 10° 的斜井，应设置轨道防滑装置，轨枕下面的道碴厚度不得小于 50mm。

（4）铁道的曲线半径，应符合下列规定：行驶速度小于 1.5m/s 时，不得小于列车最大轴距的 7 倍；行驶速度大于 1.5m/s 时，不得小于最大轴距的 10 倍；铁道弯道转角大于 90° 时，不得小于最大轴距的 10 倍。

（5）铁道曲线段轨道加宽和外轨超高，应符合运输技术条件的要求。坑内铁道的轨距误差不得超过 +5mm 和 -2mm，平面误差不得大于 5mm，钢轨接头间隙不得大于 5mm。

（6）维修线路时，应在工作地点前后不少于 80mm 处设置临时信号，维修结束应予撤除。

（7）地面的运输线路应尽量做到重车下坡，避免通过人员、车辆稠密地段。

4.1.4　运输设备

4.1.4.1　矿车

矿车由车厢、车架、轮轴、缓冲器和连接器组成。

车厢由钢板焊接而成，为了增加刚度，顶部有钢质包边，有时四周还用钢条加固。前后端装有缓冲器，下部装有轴座和车架。

连接器装在缓冲器上，其作用是把单个矿车连接成车组，并传递牵引力。常用连接器有链环式和转轴式两种。

矿车按车厢结构和卸载方式不同，一般分为固定车厢式、曲轨侧卸式及底卸式等主要类型。

4.1.4.2　电机车

电机车是我国地下金属矿的主要运输设备，通常牵引矿车组在水平或坡度小于 30‰~50‰ 的线路上做长距离运输，有时也用于短距离运输或作调车用。

电机车按电源型式不同分为两类：一类是从架空线取得电能的架线式电机车，另一类是从蓄电池取得电能的蓄电池电机车。架线式电机车结构简单、操纵方便、效率高、生产费用低，在金属矿获得广泛应用。蓄电池式通常只在有瓦斯或矿尘爆炸危险的矿井使用。

架线式电机车按电源性质不同，分为直流电机车和交流电机车两种，目前矿山普遍使用直流电机车。

4.1.4.3　轨道

矿井轨道是矿山重要的运输设备，矿井轨道由下部结构和上部结构组成。

下部结构就是巷道的底板，上部结构包括道碴、轨枕、钢轨及接轨零件，道碴由直径 20~

40mm 的坚硬碎石构成，其作用是将轨枕传来的压力均匀传递到下部结构上，并防止轨枕纵横向移动及缓和钢轨对车轮的冲击作用。

轨枕的作用是固定钢轨，使之保持规定的轨矩，并将钢轨的压力均匀传递给道碴层。钢轨是上部结构最重要的部分，其作用是形成平滑坚固的轨道，引导车辆运行的方向，并把车辆的载荷均匀传递给轨枕。连接钢轨和轨枕的扣件称为接轨零件。

在井下巷道或斜井有时用混凝土及铆钉将轨道直接固定在底板上。

4.2 井下矿石废石的运输

4.2.1 矿石废石的运输过程

金属矿地下开采过程中，要将矿石、废石从回采的矿块运输到主井的井底车场，然后采用罐笼或箕斗提升到地表。

（1）生产过程的第一步为交接班，对当班中出现的问题要向下班交代提醒，主要为设备（矿车、电机车）的完好程度、道路畅通情况、途中照明情况、架线输电情况、漏斗放矿通畅情况、并做好交接班记录。

（2）在与井底车场倒车工做好必要的联系后，挂好矿车和电机车，从井底车场开往装矿点。

（3）在放矿工的配合下装好矿石或废石。

（4）检查设备。货载安全可靠后运往井底车场。

（5）如果是罐笼提升，电机车牵引矿车进入井底车场的调车场，在倒车工的配合下，完成电机车的调车和矿车的蹬钩工作，准备将矿车装入罐笼提升到地表。

（6）如果是箕斗提升，箕斗提升一般采用底卸式矿车或曲轨侧卸式矿车，电机车牵引矿车到达溜井卸矿口时减速慢行，与卸矿工（二破）做好联系，确认卸矿设备正常时，通过卸矿口将矿石卸入溜井或矿仓。

4.2.2 矿石废石的运输工作

4.2.2.1 放矿及装矿工作

（1）放矿工和电机车司机要严格遵守人员入井的有关规定。

（2）上班途中不准扒乘电机车和乘坐矿车。

（3）严禁电机车和矿车未停稳或运行时摘挂车。

（4）搞好井下放矿点周围的卫生，及时清理撒矿，保持水沟和道路的畅通。

（5）放矿开始前，要检查放矿设备及辅助工具是否完好，工作是否正常，是否存在不安全因素，确认一切正常后，方可进行放矿工作。

（6）放矿过程中，放矿人员需站在放矿斗的两侧，不准站在放矿斗的正面，也不要从放矿口的正面通过，其他人员远离放矿口。

（7）放矿要结束时，控制好漏斗的放矿量，即要放满，提高满斗系数，也不要放过量，造成大量撒矿，影响道路畅通。

（8）放矿结束后，要认真负责地清理撒落在地上的矿石，防止车辆通过时引起掉道，及堵塞水沟。

（9）工作过程中注意通电设备的安全，特别是放矿机械的按钮，要及时检查是否漏电、断电，绝对禁止在手湿或戴手套的情况下按动按钮，也不允许使用其他工具直接按动按钮。

（10）放矿口如果在穿脉内，一般巷道顶板、放矿口周围安全程序稍低，放矿前要加强对顶板的管理，放矿过程中要注意周围的不安全因素。

（11）放矿口周围必须具备良好的照明条件，在没有井下照明的情况下，不能靠自身携带的矿灯照明放矿。

（12）架线输电线落架或掉挂不允许私自处理，应通知井下电工处理，电机车架线弓子出现问题时要及时修理，严禁采用手持"电鞭子"取电驱动电机车。

（13）列车经过道岔时，要提前扳好道岔，禁止靠机车或矿车车轮冲开岔道。

（14）放矿过程中在串换放矿地点行走过程中，禁止登车和扒车。在摘挂拉链的时候，不准站在运输道路的里侧，防止其他运输车辆撞伤，摘挂拉链时要注意安全，防止被挤伤和撞坏手。

（15）运行过程中，一旦发生掉道现象，处理掉道时，要做好安全监护，要采取正确的方法：用木杠或引车器将矿车或电机车恢复正常，严禁破坏性作业，拉坏轨道或车辆。

4.2.2.2　途中运输工作

（1）电机车司机必须熟悉机车构造、性能及操作方法，经过严格的培训，经考核合格后持证上岗，方可操作。

（2）电机车司机要坚守岗位，经常检查轨道、架线和机车运行情况，运行过程中注意监听机电和轨道的声音，出现异常情况，及时停车处理。

（3）电机车司机如必须离开工作岗位，司机离开机车时，必须切断电动机电源，拉下控制器把手，扳紧车闸将机车闸住，不得关闭车灯，以防出现撞车事故。

（4）电机车司机必须时刻保证电机车运行的安全，有权拒绝其他人员乘车、扒车、开车。有权拒绝超载运行，严禁电机车、矿车乘人、扒车，严禁用电机车运送爆破材料（炸药、雷管、导爆管）和木料材料。电机车司机有权拒绝以上材料的运输。

（5）电机车在行车过程中要严格使用各种通信（口哨、喊话、鸣信号）手段，在发车、遇到行人、障碍、弯道、巷道口、风门、放矿口时要减速慢行并发出信号。

（6）在行车过程中，遇到车辆、行人、经过道岔时，进出调车场要正确指挥，相互联系，严防撞车事故的发生。

（7）电机车司机和放矿工要密切配合，相互协调，听从指挥将列车调入放矿区域，通过道岔时要提前扳好，严禁在运行过程中摘挂矿车。

（8）电机车司机开车前要检查机车的刹车、照明、警铃、连接器和过电保护装置，一切完好才能开车，任何项目有问题均不准开车。

（9）列车运行进入井底车场的调车场后，当向井口顶车时，必须注意井口周围的停车、阻车情况，与井口倒车工联系好后，方能慢慢顶车，以免发生撞车、掉井等事故。

（10）电机车牵引矿车正常运行时，机车需在前头牵引矿车前进，以利安全瞭望，行车过程中司机严禁将头及身体任何部分探出车外，列车通过风门要发出声音信号，提醒行人注意。

（11）电机车司机要注意停车位置的环境情况，严禁在陡坡、道岔、巷道口、急弯等地方停车。

（12）严禁电机车司机在车下操作，跟随机车前进，行车途中严禁打倒车。

（13）如果发生电机车、矿车掉道现象，要用正确的方式恢复，严禁使用铁道和枕木。

（14）作业结束要将电机车停车在规定地点，严禁乱停乱放，停好车后要切断电源，刹住车闸并做好车辆卫生，方准离开。

4.2.2.3　架线一般规定

（1）架线式电机车运输的滑触线悬挂高度（由轨面算起），应符合下列规定：主要运输巷道，电源电压低于 500V 时，不低于 1.8m；井下调车场、架线式电机车道与人行道交叉点，不低于 2m；井底车场，不低于 2.2m。

（2）电机车运输的滑触线架设，应符合下列规定：

滑触线悬挂点的间距，在直线轨道部分，不超过 5m；在曲线轨道部分，不超过 3m。

滑触线线夹两侧的横拉线，需用瓷瓶绝缘，线夹与瓷瓶的距离不超过 0.2m；线夹与巷道顶板或支柱横梁间的距离，不小于 0.2m。滑触线与管线外缘的距离不小于 0.2m。

滑触线与电耙钢绳交叉的地点，需用橡皮、木板将钢绳与滑触线隔开。

电机车运输的滑触线需设分段开关，分段距离不得超过 500m。每一条支线也需设分段开关。上下班时间，距井筒 50m 以内的滑触线必须切断电源。架线式电机车运输工作中断时间超过一个班时，非工作地区内的电机车线路电源必须切断。修整电机车线路，必须先切断电源，并将线路接地，接地点应设在工作地段的可见部位。

4.2.2.4　矿车卸矿工作

根据主井矿石的提升方式不同，矿车的卸矿地点和采用的矿车卸矿方式也不同。罐笼井、矿车提升到地表后，如果地表采用轨道运输，矿车需运到选厂的破碎矿仓卸矿，地表如果用汽车运输，矿车在井口卸矿倒装；箕斗井提升，矿石在井下卸入溜井，虽然卸矿地点不同，但卸矿方式均有人力翻转车厢卸矿、翻车机卸矿、底卸式矿车卸矿、曲轨侧卸式矿车卸矿。

（1）卸矿地点一般设有格筛，格筛上的大块需经二次破碎，二次破碎方式有人工破碎和冲击钻机破碎。

（2）工作前要检查设备（翻车机、卸矿装置、冲击破碎装置）运转情况，各部分有无故障，做到面对面交班，做好交接班记录，交代设备运转情况。

（3）设备运转前，应空载试工作 1~2 次，一切正常开始工作。

（4）运矿列车到来时，做好安全指挥工作。

（5）翻车机卸矿应注意矿车是否超高，矿车与翻车机要对正，双方紧密配合，信号准确无误，进车开始卸矿工作。

（6）列车在运行、卸矿过程中严禁穿越列车，随时注意设备运行声音。

（7）二次破碎大块时，一定要佩戴安全带。

（8）矿车卸矿，二次破碎时，禁止其他人员滞留周围，避免飞石伤人。

（9）卸矿硐室要有足够的照明，要及时清理撒矿，做好周围的卫生，保证设备的正常运行和运转。

（10）工作过程中，严禁脱岗，出现停电现象时，要关闭电源，做好安全警戒。

4.2.3　运输矿石废石注意事项

运输矿石废石的注意事项包括：

（1）电机车和矿车严禁运人，任何部位严禁扒人、乘人，严禁同时运输易燃物和爆炸物。

（2）运送雷管、炸药等起爆器材时要按爆破器材运输的规定装车、运输和装卸。

（3）放矿过程中严禁放空溜井或漏斗，造成闸门的损坏和"跑溜子"现象，影响正常生产。

（4）放矿开始前要等矿车停稳，检查车门是否挂牢。并固定好矿车，方能开始放矿，避免放矿过程中矿车移动，造成撒矿、挤伤等事故。

（5）矿车使用一段时间后，矿车内壁粘着大量粉矿，要定时用水冲洗，增大运输生产能力。

（6）放矿口堵塞时，应停机处理，并有专人监护，严禁人员进入斗内处理堵塞，处理过程中，处理人员严禁站在放矿口正面。

（7）采用爆破方式处理堵塞时，崩斗人员必须拥有爆破证，必须采用炮杆或竹竿作业，导火索的长度不小于 0.5m。炸药包一定要捆绑牢固，事先通知附近人员撤离，方可进行爆破。

（8）无论采用何种方式处理堵塞问题，严禁单人作业，必须有专人监护。

（9）爆破后剩余的爆破器材，必须按规定存放，严禁乱扔乱放。

（10）电机车正常运行，非特殊情况，严禁使用"反电"制动。电机车正常运行时，禁止打倒车。高速运行时，严禁使用电制动。避免产生高压，发生危险。

（11）遇到停电事故，电机车司机应放下导电弓子。将电机车控制手柄放回空挡，扳紧车闸，打开车灯。

4.3　材料设备的运输

4.3.1　井下材料设备的运输

井下材料设备的运输安全注意事项包括：

（1）井下材料设备的运输，运输工作流动性大，作业范围广，工作中要佩戴好劳动保护用品和必要的防护用品，严禁单人作业。

（2）严禁用电机车运送各种材料及爆破器材，运送体积比较大、长度较长的材料时，要特别注意不要碰坏巷道周围的管线及仪器。

（3）运送炸药等爆破器材时，装、卸、摆放要符合爆破器材运输的要求，运量要符合规定，爆破工要携带爆破证。

（4）运送易燃易爆有毒的物品时，装卸时要轻装轻放，大不压小，重不压轻，堆放平稳，符合码放要求，严禁吸烟。

（5）爆破器材领、运、放的一般规定包括：

1）领用炸药必须持领料单、领料兜和爆破证，要携带电池灯或手电筒，不许携带电石灯。

2）炸药、雷管应分别放在两个兜内或箱内，禁止混放，禁止装在衣兜内。

3）领完爆破器材应直接到达爆破地点，不许在人群聚集的地点停留，不许与其他人同乘一辆车或罐笼，禁止乱堆乱放。

4）一次同时运搬爆破器材不许超过炸药 10kg，火雷管 10 发，非电雷管 20 发。

5）一次单独运搬炸药不许超过 20kg。

6）一次单独运搬成箱炸药，背运一箱，担运两箱。

（6）材料设备在运输途中一定要捆扎牢固，避免超高超宽，严禁人员站立，坐靠在材料设备中间或上面，严禁在行走中上下。

（7）装卸材料设备时车要停稳、挤牢，材料的堆放要整齐牢靠，避免滑落、滚动伤人，影响其他工作。

（8）装卸大体材料和设备时，要有专业人员指挥，协调一致，相互关照，口号、步调相同，使用的绳索等工具安全可靠，严防挤压、材料弹起伤人。严禁碰触巷道内的架线、通信设备、通风设备、风水管路等。

（9）使用起重设备时，首先要检查设备的完好可靠程度，要有专人指挥，避免超重。

（10）运输材料设备时，要首先检查运输工具的完好可靠，不准超负荷载货。

（11）升降、运输较大型设备时，提前做好运输计划，报请主管领导批准，全矿协调一致，做好各项准备工作，运输过程中各有关人员均应到现场协调指挥。

4.3.2　地面材料设备的运输

地面材料、设备的运输分为内部运输和外部运输。内部运输是指将材料设备从仓储地点、机修厂、木材厂运到井下的往返运输。外部运输是指从附近的站场或购买地运回矿山。

一般矿山需要运输的材料有炸药、雷管、导火索、导爆管、燃料、钢材、木材、劳保用品；设备有凿岩设备、运输设备、采装出矿设备、通用空压电器等辅助设备。

采用的运输方式有铁路运输和汽车运输。

4.3.2.1　铁路运输

铁路运输一般应用在距铁路线比较近，地势平坦。建设专有铁路线，从站场运回自己的材料、设备，采矿工业场地平整，适合采用窄轨铁路完成内部材料设备的运输。

（1）运输工作前应检查设备的变速、离合、刹车等装置是否完好，运输司机必须经过培训，持证上岗。

（2）运输过程中要注意瞭望、精力集中，注意监听设备运行声音，通过道岔、道口、人员出入密集等地点减速慢行，提前鸣笛或发出信号。

（3）运输的材料设备要捆绑牢固，严禁超高超宽。材料设备的装卸要安全、可靠、文明。

（4）运输的各种材料设备要按货物本身的要求装载好，如爆破器材、燃料等。

（5）严禁无关人员搭乘运输车辆。

（6）严格执行铁路运输的安全规定。

4.3.2.2　汽车运输

（1）出车前对汽车的各部分进行认真检查，严禁带病出车。

（2）运输中要遵守《道路交通法》。

（3）要做好运输货物的检查验收，装载货物按重不压轻、大不压小、平稳堆放，捆扎牢固，符合高宽的要求装载，途中要经常检查。

（4）运输燃料、爆破器材等危险物品、易燃品、重大物品时要按要求悬挂警示标志，携带好灭火器，不在人群稠密的地方停留。

（5）运行过程中要文明装卸。

（6）严禁客货混载，严禁携带无关人员乘车，严禁超载、超速。

4.4　地面矿石废石的运输

井下提升的矿石废石要分别运往选矿厂和废石厂。根据采矿场地平坦情况，有窄轨铁路运输和自翻式汽车运输，汽车运输需要倒装，窄轨铁路运输如罐笼井提升无需倒装，如为箕斗提升也需倒装。

4.4.1　窄轨铁路运输

地面窄轨铁路运输的运输条件比井下好，视野开阔，工作环境宽敞，但运输距离长，道路周围运输环境复杂，经过的人员车辆频繁，在运输过程中除遵守井下运输的若干规定外，还应该注意：

（1）运输过程中加强瞭望、精力集中，准确发出行车信号，以防与行人车辆发生碰撞。

（2）严禁超速行驶，经过弯道、道岔、道口、桥涵时要减速慢行，在 50m 以外提前鸣笛。

（3）严禁非司乘人员进入驾驶室，严禁任何人乘坐顺路车，更不许扒矿车。

（4）司机要严格执行交接班制度，确认设备完好，制动灵活方可出车。

（5）装载矿石要注意安全，与放矿工要配合协调一致。要遵守井下放矿的有关规定，特别是矿石废石的装载量要适中，严禁有大块位于矿车边缘，以防坠落伤人，砸坏运输设施。

（6）严禁在带电状态下检修电机车。

（7）到达选厂矿仓前要鸣笛或发出信号与卸载破碎人员取得联系，双方协同作业，安全完成卸载任务，卸载过程中要遵守卸载方面的有关规定。

（8）运输废石时，列车进入排土场应减速慢行，注意观察路基变化情况，看清是否有下沉现象。人力翻卸废石时，两人用力要协调一致。

（9）排弃废石前，要注意观察废石堆周围的情况，看清是否有人员、牲畜。确认安全后，开始翻卸。

4.4.2　汽车运输

汽车运输注意事项包括：

（1）出车前，要对车辆各部进行检查，达到要求后方可出车。

（2）行车过程中，由于道路环境复杂，人员车辆频繁出现，要精力集中，注意瞭望。

（3）严禁用碰撞溜车方法启动车辆，下坡行驶严禁空挡滑行，在坡道上停车时，司机不能离开，必须使用停车制动，并采取安全措施。

（4）驾驶室内严禁超额坐人，驾驶室外严禁载人，严禁运载易燃易爆物品。

（5）车在起斗翻货时，其周围不准站人，不准用人卸车或用移动碰撞、震动性卸车。

（6）起斗装置不安全、不可靠时严禁出车，行车中要经常观察车斗是否完全落下，行车中严禁起斗，车斗没有完全落下前，不准起步行车。

（7）行车过程中，通过桥洞、岔道、路口、人员经常经过，高空有架线，地面下或空有管路要减速慢行。

（8）装车时，禁止检查维护车辆，驾驶员不得离开驾驶室，不许将头和手臂伸出驾驶室外。

（9）雾天和烟尘弥漫影响能见度时，应开亮车前黄灯，靠右减速行驶，前后车间距不得小于 30m，冰雪和雨季道路较滑时，应有防滑措施，前后车间距不得小于 40m。

（10）工作结束后，车辆入库前要做好清扫，保养工作。

复习思考题

4-1　金属矿地下开采运输工作的任务是什么？

4-2　矿山常用的运输方式包括哪些？

4-3 矿山运输的基本要求是什么？

4-4 常用矿山运输设备有哪些？

4-5 矿石废石的运输工作包括哪些内容？

4-6 什么是内部运输、外部运输，两者的区别有哪些？

4-7 一般矿山需要运输的材料有哪些？

4-8 地面材料设备的运输方式有哪些？

4-9 井下矿石、废石常用的提升、运输形式是什么？

5 辅助系统

5.1 排水

5.1.1 概述

井下矿山的涌水主要来源于地下水和生产过程中的用水。这些水除采用平硐溜井开拓法的矿山，涌水可以自流排出井外。其他地下开采的矿山均需采用机械方式排出井外。根据开采范围有分区排水和集中排水，一般均采用集中排水。根据矿井深度有直接排水和接力排水。一般开采深度在200m以内，采用直接排水，否则采用接力排水，整个开采范围的地下涌水和生产用水通过巷道水沟自流到达副井周围的水仓，经过沉淀后进入配水井及吸水井，然后由水泵经排水管排上地表或上阶段水仓。

5.1.2 排水设施

排水设施主要包括：

（1）水仓。水仓的作用是存储矿井下的涌水和起沉淀作用。水仓位于副井附近。水仓需要定期清理。

水仓的形式多为巷道型。初始段称为沉降段，坡度一般为8°~12°。中间部分称为储水段，一般设计成3‰左右的反坡。水仓一般有两条，一条工作、一条清泥和备用。水仓的布置分单侧布置和双侧布置，水仓的断面必须符合沉降泥沙和施工要求。水仓的容积一般为6~8h的涌水量。

（2）水泵房和变电所。水泵房是安装水泵和布置各种排水管的场所，一般与变电所毗邻，水泵房与排水斜巷相通，通往排水井（副井），水泵房通过吸水井和配水井与水仓相连。水泵房有两个出口通往井底车场。排水斜巷是其中的一个。

变电所是安置变压器和整流设备的硐室。有两个出口，一个直通井底车场，另一个通水泵房。

（3）配水井和吸水井。配水井和吸水井是连接水仓与水泵房的井巷。一般布置在水泵房地面以下，水通过配水井进入吸水井，通过水泵排往地表。调节配水井的闸门，完成两条水仓和各台水泵的工作和检修的交替任务。

（4）排水斜巷。排水斜巷是连接水泵房与副井之间的一段倾斜巷道，其倾角25°左右。内布置两条排水管，完成水从水泵房排向地表的任务，也是水泵房变电所的安全出口。

5.1.3 排水设备

排水设备主要包括：

（1）水泵。水泵分为离心泵系列、排污泵系列、化工泵系列等，矿山排水常用离心泵。水泵的常见形式是水泵机组，是将水泵和电动机固定在同一机座形成统一的整体。水泵主要根据其扬程和流量来选择。

（2）水管。矿山用水管选用无缝钢管、铸造钢管、焊接钢管。根据水泵流量，水泵台数来选择管径。根据钢管的应力、最大压力、钢管内径来确定壁厚。

（3）变电设备。排水水泵是井下的用电大户，为减少线路的损失，均将变电设备安装在井下水泵房旁边，与水泵房毗邻。

5.1.4　排水工作事项

5.1.4.1　排水工作

（1）认真填写交接班记录，交接班双方对设备（电气部分、机械部分）的工作运行情况要面对面交代清楚，对注意的问题对下一班做好交代和提醒。

（2）水泵启动前要检查机械设备各部分的运转情况，检查电气设备电流表、电压表是否正常，电器线路是否有损坏，漏电现象。接地装置是否完好，吸排水闸门的位置是否正确。

（3）水泵正常运行过程中，应按时巡检。水泵工必须坚守工作岗位，不得脱岗，禁止外来人员进入水泵房，对需要进入的人员做好记录。

（4）水泵正常运行过程中，要注意观察压力表、电流表、电压表、电机温度是否正常，注意倾听设备运转声音，出现异常情况立即停机检修。

（5）设备正常运转过程中，禁止任何人触及设备的运转部分，禁止任何人按动电气设备按钮。

（6）盘根线的操作要适当，压紧程度要适度，有进漏现象调整无效时需要更换。

（7）出现临时停电现象，值班人员应关闭电源开关，坚守工作岗位，不得离开现场。

（8）吸水井无水时，应关闭电源开关，停止排水，不得关闭阀门，禁止出现水泵叶轮反向转动。

（9）水泵停止工作时，禁止不操作控制按钮而拉下电源总开关，同时也禁止水泵再次启动时直接关上电源总开关。

（10）要做好设备保养工作，经常清理设备的污垢，保持设备的清洁干净，搞好水泵房的卫生，禁止地面有污水。

（11）工作过程中出现异常情况要及时报告。

5.1.4.2　清泥工作

（1）常用的清泥方式有人工清泥、潜污泵清泥、泥浆泵清泥、电耙绞车清泥等多种方式。

（2）常用的排泥方式有矿车人工排泥、高压水排泥、泥浆泵排泥、压气罐串联排泥等。

（3）水仓的清泥工作是间断性的工作，由于备用水仓的容积小，水仓的清泥应有计划性，要综合考虑天气、生产各方面情况选择清泥时间。

（4）清理过程要合理组织，专人指挥，注意安全。

（5）巷道水沟的清泥应注意下列问题：

1）水沟的清理要与道路的清理同时进行。

2）清理工作中，不要触及电缆、架线、电话线和开关等。

3）不准移动各种安全警示标志，不许破坏各种通风设施，保持水沟盖板的完好。

4）清理的污物要运输到坑外排弃，做好巷道卫生。

5.1.4.3　变电工作

（1）接班前，应对设备各部检查一遍，确认安全后，方可接班，严禁在岗位上穿短衣短裤。

（2）机房内严禁存放易燃易爆物品，整流柜变压器等带电设施需设置防护栏杆，机房外应挂"闲人免进"标志。

（3）机房内应有良好的通风和照明，冬季取暖设施应远离整流装置。

（4）整流装置操作板前地面应铺绝缘橡胶板，操作时应侧身操作。

（5）设备在过载跳闸后，允许在跳闸 1min 后重新合闸供电，二次合闸失败后，应立即切断主电源，并通知值班调度，得到调度允许后，方可重新合闸供电。

（6）发生电气火灾时，应立即切断电源使用绝缘灭火器灭火，发生事故时，应立即断电，并向主管部门报告。

（7）设备正常运行期间，禁止清扫卫生，但对柜体外部在保证不触及动作开关和不开门的情况下，允许擦拭，室外防护栏处允许清扫。

（8）停机操作时，应先切断主电源，然后停止风机运转，最后切断辅助电源。

5.1.4.4　机修工作

（1）排水工作是矿山生产安全的重要工作，水泵的设置必须有 3 组。一组正常工作，一组备用，另一组处于检修状态。

（2）水泵房设有超重设备，完成水泵检修时的移动。

（3）检修工作前必须切断全部电源。

（4）移动水泵时必须有专人统一指挥，避免发生挤伤人员等事故。

（5）排水管网要定期检查，发现松动、锈蚀要及时处理。

5.1.4.5　注意事项

（1）排水工作是矿山安全生产的重要工作，关系到全矿人员的生命安全。工作过程中绝对禁止擅离职守，注意观察水位的变化情况，出现异常及时报告。

（2）雨季或井下积水旺季时，要保证排水及时，如遇积水突发性猛涨、排水能力不足或积水淹泵已无法排水时，要及时报警关闭电源。作业人员可通过提升机竖井人行梯或其他安全通道撤离现场，避免人身伤害。

（3）出现淹泵、淹泵室、积水持续上涨等意外情况时，一定要及时上报领导或有关人员，进行计划性处理，无人监护情况下，严禁操作人员擅自处理。

5.2　供水

5.2.1　井下供水的用途

（1）防尘。主要防尘用水地点有：

1）湿式凿岩。

2）爆破后待装运矿岩的洒水润湿。

3）爆破后工作面及邻近巷道壁的冲洗。

4）进风巷道及运输巷道的定期清洗。

5）各种矿岩装卸倒运地点的喷雾。

6）其他防尘用水，如净化进风的水幕、内室冲洗及可能的矿车冲洗、刻槽、支柱等作业前的工作面冲洗等。

（2）灭火。主要灭火用水地点：按《金属非金属矿山安全规程》（GB 16423—2006）的规定，井下应有消防水管（可与防尘水管共用），并在主运输巷道、井底车场和硐室铺设，且每隔 50~100m 应安装支管和供水接头。

（3）坑内其他需要较清洁水的用水下设有砂泵时的轴封用水，设有井下空压机时的冷却用水等。

5.2.2 井下供水要求

在井下，不论是湿式凿岩，还是喷雾洒水，操作工人均在充满该水雾的环境中活动，且湿式凿岩与喷雾器等也对用水有一定的要求，故所供的水质应符合一定的卫生与清洁的标准，对水中的固体悬浮物、pH 值、大肠杆菌，均有一定的要求，对水压、供水量、地面水池的容量也均有一定的要求。

5.2.3 井下供水系统

井下供水系统是指水从水源地利用管网或自流输送到采矿工业场地，或井下排出的污水经沉淀后，在地面建立一定容量的地表水池，然后经自流输送到井下，从各中段输送到采矿工作面和掘进工作面，途中根据水压要求设置减压装置和加压装置。减压装置一般有减压阀、减压水箱和管道闸阀、减压孔板等。加压装置有气压加压、泵加压等。根据压头损失和流量确定管径。

5.2.4 供水工作

有关水管的铺设等内容看供压工作中管网的铺设。

5.3 供压

5.3.1 压风的用途

压缩空气是井下矿山重要的动力，主要应用于凿岩机械、出矿机械、放矿机械和井底车场推进机械。

空压机站一般设在地表，压风通过管网输送到井下。根据最大风量确定空压机的台数和型号。一般应选用同一型号、同一厂家的空压机，不得超过两种。空压机的选择要兼顾基建时期和生产时期。其总台数一般为 3~5 台，不要超过 6 台。有一定比例的备用，至少有 1 台备用。

空压机有往复式、回转式、螺杆型、滑片型。矿山企业一般选用往复式空压机。空压机站址位于副井附近，为减少管路损失，空压机站址应地势平坦，以利设备的运输，站址应在移动带以外，远离废石厂、出风口、烟筒、办公室，位于主导风流上风侧，朝阳。

5.3.2 供压设备

供压设备主要包括：

（1）空压机。空压机是一种将空气压缩作为动力的机械设备。空压机有固定式和移动式，按空压机的形式分为离心式、往复式、回转式等。

（2）风包。风包即稳压储气罐，主要是防止气动工具同时开动造成的瞬间压降，保证气动工具连续有效地工作，风包一般设置在空压机站的外侧、朝阳的位置。

（3）风管。根据压气流量和合理流速确定压气管的直径。管网一般布置成树枝状，应尽量缩短长度，减少拐弯。主管网每隔 500~600m 设置油水分离装置。支管隔一定距离设置油水清理装置。风管一般采用无缝钢管或焊接钢管。

5.3.3　供压工作

5.3.3.1　空压机房的工作

（1）认真做好交接班工作，双方交流设备运转情况和仪表仪器工作情况，并做好记录。

（2）空压工必须经过培训，经考试合格后方准上岗，工作中要穿戴好劳动保护，坚守工作岗位，不准擅离职守。禁止其他人员进入空压机房，绝对禁止其他人员操作设备。

（3）接班后，应检查电气设备、风管、水管、油管是否有滴漏现象，检查连杆、螺杆、销钉是否有断裂现象，螺丝是否有松动现象。

（4）推上或拉下高压断路器时，必须戴绝缘手套，高压开关柜前应铺设绝缘胶板。

（5）设备运转时，要随时观察电压表、电流表是否正常，应随时注意检查倾听设备的运转声音，发出异常应停机检查采取措施。

（6）设备运转工作时，严禁触摸设备的运转部位。

（7）冷却水温度很高时，严禁放入冷水冷却，以免发生缸套和缸壁炸裂现象。

（8）管网内有压力时，严禁修理和更换容器，以免发生危险。

（9）做好设备的维护和保养工作。确保设备处于良好的工作状态，对设备要勤检查、勤清扫、勤注油。做好设备和电气的卫生，严禁用湿布擦电器设备。

（10）当室温低于 0℃ 时，停车后必须将冷却水放干净。

（11）当室温低于 12℃ 时，机器在启动前应对润滑油预热，否则不要开车。

（12）空压机房内的各种工具应按使用顺序摆放，严禁存放易燃易爆危险品。

（13）保证机房的消声器工作正常，减少噪声污染。

（14）吸气阀、排气阀、过滤器每季度要清洗一次，安全阀要定期试验，且每班至少要检查一次，以防止发生意外事故。

（15）要保持空压机的卫生，做到经常清扫、文明生产。

5.3.3.2　空压工作注意事项

（1）接班后应检查电气设备、风管、水管、油管是否有滴漏现象；检查连杆、螺杆、销钉是否有断裂，螺丝松动等，如发现问题应及时处理。

（2）坚守工作岗位、不准擅离职守，禁止把工作交给他人操作。

（3）运转时应随时注意检查倾听设备的运转声音，发现异常时应采取果断措施或停机检查。

（4）冷却水温度很高时，应停机冷却，不准放入冷水，以免缸套和缸壁炸裂。

（5）推入或拉下高压断路器时，必须戴绝缘手套。

（6）有压力时，不准修理或更换容器。

（7）经常维护保养设备，做好设备和机器的工业卫生，实现文明生产，严禁用湿布擦电器设备。

（8）不许在机房内存放易燃和易爆物品。

（9）认真填写交接班记录。

（10）检修和处理故障挂检修停机指示牌。

（11）操作人员需经考试合格后方可上岗，操作人员需穿戴好各种劳动保护用品后方可上岗。

（12）当室温低于0℃时，停车后必须将各部冷却水放净。

（13）室内温度低于12℃时，机器在启动前应对润滑油预热，否则不得开车。

（14）检查安全阀工作是否正常，每班至少拉一次。

5.3.3.3 管网的架设

（1）作业前必须检查周围的环境是否安全，特别是在天井、竖井内施工时，要做好井壁的安全处理和采取必要的安全措施，要系好安全带，妥善保管好随身携带的工具，检查、敲撬井壁的浮石，确认安全后开始作业。

（2）在运输各种管线时，应注意周围的人员及物体，不要撞坏井巷的架线、电缆、各种电器及通风设施，注意来往车辆，多人工作时要相互关照，协调一致，注意脚下障碍物。

（3）在进行焊接作业时，首先要清理周围的易燃易爆等危险品。严格遵守电气焊接的安全操作规程。

（4）工作应该认真、仔细。安装的风水管必须牢固、美观，利于检修。

（5）风水管要位于各电线和电缆的下方，两者不能相互交错，距离应该大于0.3m。

（6）风水管必须按设计要求吊挂整齐，位于巷道一侧，吊钩间距一般为3~5m，吊钩插入岩石的深度为0.3m。并用水泥砂浆充填使其牢固，不准打横撑和立杆吊挂管网。在巷道拐弯处吊挂风水管，两者的弯度应吻合。风水管紧靠巷道壁，不许突出。

（7）严禁带压修理风水管，工作时严禁面对管口。安风水阀门前应先用风水吹洗管内污物，然后接上阀门。

（8）在竖井或天井架设风水管路时，每隔一定的距离应使用托管，并全部应用对盘接头，管夹应固定牢靠。工作期间禁止人员上下，并做好安全警卫工作。

（9）安装弯头或三通时，管子伸入弯头或三通的长度不应超过20mm，以免增大应力。

（10）在每条支管的起始端应安装阀门，阀门手轮的位置应有利于开关旋转。

（11）长距离的供用管线，每隔1000m应安设排水器，以利水和油排出管外。

（12）工作应认真负责，保证工作质量，风水管不滴漏、不脱扣、不落架、不放炮，如有损坏应及时修理。

（13）工作结束，清理干净工作面，做到文明生产。

5.4 通风

5.4.1 通风方式

按照进风井与回风井的相对位置，通风方式可分为三类。

5.4.1.1 中央并列式

通风井和回风井相距较近，并大致位于井田走向中央，中央并列式布置的优点是：基建费用少，投产快，井筒延深工作方便；缺点是：进风井、回风井比较近，两者间压差较大，故进风井、回风井之间，以及井底车场漏风较大，特别是前进式开采时漏风更为严重；风流线路为折返式，风流路线长，且变化大，这样不仅压差大，而且在整个矿井服务期间，压差变化范围较大。中央并列式布置多用于开采层状矿床、冶金矿山，当矿体走向不太长、要求早期投产或受地形地质条件限制、两翼不宜开掘风井时，可采用中央并列式布置。

5.4.1.2　中央对角式

进风井和回风井分别布置在井田的中央和侧翼，进风井位于井田中央，回风井位于井田两翼。中央对角式布置的优点是：风流路线比较短，长度变化不大，因此不仅压差小，而且在整个矿井服务期间压差变化范围较小，漏风少，污风出口距工业场地较远。缺点是：投产慢，地面建筑物不集中，不利于管理。冶金矿山多用中央对角式布置。

5.4.1.3　侧翼对角式

进风井与回风井分别布置在井田的两侧翼，侧翼对角式布置的优点是：基建费用少，地面建筑物集中，便于管理，在整个生产期长度变化不大，因此在整个矿井服务期间压差变化范围较小，漏风少，污风出口距工业场地较远，有利于环保。侧翼对角式缺点是：投产慢，风流路线比较长，压差大。

5.4.2　主扇工作方式

主扇工作方式有压入式、抽出式、压抽混合式三种。

5.4.2.1　抽出式

抽出式主扇安装于回风井，而将废风从井下抽出，使井下空气呈"负压状态"。

在一般情况下，抽出式通风应用比较广泛，其优点主要是无需在主要进风道安设控制风流的通风构筑物，便于运输、行人和通风管理工作，采场炮烟也易于排出。

5.4.2.2　压入式

压入式主扇安装于进风井，而将新鲜风流从地面压入矿井，使井下空气呈"正压状态"。

下列情况适于采用压入式通风：

(1) 在回采过程中，回风系统易受破坏难以维护。

(2) 矿井有专用进风井巷，能将新鲜风流直接送往工作面。

(3) 当用崩落法采矿而覆盖岩层透气性很强，构成大量漏风，从而减少工作面实得风量时。

(4) 岩石裂隙及采空区中的氡，对进风部分造成污染。

5.4.2.3　压抽混合式

进风井安装压入式的主扇，回风井安装抽出式的主扇，联合对矿井通风，使井下空气压力，在整个通风线路上，不同的地点形成不同的压力状态。

采用压抽混合式通风时，进风段及回风段都安装主扇，用风部分的空气压力与它同标高的气压较靠近，漏风较少，风流流动方向稳定，排烟快、漏风少，也不易受自然风流干扰而造成风流反向；其缺点是管理不便。下列情况适于采用压轴混合式：

(1) 采场距地表近，漏风大，采用压抽混合可平衡坑内外压差，控制漏风量。

(2) 具有自燃危险的矿井，为了防止大量风流漏入采空区引起自燃。

(3) 开采具有放射性气体危害的矿井时，压入式主扇的正压控制进风和整个作业区段，以控制氡的渗流方向，减少氡的析出；抽出式主扇控制回风段，以使废风迅速排出地表。

　　由于主扇工作方式不同，具有不同的压力分布状态，从而在进回风量、漏风量、风质和受自然风流干扰的程度等方面也就出现不同的通风效果。所以在确定主扇工作方式时，应根据矿床赋存条件和开采特点而定。若进风井沟通地面的老硐和裂缝多时，则宜采用抽出式，这样既减少密闭工程量，又自然形成多井口进风，从而增加矿井的总进风量；反之，回风井位于通地面的老硐和裂缝多的区域时，则宜采用压入式。

5.4.3　通风设备和设施

5.4.3.1　通风设备

通风设备主要有：

（1）扇风机。扇风机是矿山的主通风机。担负着全矿的通风任务，也是矿山的耗电大户，扇风机的性能要与通风系统的总风量和总压差相适应。

（2）局扇。局扇是为了完成某一特定区域的通风而安设的，局扇风量小，必须借助风筒才能完成通风任务。局扇大部分为轴流式。局扇的工作方式也有压入式、抽出式和压抽混合式。

（3）风筒。风筒为圆形的密闭的卷筒。风筒有刚性和柔性两种。刚性一般为金属风筒，用白铁皮卷成，柔性风筒有塑料人造革风筒和胶皮风筒。

5.4.3.2　通风设施

常见的通风设施有风墙、风桥、风门、空气幕。

（1）风桥。当新鲜空气与废空气都需要通过某一点（如巷道交叉处）而风流又不能相混时，需设置风桥。风桥可用砖石修建，也可用混凝土修建。在一些次要的风流中可用铁风筒架设风桥。

（2）风墙。不通过风流的废巷道及采空区，需设置风墙。风墙又称密闭。根据使用年限不同，风墙分为永久风墙与临时风墙两种。

（3）风门。某些巷道既不让风流通过，又要保证人员及车辆通行，就得设置风门。在主要巷道中，运输频繁时应构筑自动风门。

（4）空气幕。利用特制的供风器（包括扇风机），由巷道的一侧或两侧，以很高的风速和一定的方法喷出空气，形成门板式的气流来遮断或减弱巷道中通过的风流，称为空气幕。它可克服使用调节风窗或辅扇时存在的某些不可避免的缺点，特别是在运输巷道中采用空气幕时，既不妨碍运输，工作又可靠。

5.4.4　通风防尘工作

5.4.4.1　主扇通风工作

（1）认真完成交接班工作，交流设备运输情况，认真检查设备及仪表运行状况。做好交接班记录工作。

（2）工作过程中，要坚守岗位，不准离开机房，注意倾听设备运转声音，观察电压表、电流表、风流表的状态，出现问题及时处理。

（3）主扇运行过程中，严禁触及设备的运转部位。

（4）做好经常性维护工作，经常检查设备润滑情况，对旋转部分如轴承、轴瓦经常注油。

（5）开关电器开关及按钮时要穿好高压绝缘靴，戴好绝缘手套，站在绝缘板上操作。

（6）主扇发生事故或需要停车时，值班人员必须立即通知调度和安全科，以统一调度，调整生产，未经同意不准擅自停开主扇风机。

（7）要保持机房和设备的整洁干净，每班清扫和保持卫生，文明生产，但严禁使用湿布擦电器设备及按钮。

5.4.4.2　井下通风工作

（1）由于通风工作的特殊性，通风工不许单独井下作业，必须两人或两人以上同时作业。回风巷、天井、独头井巷要加倍注意，并且佩戴好必要的劳动保护用品。

（2）进入某地点工作前，首先要确认地点的安全性，包括风流畅通情况、顶板稳固情况、岩壁的安全状况等。确认工作环境安全可靠无危险方可开始工作。

（3）风机和风筒等材料和设备的运输要使用平板车，不许用矿车运输。运输过程中要捆绑牢固，装卸、移动风机时要有专人指挥。大家步调一致，严禁挤伤手脚，并注意脚下障碍物。

（4）运输设备的过程中要注意设备的宽度和高度，严禁撞坏架线、电线电缆、风水管线及各种电器设备。

（5）安装局扇时，局扇的底座应该平整，局扇应安装在木制或铁制的平台上，电缆和风筒应吊挂在巷道壁上，吊挂距离5~6m，高度不应妨碍行人和车辆的运行，做到电缆接头不漏电，风筒接头不漏风，多余的电缆应该盘好放置在宽敞处的巷道壁上，局扇开关与风机的距离和高度要适中。

（6）通风风筒的安装必须要平直牢固，百米漏风量在10%以内，吊挂风筒的铁线与架线应采取一定的安全绝缘、隔离措施，以免发生触电现象。

（7）进入局扇工作面前要注意观察工作面炮烟情况，严禁顶烟进入工作面，开启局扇前应对风机的各部进行认真仔细的检查，确认设备状态良好才可开机工作。

（8）多台风机串联工作时，应该首先开动抽风机，然后开启进风机，停止工作时首先关闭进风机，然后关闭抽风机。

（9）通风工要经常检查局扇的运行情况，各种通风设施的工作状况，保证风流畅通，通风设施完好，检修风机时，首先要断开电源，严禁带电检修。通风设备工作时严禁触及设备的运转部分。

5.4.4.3　注意事项

（1）作业前佩戴好劳动防护用品，严格遵守有关安全技术规程和安全管理制度。

（2）及时按设计要求安装风机和风筒，并要固定牢固可靠。

（3）安装作业点，遇有装岩机、电耙子、木料等影响安装时，必须与有关单位联系移设，不得自行开动。

（4）禁止一人上天井作业，登高作业要系安全带。

（5）对通风不良的作业面要及时安装局扇。各局扇、吸风口必须加安全网。

（6）拆卸风机风筒时，要相互配合，防止掉下伤人，搬运时需绑扎牢固，防止碰坏设备和触及机车架线。

（7）负责维修局扇风机、风筒，发现有漏风现象及时修理。对于拆卸下的风机风筒应放在不影响人员和设备运行的地点。

（8）安装完后需试车，确认机械、电气正常后方准离开，属安装完毕。

（9）经常到现场检查局扇运转情况，发现声音异常等故障应及时停机进行处理。发现风筒不够长，要及时接到位，保证排污效果。

（10）掘进工作面和个别通风不良的采场，必须安装局部通风设备。局扇应有完善的保护装置。

（11）局部通风的风筒口与工作面的距离：压入式通风不得超过10m；抽出式通风不得超过5m；混合式通风，压入风筒不得超过10m，抽出风筒应滞后压入风筒5m以上。

（12）进入独头工作面之前，必须开动局部通风设备。独头工作面有人作业时，局扇必须连续运转。

（13）停止作业并已撤除通风设备而又无贯穿风流的采场、独头上山或较长的独头巷道，应设栅栏和标志，防止人员进入。如需要重新进入，必须进行通风和分析空气成分，确认安全后方准进入。

（14）井下产尘点，应采取综合防尘技术措施。作业场所空气中的粉尘浓度，应符合《工业企业设计卫生标准》的有关规定。

（15）湿式凿岩的风路和水路，应严密隔离。凿岩机的最低供水量，应满足凿岩除尘的要求。

（16）装卸矿（岩）时和爆破后，必须进行喷雾洒水。凿岩、出碴前，应清洗工作面10m内的岩壁。进风道、人行道及运输巷道的岩壁，应每季至少清洗一次。

（17）防尘用水，应采用集中供水方式，水质应符合卫生标准要求，水中固体悬浮物应不大于150mg/L，pH值应为6.5~8.5。贮水池容量应不小于一个班的耗水量。

（18）接尘作业人员必须佩戴防尘口罩。防尘口罩的阻尘率应达到Ⅰ级标准（即对粒径不大于5μm的粉尘，阻尘率大于99%）。

（19）全矿通风系统应每年测定一次（包括主要巷道的通风阻力测定），并经常检查局部通风和防尘设施，发现问题，及时处理。

（20）定期测定井下各产尘点的空气含尘量。凿岩工作面应每月测定两次，其他工作面每月测定一次，并逐月进行统计分析、上报和向职工公布。粉尘中游离二氧化硅的含量，应每年测定一次。

（21）矿井总进风、总排风量和主要通风道的风量，应每季度测定一次。主扇运转特性及工况，应每年测定两次。作业地点的气象条件（温度、湿度和风速等），每月至少测定一次。

（22）矿山必须配备足够数量的测风仪表、测尘仪器和气体测定分析仪器等，并每年至少要校准一次。

（23）矿井空气中有毒有害气体的浓度，应每月测定一次。井下空气成分的取样分析，应每半年进行一次。

5.4.4.4　井下防尘工作

A　测尘工作注意事项

测尘工作注意事项如下：

（1）禁止用嘴直接吸取有毒的样品，应用吸耳球。

（2）稀释浓硫酸时，只准在搅拌情况下，将酸慢慢倒入水中，切不可将水倒入酸中。

（3）与橡皮管连接的玻璃管管口必须烘熔消除锐口，连接时，口径必须相宜适合。为了便于连接，在连接前玻璃管端可先用水润湿，连接时若需用力，则要戴手套。

（4）室内一切电气设备，需妥善地接地线，一切电源禁止乱动。

（5）易燃、易爆或有腐蚀性的物质，应做好防爆防腐措施，应戴好防护用品，离开工作室时应关闭热源。

（6）灌注汞时应在盛有一定深度的磁盘中进行，防止撒落在操作台和地上，万一不慎撒落应立即将汞收集起来。

（7）进入现场时，应穿上规定的工作服，戴上安全帽，长辫子应缠在头上。

（8）到各采样点采样时，需了解该地点的安全规程。

（9）采样时应选择安全适宜的地方站立，并注意头、脚上下是否安全，在高处采样时应戴安全带，排放气体时不要面对采样孔，应站在上风位置，在正压条件下采样时应戴手套。

B　收尘、收尘风机工作注意事项

收尘、收尘风机工作注意事项如下：

（1）上岗前必须穿戴好个人劳动防护用品。

（2）必须了解高压供电基本知识，熟悉安全技术操作方法，能进行紧急救护，经安全考试，审核后方可操作。岗位人员均负责岗位安全运行责任，做到安全供电。

（3）开车前检查风机各部位是否完备可用，确认一切正常后方可请示有关人员送电开机。对高压设备的检查和操作，对电收尘器内部的检查以及查、堵漏点，需有一人操作一人监护。

（4）作业中按电气操作规程操作，并做好安全措施。室内禁放易燃易爆物品，未经许可不准动火。

（5）按时按要求注油，并随时注意油位、油质、轴承油温和电流不得超过规定指标。运转部位必须具有安全罩，无紧急情况严禁带负荷直接停车。

（6）高压设备停电后，必须切断电源，挂好接地线和停电标志牌。停车后（临时停车除外），请有关人员与变电所联系切断电源。

（7）对各电场送电必须经过安全确认，进入电场内工作，需先用新鲜空气转换且温度高于50℃时要有安全措施。

5.5　供电

5.5.1　矿山用电场所

矿山用电场所主要有以下几种：

（1）井下架线电机车用电。

（2）井下水泵房用电。

（3）井下照明用电。

（4）井下铲运机用电。

（5）地面提升、照明、空压等环节用电。

5.5.2　供电工作

供电主要工作如下：

（1）上班时必须穿戴好防护用品，井下作业必须戴安全帽、穿胶靴和带手电筒。

（2）禁止单人作业，所有电气作业必须两人或两人以上。

（3）所有电工人员必须经过技术培训，并经过考试合格方可操作。

（4）电工必须对单位电器设备性能、原理、电源分布、安全知识了解清楚，禁止盲目停电和作业。

(5) 经常检查使用的绝缘工器具的绝缘是否良好，禁止使用不良绝缘工器具和防护用品。

(6) 任何电器设备，未经验电，一律视为有电，不准用手触及。井下电器设备禁止接零。

(7) 保护接地损坏的电气设备不得继续使用。禁止非专业人员修理电气设备及线路。

(8) 禁止使用裸露的刀闸开关和保险丝。

(9) 禁止随便切断电缆，必须切断时需经有关人员同意。照明线路需单独安设，不得和动力供电线路混合使用。

(10) 当有人在线路工作时，所有已切断的开关、把手需挂"有人作业，不准送电"的牌子，在作业期间要派专人监护。

(11) 下列电气设备的金属部分必须接地：机器与电器设备外壳；配电装置金属架和框架配电箱，测量仪表的外壳；电缆接线线盒和电缆金属外壳。

(12) 井下所有工作地点，安全人行道和通往工作点的人行道，都应有足够的照明。

复习思考题

5-1 井下常用的排水方式和设备有哪些？

5-2 井下排水工作的特点是什么？

5-3 为什么设立井下清泥系统？

5-4 为什么设立井下变电系统，井下供电的主要用途是什么？

5-5 为什么设立井下机修系统？

5-6 井下供水的主要用途是什么，有哪些基本要求？

5-7 井下供水系统的组成是什么？

5-8 压风的用途、供压系统的组成是什么？

5-9 井下通风的目的是什么？

5-10 井下有哪些通风构筑物？

6 采矿工艺

6.1 采矿方法分类

6.1.1 采矿方法的基本概念

在金属矿床地下开采的基本原则中，已经阐述：金属矿床地下开采，必须先把井田划分为阶段（或盘区），再把阶段（或盘区）划分为矿块（或采区）。矿块是基本的回采单元。

所谓采矿方法，就是指从矿块（或采区）中采出矿石的方法。它包括采准、切割和回采三项工作。采准工作是按照矿块构成要素的尺寸来布置的，为矿块回采解决行人、运放矿石、运送设备材料、通风及通信等问题；切割则为回采创造必要的自由面和落矿空间；等这两项工作完成后，再直接进行大面积的回采。这三项工作都是在设定的时间与空间内进行的，把这三项工作联系起来，并依次在时间与空间上作有机配合，这一工作总称为采矿方法。

在采矿方法中，完成落矿、矿石运搬和地压管理三项主要作业的具体工艺，以及它们相互之间在时间与空间上的配合关系，称为回采方法。开采技术条件不同回采方法也不相同。矿块的开采技术条件在采用何种回采工艺中起决定性作用，所以回采方法实质上成了采矿方法的核心内容，由它来反映采矿方法的基本特征。采矿方法通常以它来命名，并由它来确定矿块的采准、切割方法和采准、切割巷道的具体布置。

在采矿方法中，有时常将矿块划分成矿房与矿柱，作两步骤回采，先采矿房，后采矿柱，采矿房时由周围矿柱支撑开采空间，这种形式的采矿方法称为房式采矿法，以区别于不分矿房、矿柱，整个矿块作一次采完的矿块式采矿法。在条件有利时，矿块也可不分矿房、矿柱，而回采工作是沿走向全长，或沿倾斜（逆倾斜）连续全面推进，则成了全面式回采采矿法。

6.1.2 采矿方法分类

6.1.2.1 采矿方法分类的目的

由于金属矿床的赋存条件十分复杂，矿石与围岩的性质又变化不定，加之随科学技术的发展，新的设备和材料不断涌现，新的工艺日趋完善，一些旧的效率低、劳动强度大的采矿方法被相应淘汰，而在实践中又创新出各种各样与具体矿床赋存条件相适应的采矿方法，故目前存在的采矿方法种类繁多、形态复杂。这些采矿方法尽管有其各自的特征，但彼此之间也存在着一定的共性。

为了便于认识每种采矿方法的实质，掌握其内在规律及共性，以便通过研究进一步寻求更加科学、更趋合理的新的采矿方法，需对现已应用的种类繁多的采矿方法进行分类。

6.1.2.2 采矿方法分类要求

采矿方法分类要求如下：

（1）分类应能反映出每类采矿方法的最主要的特征，类别之间界限清楚。

（2）分类应该简单明了，不宜繁琐庞杂，体现出新陈代谢；目前正在采用的采矿方法必须逐一列入，明显落后趋于淘汰的采矿方法则应从中删去。

（3）分类应能反映出每类采矿方法的实质和共同的适用条件，以作为选择和研究采矿方法的基础。

6.1.2.3 采矿方法分类依据

目前，采矿方法分类的方法很多，各有其取用的根据。一般以回采过程中采区的地压管理方法作为依据。采区的地压管理方法实质上是基于矿石和围岩的物理力学性质，而矿石和围岩的物理力学性质又往往是导致各类采矿方法在适用条件、结构参数、采切布置、回采方法以及主要技术经济指标上有所差别的主要因素。因此，按这样分类，既能准确反映出各类采矿方法的最主要特征，又能明确划定各类采矿方法之间的根本界限，对于进行采矿方法比较、选择、评价与改进也十分方便。

6.1.2.4 采矿方法的分类特征

根据采区地压管理方法，可将现有的采矿方法分为三大类。每一大类采矿方法中又按方法的结构特点、回采工作面的形式、落矿方式等进行分组与分法。

表 6-1 即为按上述依据划分的金属矿床地下采矿方法分类表。

表 6-1 金属矿床地下采矿方法分类

地压管理方法	采矿方法类别	采矿方法名称	采矿方法方案
自然支撑	空场法	留矿法	普通留矿法
			无间柱留矿法
			倾斜矿体留矿法
		全面法	普通全面法
			脉外采准留矿法
		房柱法	普通房柱法
			厚矿体房柱法
		矿房法	分段运搬矿房法
			分段落矿矿房法
			阶段落矿矿房法
人工支撑	充填法	单层充填法	壁式单层充填法
			削壁充填法
		上向分层充填法	干式充填法
			水力充填法
			胶结充填法
		下向分层充填法	水平分层充填法
			倾斜分层充填法
		分段或阶段充填法	分段充填法
			阶段充填法

地压管理方法	采矿方法类别	采矿方法名称	采矿方法方案
崩落围岩	崩落法	单层崩落法	壁式单层崩落法
		有底柱崩落法	有底柱分段崩落法
			有底柱阶段崩落法
		无底柱崩落法	无底柱分段崩落法
		阶段崩落法	阶段强制崩落法
			阶段自然崩落法

如表 6-1 分类体现了采矿方法在处理回采空区时的方法不同，反映了采矿方法对矿体倾角、厚度、矿石与围岩稳固性的适应性，也反映了每类采矿方法之间生产能力等的变化规律，并且有利于不同采矿方法之间的相互借鉴。

三类主要采矿方法的界限是这样划定的：

（1）空场法。通常是将矿块划分为矿房与矿柱，作两步骤回采。先采矿房，所形成的采空区，一般不作处理，用周围矿柱及围岩自身的强度维护其稳定性；即使矿房采用留矿采矿，因留矿不能作为支撑空场的主要手段，仍需依靠矿岩自身的稳固性来支持。所以，用这类方法矿石与围岩均要稳固是其基本条件。

（2）崩落法。此类方法不同于其他方法的是矿块按一个步骤回采。随回采工作面自上向下推进，用崩落围岩的方法处理采空区。围岩崩落以后，势必引起一定范围内的地表塌陷。因此，围岩能够崩落，地表允许塌陷，乃是使用本类方法的基本条件。

（3）充填法。此类方法矿块一般也分矿房与矿柱，作两步骤回采；也可不分房柱，连续回采矿块。矿石性质稳固时，可作上向回采，稳固性差的可作下向回采。回采过程中空区及时用充填料充填，以它来作为地压管理的主要手段（当用两步骤回采时，采第二步骤矿柱需用矿房的充填体来支撑）。因此，矿岩稳固或不稳固均可作为采用本类方法的基本条件。

值得指出的是：随着对采矿方法的深入研究，现实生产中已陆续应用跨越类别之间的组合式采矿方法，如空场法与崩落法相结合的分段矿房崩落组合式采矿法、阶段矿房崩落组合式采矿法、空场法与充填法相结合的分段空场充填组合式采矿法等。这些组合式采矿法在分类中还体现得不够完善。采用这些组合方法，能够汲取各自方法的优点，摒弃各自方法的缺点，起到扬长避短的作用，并且在适用条件方面加以扩大。组合式采矿方法的这种趋向，有利于发展更多、更加新颖的采矿方法。

此外，采用两个步骤回采的采矿方法时，第二步骤的矿柱回采方法应该与第一步骤矿房的回采方法作通盘考虑。第二步骤回采矿柱，受矿柱自身条件的限制，以及相邻矿房采出后的空区状态、回采间隔时间等影响，使采矿柱工作变得更为复杂。但其回采的基本方法，仍不外乎上述三类。

6.2　采切工程综述

6.2.1　采切工程的划分及采切方法

采准工程与切割工程可简称采切工程。采准、切割巷道的布置方式分别称为采准方法与切割方法，简称采切方法。

6.2.1.1　采切工程的划分

（1）采准工程。为获得采准矿量，在开拓矿量的基础上，按不同采矿方法工艺的要求掘进的各类井巷工程，称为采准工程。采准工程的任务是划分矿块（采区）及形成矿块（采区）内的矿石运搬、人行、通风、材料运送等系统。其中用来划分矿块（采区）的采准巷道，如阶段运输巷道、穿脉运输巷道、天井（上山）等称为主要采准巷道；在矿块（采区）内形成人行、通风、运搬、材料运送等系统而掘进的井巷工程称为辅助采准巷道，如人行材料天井、通风巷道、电耙道、采场溜井、采场充填井、凿岩井巷等。

应当指出，多数阶段运输巷道本属开拓工程，但由于它与采矿方法所规定的采准工程关系极为密切，为便于研究，多将其纳入采准工程范畴。

（2）切割工程。为获得备采矿量，在采准矿量的基础上，按不同采矿方法的规定，在回采作业之前所必须完成的井巷工程，称为切割工程。切割工程的任务是：为大量开采矿石，用掘进的手段开辟回采的最初工作面，如切割天井、切割上山、切割平巷、拉底巷道等。

掘进采切工程，一般采准工程在先，切割工程在后。因此，可以认为切割工程是采准工程的继续。

6.2.1.2　脉内采准与脉外采准

按采准巷道与矿体的相对位置，采准方法分脉内采准与脉外采准两种。

脉内采准在掘进过程中可以得到副产矿石，矿体疏水效果好，并可起补充探矿的作用，但矿体较薄且产状变化大时，巷道难以保持平直，给铺轨及运输带来不便，此外矿石不稳固时，采场地压大，巷道维护工作量大。

脉外采准虽然无副产矿石，矿体疏水效果也差，但它可以使矿块的顶底柱尺寸达到最小，并有可能及时回收，巷道维护费用低，通风条件好，且开采有自燃性矿石时易封闭火区。

一般厚矿体多用脉外采准，薄矿体多用脉内采准。

6.2.1.3　阶段运输平巷的布置形式

阶段运输平巷的布置必须与矿块、阶段的生产能力及采矿方法的要求相适应。运输平巷若兼作下阶段的回风巷道时，应布置在下阶段矿体所圈定的岩石移动范围之外。

A　沿脉单线有错车道布置

沿脉单线有错车道布置形式适用于中小型矿山。矿体较规则、采用充填法回采或因矿体薄而不回收阶段矿柱时采用脉内布置，如图6-1（a）所示；当矿体变化大或矿柱需回收时，可采用图6-1（b）所示的脉外布置；亦可根据矿体变化情况采用脉内外联合布置，如图6-1（c）所示。

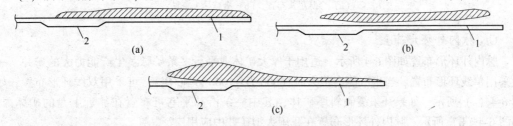

图6-1　脉内或脉外错车道平巷布置

（a）脉内布置；（b）脉外布置；（c）脉内脉外联合布置

1—沿脉巷道；2—错车道

这种布置可适应年产矿石20万~30万吨的矿井要求。

在薄或极薄矿体中布置阶段运输平巷，应考虑有利于装车、探矿及维修，布置形式可如图6-2所示。当矿脉为急倾斜时，可使矿脉在平巷断面的中间或一侧。缓倾斜矿体，可使矿体位于平巷断面的中间或者位于顶板、底板附近。

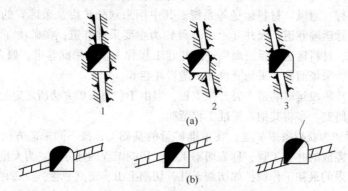

图 6-2   薄矿脉阶段平巷的布置
(a) 急倾斜矿体；(b) 缓倾斜矿体
1—矿脉位于巷道断面中间；2—位于巷道顶板；3—位于巷道底板

矿体产状变化大时，为便于探矿，可使矿脉位于巷道中间。巷道服务年限较长，两盘岩石稳固性不同时，巷道应布置在较稳固的岩石中。

B　穿脉或沿脉尽头式布置

穿脉或沿脉尽头式布置如图6-3所示，它适用于大中型矿山，特别是对双机车牵引的矿山最为有利。矿体不规则时，使用穿脉巷道利于探矿，且掘进时受外界干扰少。矿体规整、沿脉巷道布置较穿脉巷道布置工程量小，但矿体不稳固时，维护比穿脉巷道困难。开采易燃矿石，使用穿脉布置易封闭火区；地面有泥浆从采空区下井的矿山，穿脉巷道布置可减少泥浆对沿脉巷道污染的机会。

该种布置的年生产能力为60万~150万吨。

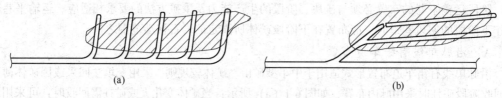

图 6-3   穿脉及沿脉尽头式布置
(a) 穿脉尽头布置；(b) 沿脉尽头布置

C　脉内外环形布置

脉内外环形布置如图6-4所示，适用于厚大矿体或平行多条矿脉、生产能力大的矿井，一般采用单线环形布置，当生产能力很大时（800万~1000万吨/年），可采用双线环形布置，如图6-4 (a) 所示。如果开采缓倾斜厚矿体，其中一条沿脉平巷可布置在靠近上盘的矿体内，如图6-4 (b) 所示。脉内外环形布置在我国大型矿井中应用广泛。

穿脉巷道既是装车线又是空、重车线的连接线，空、重车线分别布置在两条沿脉巷道中，各条巷道均无反向运输。

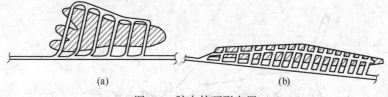

图 6-4 脉内外环形布置

这种布置，年生产能力可达 100 万吨以上。

D 脉外环形布置

脉外环形布置如图 6-5 所示，环形巷道全在脉外，适应于倾角不大的中厚矿体开采，采场溜井布置在靠近下盘的沿脉运输卷道内，两沿脉巷道之间的联络道可环形连接，如图 6-5（a）所示，也可折返连接，如图 6-5（b）所示。装车线、行车线分别布置在两条沿脉巷道内，互不干扰，安全方便，与双线单巷相比巷道断面小，便于维护。缺点是掘进工程量大。

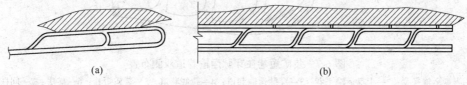

图 6-5 脉外环形布置
（a）环形连接；（b）折返连接

E 无轨装运设备运输巷道布置

随着无轨自行装运设备的推广使用，这种布置的使用越来越多。一般采用无轨自行设备运输时，采场爆落矿石直接落到装矿短巷底板上，装矿短巷的底板高程与阶段运输巷道相同。

多数情况下，装运设备自行装载矿石后沿运输巷道将矿石运卸入溜井中。视矿体厚度不同，装矿短巷可以从沿脉运输巷道开掘，也可以从穿脉运输巷道开掘，如图 6-6 所示。装矿短巷可集中布置于运输巷道的一侧，也可交错布置于运输巷道两侧，如图 6-7 所示。

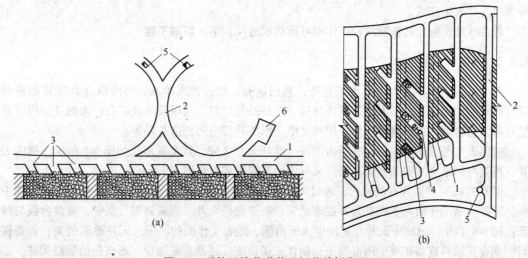

图 6-6 无轨运输巷道装矿短巷单侧布置
（a）装矿短巷在沿脉运输巷道一侧；（b）装矿短巷在穿脉巷道一侧
1—沿脉运输巷道；2—穿脉运输巷道；3—装矿短巷；4—铲运机；5—溜井；6—设备修理硐室

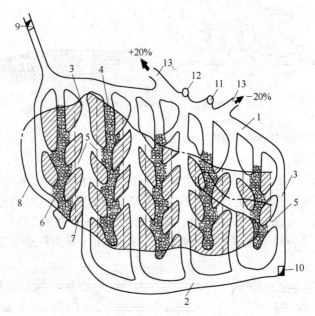

图 6-7　装矿短巷在穿脉运输巷道双侧布置

1—下盘运输平巷；2—上盘运输平巷；3—穿脉运输巷道；4—拉底巷道；5—装矿短巷；6—矿房；7—间柱；
8—矿体边界；9—进风天井；10—回风天井；11—矿石溜井；12—废石溜井；13—开拓斜巷

运输巷道轴线与装矿短巷轴线之间夹角一般为 45°~90°。装矿短巷的长度不小于无轨设备的长度。卸矿溜井间距取决于设备的合理运距及矿块的生产能力。

6.2.1.4　切割工程

切割工程是在矿块采准工程完成之后，为形成矿块供矿能力、开辟最初工作面和补偿空间而掘进的工程。切割工程与采矿方法关系密切，各种切割工程的切割方法将结合采矿方法讨论。采准、切割工程的划分各矿山并不统一。矿山可按传统的规定划分，并将采准、切割工程的费用都打入生产成本。

若在脉外扩漏，其扩漏的岩石体积可折算成进尺，纳入切割工程。

6.2.2　采准天井（上山）

采准工程中天井（上山）也很重要，其用途有：划分开采单元；将阶段（盘区）运输巷道与回采工作面连通，供人行、运送材料、设备及充填料、通风及溜放矿石；为掘进分段、分层巷道、凿岩硐室形成通道；为开切割立槽，形成补偿空间创造条件等。

按照天井与矿体的关系，有脉内天井与脉外天井之分，其布置形式如图 6-8 所示。脉内天井，按其与回采空间联系方式不同，又有四种布置形式，如图 6-9 所示。

图 6-9（a）的天井在间柱内，通过天井联络道与矿房连通，图 6-9（b）中天井在矿块中央，随着回采工作面向上推进天井逐渐消失；若要保持天井，需重新进行支护，架设台板与梯子；图 6-9（c）、（d）中天井在矿块中央或两侧，随着工作面的回采，天井逐渐消失；若需保留，则在充填料或留矿堆中用混凝土预制件或横撑支柱逐渐重新架设，形成新的顺路天井。

天井在采切工程中所占的比重很大，一般为 40%~50%。目前，掘进天井的方法有吊罐法、爬罐法、钻进法、深孔分段爆破法与普通掘进法。

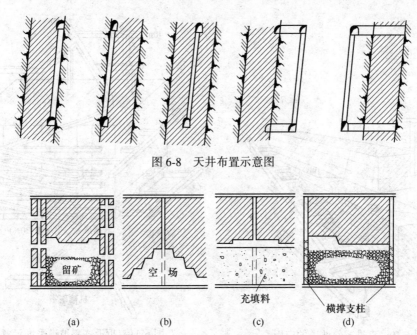

图 6-8 天井布置示意图

图 6-9 天井与回采空间联系方式示意图

在微倾斜、缓倾斜矿体的采准切割工程中，逆矿体倾向或伪倾向、由下而上掘进的倾斜巷道称为"上山"，其布置形式及对布置的要求与天井相似。

6.2.3 斜坡道采准

使用无轨自行设备的矿山，建立阶段运输水平与分段、分层工作面之间联络的方法有两种方式。一种是采用专门的大断面天井；另一种就是用斜坡道来联系，这种采准方式就称斜坡道采准。斜坡道采准虽然掘进工作量大，但与大断面专用设备井的采准相比，设备运行调度、人员进出采场、材料设备运送等均较方便，且劳动条件大为改善。因此，大部分矿山使用无轨自行设备的矿山大多采用斜坡道采准。

采准斜坡道只为一个或几个矿块服务；为整个阶段服务的斜坡道则属于开拓范畴。斜坡道采准包括采准斜坡道与采准平巷两部分。此外，用来为无轨采矿服务的各种井巷（如溜井、联络道等）和硐室（如机修硐室等）也属于斜坡道采准工程。采准平巷一般包括阶段平巷、分段平巷、分层平巷及其与采场、溜井和斜坡道之间的各种联络平巷。

6.2.3.1 采准斜坡道的布置形式

（1）按斜坡道的线路形式分为直进式、折返式与螺旋式三种。

当矿体长度较大，而阶段高度较小时可采用如图 6-10 所示的直进式斜坡道。直进式斜坡道在阶段间不折返、不转弯，在不同的高程用联络道与回采工作面连通。

图 6-11 为某铅锌矿折返式斜坡道立体图，斜坡道连通各分段巷道，阶段之间用多次折返斜巷相连。

图 6-12 为某矿山螺旋式斜坡道立体图，阶段之间、分段之间均用螺旋斜坡道相连。

（2）按采准斜坡道与矿体之间的关系分为下盘斜坡道、上盘斜坡道，端部斜坡道与脉内斜坡道四种。

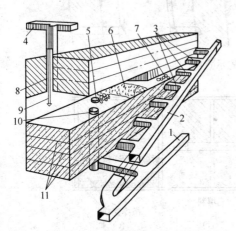

图 6-10　直进式斜坡道的应用

1—阶段运输巷道；2—直进斜坡道；3—斜坡联络道；
4—回风充填巷道；5—铲运机；6—矿堆；7—自行凿岩台车；
8—通风充填井；9—充填管；10—溜井；11—充填分层线

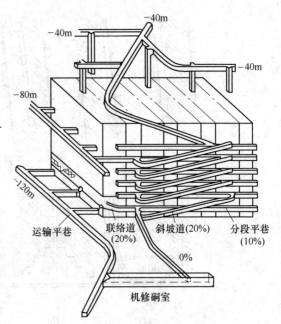

图 6-11　折返式斜坡道采准示意图

下盘斜坡道适合于使用各种采矿方法的倾斜、急倾斜、各种厚度的矿体。优点是斜坡道离矿体近，斜坡道不易受岩移的威胁，采准工程量小，故常为矿山使用。

上盘斜坡道适用于矿体下盘岩石不稳固而走向又长的急倾斜矿体，矿山使用不多。

端部斜坡道适用于矿体上盘下盘均不稳固、走向不长、端部岩石稳固的厚大矿体。

矿体内斜坡道一般用于开采水平、微倾斜、缓倾斜矿体，矿岩均稳固的矿山，亦可将部分斜坡道布置在充填体上。

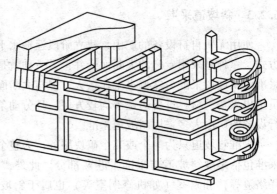

图 6-12　螺旋式斜坡道连通各分段巷道

6.2.3.2　斜坡道采准巷道断面及线路坡度

无轨自行设备采准巷道断面与巷道的用途有关，一般运输兼人行巷道断面最大，回采巷道断面最小。运输巷道断面如图 6-13 所示。

曲线巷道应设置曲线超高段，超高的横向坡度可在 2%~6% 范围内选取。

曲线巷道还应加宽，加宽值可在 1.4~0.7m 范围内选取。

转弯巷道的曲率半径取决于巷道的用途及无轨设备的技术规格，取值范围为 10~30m。路面质量是影响井下无轨自行设备经济效益最突出的因素，因为它直接关系到行驶速度、轮胎磨损、燃料消耗及维修费等。

斜坡道的纵向坡度对设备使用效益也有很大影响，坡度大可缩短巷道长度，减少掘进费用

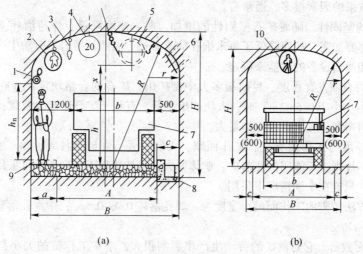

(a)　　　　　　　　　　　　　　　　　　　　(b)

图 6-13　斜坡道采准巷道断面图

（a）无轨运输巷道断面；（b）凿岩、运搬和辅助巷道断面

1—压气管与水管；2—人行道标志；3—照明灯；4—限速标志牌（粗红边）；5—通风管道；6—电缆挂钩；

7—自行设备；8—排水沟；9—人行道；10—禁止人行标志牌（粗红边）；R—大拱半径；r—拱角半径；

x—车身顶端与悬挂物最小距离，不得小于 $500\sim600\,\mathrm{mm}$；h_n—直壁高，不小于 $1800\,\mathrm{mm}$

与时间。但坡度大会导致生产费用的大幅度升高，燃油消耗多，内燃机功率与重量都需加大，通风费用也要增加。

在无轨自行设备运行的巷道中，一定要加强照明，特别是巷道交叉处及有较大危险的地段。

6.3　落矿

6.3.1　概述

回采的主要生产工艺有落矿、矿石运搬与地压管理。

落矿又称为崩矿，是将矿石从矿体上分离下来，并破碎成适合运搬的块度；运搬是将矿石从落矿地点（工作面）运到阶段运输水平，这一工艺包括放矿、二次破碎和装载；地压管理是为了采矿而控制或利用地压所采取的相应措施。

通常，各种采矿方法均包含这三项工艺。但因矿石性质、矿体条件、所用设备及采矿方法结构等不同，这些工艺的特点和所占比例并非完全相同。

目前广泛应用的落矿方法是凿岩爆破（可分为浅孔、中深孔、深孔及药室落矿）。联合采矿机在个别锰矿、磷矿开始采用。至于水力、射流、高频电流、超声波和激光等落矿新技术还处于试验研究阶段，在开采坚硬矿石的矿山尚未使用。

评价落矿效果的主要指标是凿岩工劳动生产率、实际落矿范围与设计范围的差距、矿石的破碎质量。

矿石的破碎质量主要用大块产出率表示。采用凿岩爆破方法落矿，不可避免地要产生一定数量的不合格的大块。矿块中不合格的大块矿石的总重量占放出矿石总重量的百分比，称为大块产出率（简称大块率）。为便于进行放矿和运搬，将不合格的大块破碎成合格块度的作业，称为矿石的二次破碎。大块产出率取决于凿岩爆破参数与合格块度的尺寸。大块率可以直接测定，也可以用矿石二次破碎的单位炸药消耗量表示。

影响落矿效果的因素很多，通常有：

（1）矿石的坚固性。随着矿石坚固性的增加，凿岩速度降低，炸药消耗量增多。为多装填炸药，炮孔需要加密，从而降低了每米炮孔的落矿量。因此，凿岩工劳动生产率的定额应结合矿石坚固性和凿岩设备的性能来确定。

（2）矿石的裂隙发育程度。目前很多大中型矿山，矿石的合格块度在 500~800mm 以下，当裂隙间距较小（小于 0.5~1m）时，大块产出率低，有利于矿石运搬与装载；当裂隙间距较大，则大块产出率高，二次破碎工作量大。

（3）矿体厚度与工作面宽度。工作面窄，夹制性强，爆破条件差，落矿所需炮孔量大。矿体窄、边界不规则，不能用深孔落矿；矿体厚大，虽然边界不规则，也可采用中深孔或深孔落矿。药室落矿只能在个别情况下采用。

不同落矿方法所需的工作面最小宽度为：浅孔落矿 0.4~0.5m；中深孔落矿 5~8m；药室落矿 10~15m。

（4）自由面数目。它对落矿的劳动生产率影响很大，落矿工作量的大小与自由面数目成反比。

在坚硬矿石中凿岩爆破落矿各环节费用所占比例是：凿岩 60%~70%，炸药 20%~30%，装药和爆破 10%~20%。中硬矿石落矿费用构成中炸药费是主要的。随着深孔直径的加大，炸药费所占比例也加大。

6.3.2　浅孔落矿

我国地下矿山浅孔落矿因受矿体条件和采矿方法的限制仍占有近一半的比重。浅孔凿岩一般采用轻型风动凿岩机。矿石较软时，可采用电钻钻孔（如软质铝土矿），或用风镐直接落矿。

回采工作面浅孔布置如图 6-14 和图 6-15 所示。

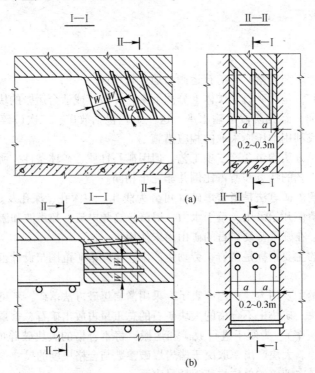

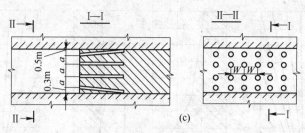

图 6-14　浅孔落矿炮眼布置

（a）急倾斜矿体阶梯工作面上向孔；（b）急倾斜矿体水平孔；（c）水平或缓倾斜浅孔

a—孔间距；W—最小抵抗线

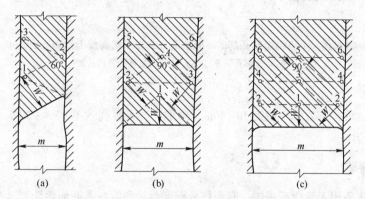

图 6-15　开采薄矿体浅孔布置与爆破顺序

（a）$W=1m$；（b）$W=0.5m$；（c）$W=0.33m$

m—矿脉厚度；W—最小抵抗线；1~6—浅孔起爆顺序

常用凿岩设备有 YT 系列的 23、24、26、27，YTP-26 和 YSP-45。

6.3.3　中深孔落矿

由于重型风动凿岩机的改进、液压凿岩机及凿岩台车的应用，中深孔落矿目前已成为我国金属矿山劳动生产率最高的落矿方法之一。

我国金属矿山用中深孔落矿的凿岩机，主要有风动的内回转的 YG-40 型、YG-80 型和外回转的 YGZ-70 型、YGZ-90 型和 YGZ-120 型。液压凿岩机有 YYG-80、YYG-20 等型号。我国目前使用最广的采矿凿岩台车是轮胎自行的 CTC-700 型单机台车和 CTC-142 型配两台 YGZ-90 型的双机台车。

炮孔布置形式常用的有上向及水平扇形布置，但上向扇形居多，钎头直径一般为 51~65mm，少数矿山采用 46mm 和 70mm。最小抵抗线在使用铵油炸药时，一般为钎头直径的 23~30 倍，若装药密度或炸药威力较高，可适当加大。一般用 YG-80 型、YGZ-90 型凿岩机时，孔深不大于 15m，采用更重型凿岩机、液压凿岩机可大于 15m，但凿岩速度显著下降。

孔底距一般为（0.85~1.2）W（最小抵抗线长度）。近年来，有些矿山采用加大孔底距，减少最小抵抗线的交错排列布孔方式，取得了良好的落矿效果。

在扇形中深孔落矿装药时，应调整相邻炮孔装药深度，使炸药爆破能在不同部位尽可能均匀分布。装药合理时，扇形布孔可以基本达到平行布孔均匀装药的落矿效果，如图 6-16 所示。

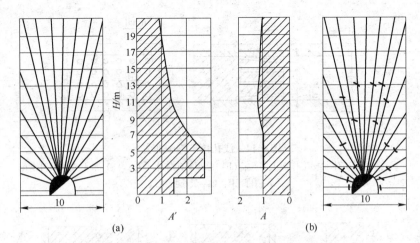

图 6-16　垂直层扇形孔落矿不同装药方式在不同高度上炸药能的分布
（a）全部孔装满；（b）合理调整各孔装药长度
H—落矿层高度

中深孔凿岩机台班效率一般为 30~40m，台车凿岩可提高效率 25%~30%。每米中深孔落矿量通常为 5~7t。

6.3.4　深孔落矿

深孔落矿主要用于阶段矿房法、有底柱分段崩落法和阶段强制崩落法，以及矿柱回采与采空区处理等。目前我国的深孔凿岩设备主要是潜孔凿岩机，常用的国产机型是 QZJ-80、YQ-100、QZJ-100A、QZJ-100B。钻机台班效率一般为 10~18m，每米深孔崩矿量为 10~20t。

深孔落矿方式有水平层落矿、垂直层落矿和倾斜层落矿。倾斜层落矿应用较少。落矿层厚度范围为 3~15m，或更厚。每次落矿层厚度取决于炮孔直径、炸药爆力和每层中深孔的排数。深孔的布置一般平行于落矿层的层面，也可垂直于落矿层层面（球状药包爆破）。在落矿层内部深孔可平行布置、扇形布置或密集布置。密集深孔有扇形的，也有平行的。

平行布置中又可分为垂直深孔（上向或下向）、水平和倾斜深孔（上向和下向）。落矿层的面积取决于矿块的参数和钻机合理凿岩深度，也与矿岩接触带的变化有关。

下向垂直平行深孔垂直层落矿 [见图 6-17（a）]是从沿脉巷道 2 向两侧掘进穿脉凿岩巷道 1，在穿脉凿岩巷道 1 中凿下向平行深孔，凿岩巷道间距等于落矿层厚。

下向垂直深孔水平层落矿，如图 6-17（1）所示。这是 20 世纪 80 年代以来发展起来的用于 VCR 法的球状药包落矿方式。深孔与落矿层面垂直。

图 6-17（b）是下向扇形深孔垂直层落矿。与平行孔对比，扇形孔虽然每层中深孔总长要大 50%~100%，且矿石破碎不均匀，但采用扇形孔可以大幅度减小凿岩巷道长度，钻机可在穿脉巷道 2 中预定的位置打一排深孔，所以扇形深孔的应用范围仍然很广。

在扇形深孔的凿岩巷道中可以调节扇形深孔的排间距，如图 6-17（b）、（e）~（h）所示，而平行深孔排间距则受穿脉间距和矿柱 Z_z 稳固性的限制，如图 6-17（a）所示。Z_z 的厚度不能小于 2m。两种排列的落矿层均可以分层依次起爆或微差同时起爆，爆破指向可以是矿房空场，也可以是崩落矿石层 K_s，如图 6-17（b）所示，挤压爆破时，矿石体积膨胀的空间，来自压实爆破所指向的崩落矿石 K_s 或废石 F_s。当挤压爆破同时起爆 4~5 排孔时，矿石可向前推移

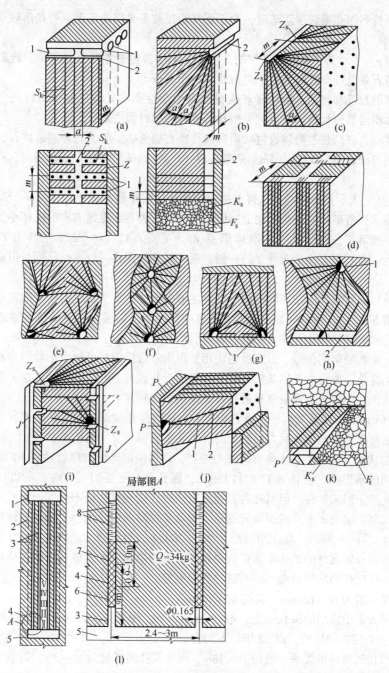

图 6-17 深孔布置与落矿方式

（a），（b），（e）~（h）平行或扇形深孔垂直层落矿；（c），（d）密集深孔垂直层落矿；
（i），（j），（l）水平层落矿；（k）倾斜层落矿

S_k—深孔；m—落矿层厚；K_s—矿石；Z_s—凿岩硐室；Z—矿柱；J—天井；P—水平巷道；F_s—废石

I~V—落矿层顺序号；1，5—上下拉底层；2—设计矿房边界；3—大直径下向平行垂直深孔；
4—炸药；6—堵孔塞；7—球状药包中心；8—封孔橡胶水袋

达 3m，所以挤压爆破前应进行放矿，使 K_s 处于松散状态。当挤压爆破矿石层厚度大时，需要补充开凿补偿空间。挤压爆破单位炸药消耗量大，但矿石破碎质量好。

采用扇形排列深孔垂直层落矿时，为了更好地控制落矿层的范围，可在落矿层两侧都开掘凿岩巷道。

图 6-17 (g) 表示为了控制落矿层的 3 个边，从凿岩巷道 1 打上向深孔。若要控制落矿层的 4 个边，凿岩巷道可布置在落矿层对角线的两个端点上。

凿岩巷道的数目和间距，取决于矿岩的物理力学性质和矿岩接触带的特点。矿体不规则时，适当增加凿岩巷道数目，可以减少炮孔长度和落矿时损失贫化。

图 6-17 (e)、(f) 是上向和放射状扇形深孔垂直层落矿。为了充分回采矿石，当矿岩结合坚固时，孔底可深入围岩 0.5~1.5m [见图 6-17 (f)]；当矿岩接触带不稳固时，孔底可距围岩 0.2~0.5m。

图 6-17 (h) 表示从沿脉巷道 1 打下向扇形深孔，从穿脉巷道 2 打上向平行斜孔。实测表明，下向扇形深孔落矿的凿岩巷道比上向扇形深孔的凿岩巷道受地震波的破坏小，且更稳固。

采用水平层落矿，落矿时可在凿岩硐室 Z_s [见图 6-17 (i)]或水平巷道 P [见图 6-17 (j)]中打深孔。凿岩硐室位于天井 J 的一侧。落矿层中的深孔可以平行排列，但最常用的还是扇形排列。

为了使凿岩硐室或巷道之间的矿柱厚度有足够的尺寸，矿房两侧的凿岩硐室在高度上应交错排列，如图 6-17 (i) 所示。如果凿岩巷道集中在一侧，则可以在一条凿岩巷道中打两排深孔：水平深孔和微倾斜深孔，并采用微差起爆。

近年来，垂直层落矿获得了更广泛的应用，因为垂直层落矿可在水平巷道中凿岩，工作安全，钻机移动简单。采用水平层落矿，除了需要的天井数目多外，还需经常在天井中上下搬动钻机，而且从天井中掘进凿岩硐室和进行管道安装也比较复杂。

图 6-17 (k) 表示在回采水平巷道 P 中打上向扇形深孔倾斜层的落矿方式。

当采用密集扇形排列深孔垂直层落矿时，可在凿岩硐室 Z [见图 6-17 (c)]打（下向或上向）扇形放射状孔。这样在一个凿岩硐室中凿岩，即可使崩落层厚度达到 10~20m，然而与正常平行排列的扇形孔 [见图 6-17 (d)]相比，深孔总长度要加大 50%，所以这种方法很少用，而且主要用于回采矿柱；但当孔凿岩速度很快时，这一方法仍不失其一定的合理性。

为了增加落矿层的厚度又减少凿岩巷道工程量和提高凿岩效率，直径平行密集深孔被广泛应用，如图 6-17 (d) 所示。集束组间距为 200~300mm，每一密集组内有 4~30 个深孔。实践证明这种方法在裂隙发育的矿体中落矿效果很好；在裂隙很少、整体性好的矿体中，采用小直径深孔落矿，可使炸药均匀分布，矿石破碎质量更好。

钎头直径一般为 80~120mm，常用 95~105mm。

目前，多数矿山使用的深孔深度一般在 25m 以下，深孔落矿最小抵抗线一般为钎头直径的 25~35 倍。若用铵油炸药，以 30 倍以下为宜。

潜孔式深孔钻机台班效率一般为 10~18m，每米深孔崩矿量为 10~20t。影响潜孔钻机生产率的因素有：

(1) 深孔倾角。上向或水平深孔的效率比下向稍高，因为上向孔排碴容易，岩碴的过粉碎量小。

(2) 孔深。随着孔深加大，钻杆重量增加也增加了钻杆在炮孔中运动的阻力，辅助作业也随之增加，效率下降。

(3) 冲击器的回转速度。岩石不硬时，回转速度应当快，但超过一定限度，凿岩速度又开始下降。

(4) 水耗。经验表明，水量相对不大时，凿岩速度快，增加供水量，凿岩速度下降，但是随着水量的减小，粉尘浓度增加。

水平深孔凿岩硐室最小尺寸为高 2m、宽 2.5m、长 3.3~3.5m。上向和下向深孔凿岩硐室尺寸为高 3~3.5m，宽大于 2.5m。

深孔落矿凿岩工劳动生产率高，劳动卫生条件好，潜孔钻机凿岩粉尘小，比中深孔落矿采切工程量小，落矿费用低。深孔落矿的缺点是：矿石破碎不均匀，大块产出率高，地震效应很大，矿石损失贫化大。

深孔落矿适用于矿石价值不高、赋存要素比较稳定的厚大矿体，最好能在抗震性能好的底部结构中采用大型装运设备。

6.3.5　药室落矿

药室爆破的最小抵抗线一般为 10~15m。

药室落矿需要的巷道（硐室）工程量大，容易产生大块，因此很少用于正常的矿房或矿柱回采，而多用于特殊情况下回采矿柱、处理采空区。但在矿石极坚硬、深孔凿岩效率特别低或者矿石非常松软的条件下，破碎用炮孔落矿有困难，或缺乏深孔凿岩设备时，可考虑采用。

6.3.6　矿石的合格块度及二次破碎

6.3.6.1　矿石的合格块度

如果崩落的矿石过于粉碎，将使炸药消耗量、矿石成本、粉矿损失与井下粉尘浓度增加。反之，若块度过大，与装运设备、放矿闸门的规格不相适应，会引起以下问题：

（1）二次破碎工作量增加，严重影响出矿效率及采矿强度，不利于闸门、漏斗与底部结构的稳固。

（2）易使漏斗、溜井发生堵塞。

（3）若大块留在急倾斜薄矿脉的采空区，对安全极为不利。

合格块度的最大尺寸，由放矿、运搬、装载和运输设备规格确定。目前，矿山采用的合格块度尺寸范围是：由 250~300mm 至 800~1000mm。

6.3.6.2　深孔落矿大块产出率高的原因

当矿岩条件一定时，影响大块产出率的主要因素是爆破参数和施工质量。根据矿山实践，造成大块产出率高的原因有：

（1）最小抵抗线或孔底距过大，单位炸药消耗量太小。

（2）炮孔较深，相应地扇形孔孔底距离太大，该处孔径又最小，药量不足。

（3）装药密度过小，通常要求装药密度为 $1g/cm^3$，而目前人工装药密度有的仅达 $0.6g/cm^3$。

（4）水平深孔落矿，因自由面较大，矿石重力与爆力作用方向一致向下，矿石崩落瞬间炸药的爆破能未能充分发挥作用。

（5）深孔偏斜，改变了设计的爆破参数。

（6）由于炮孔严重变形、错位、弯曲以及落碴堵孔等，致使装药量严重不足。

（7）在节理裂隙发育的矿体中，用秒差电雷管起爆时，可能带落相邻炮孔的药包，使之拒爆。

经验证明，在最小抵抗线变化不大的情况下，大块产出率的高低在很大程度上取决于一次破碎（即落矿）单位炸药消耗量的大小。适当加大一次破碎单位炸药消耗量，降低二次破碎单位炸药消耗量，在技术上与经验上都是合理的。

6.3.6.3　二次破碎方法

大块的二次破碎，通常采用覆土爆破法。此外，还可用导爆索或小浅孔（孔深 20~30cm）爆破法。个别易碎的大块可用人工锤击破碎。

通过对风锤、机械锤、热力、电烧等二次破碎方法进行的大量研究，目前有的矿山开始使用风锤、机械锤，但尚未获得推广。

6.4　矿石运搬

6.4.1　矿石运搬概述

运搬与运输的概念和任务不同，运输是指在阶段运输平巷中的矿石运送，而运搬则指将矿石从落矿地点运送到阶段运输巷道装载处。

矿石的运搬方法分为重力运搬、爆力运搬、机械运搬、人力运搬以及联合运搬等。在开采急倾斜矿体时，矿石从崩落地点运到运输巷道装载处，通常要经过 3 个环节：

（1）矿石借自重从落矿地点下落到底部结构的二次破碎水平。

（2）在二次破碎水平进行二次破碎，然后用机械或自重运搬到装载处。

（3）在装载处经放矿闸门装入运输设备。

6.4.2　矿石运搬方式

6.4.2.1　重力运搬

重力运搬是一种借助于矿石自重的运搬方法，其效率高而成本低。重力运搬可以通过采空场，也可以通过矿石溜井。它必须具备的条件是矿体倾角大于矿石的自然安息角。安息角的大小取决于矿石块度组成、有无粉矿和黏结物质、矿石湿度、矿石溜放面的粗糙程度与起伏情况等。自重运搬一般要求倾角大于 50°~55°，采用铁板溜槽时可降为 25°~30°。

6.4.2.2　爆力运搬

采用房式采矿法开采倾角小于矿石自然安息角的矿体（见图 6-18），矿石不能用重力运搬时，可借助于落矿时的爆力将矿石抛到放矿区。

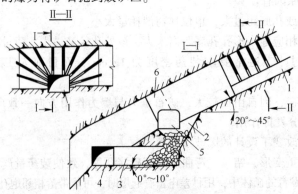

图 6-18　扇形孔爆力运搬示意图

1—凿岩巷道；2—受矿堑沟或喇叭口；3—装矿巷道；4—运输巷道；5—开切割槽及拉底巷道；6—切割槽

为了提高矿石回收率，凿岩巷道应深入矿体底板 0.5m 以上（见图 6-18 中 I—I 剖面）。

爆力运搬的效果可用抛入重力放矿区的矿石量来衡量。影响矿石抛掷效果的主要因素是单位炸药消耗量、端壁的倾角和矿体的倾角。

现场经验表明，抛掷效果随矿体倾角和端壁倾角的加大而提高，图 6-19 所示为矿体倾角与抛掷效果的关系。爆力运搬落矿所需单位炸药消耗量大于正常落矿的单位炸药消耗，单位炸药消耗加大，爆力运搬距离加大。但炸药的增加有一定限度，如果增加过大，并不一定能达到提高抛掷效果的目的，因为药量加大会使碎块矿与粉矿增加，而碎粉矿的抛掷效果不好。某矿的试验结果是：将单位炸药消耗量从 400g/t 降至 200g/t，反而提高了抛掷效果，如图 6-20 所示。

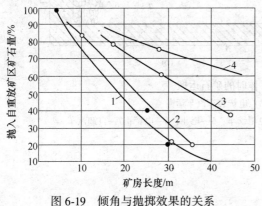 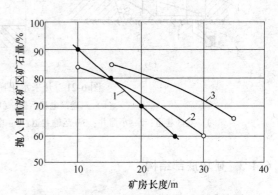

图 6-19　倾角与抛掷效果的关系　　　图 6-20　单位炸药消耗量与抛掷效果的关系
1—25°；2—30°；3—35°；4—40°　　　　　1—400g/t；2—300g/t；3—200g/t

采用爆力运搬，可避免在矿体底板开大量漏斗，从而大幅度减少采切工程量；工人不必进入采空区，作业安全。但矿体倾角不宜太小，一般要求在 35°~40°；矿房也不能太长，否则后期清理采场残留矿石的工作量太大。清理采场残留矿石一般来用遥控推土机或水枪。

6.4.2.3　机械运搬

机械运搬过去多用于开采水平或缓倾斜矿体。近年来运搬设备有很大发展，底部结构也发生了相应变革，甚至在开采急倾斜矿体时，也广泛使用机械运搬。矿山常使用和试用的机械运搬设备有：

（1）电耙设备，是我国目前使用最广的运搬设备，常用的电耙绞车有 7kW、14kW、28kW、30kW 和 55kW。

（2）轨轮式电动或风动单斗装岩机。

（3）轮胎式风动装运机。

（4）铲斗容积为 0.75~3m³ 的内燃铲运机和电动铲运机。

（5）振动放矿机械及运输机。

（6）电动自行矿车。

（7）载重 25t 以内的井下汽车。

开采水平或缓倾斜矿体所用运搬机械与开采急倾斜矿体所用设备基本相同，但当矿体厚大和矿岩稳固时，设备规格更大，甚至接近露天型设备。图 6-21 为水平矿体的机械运搬矿石示意图。

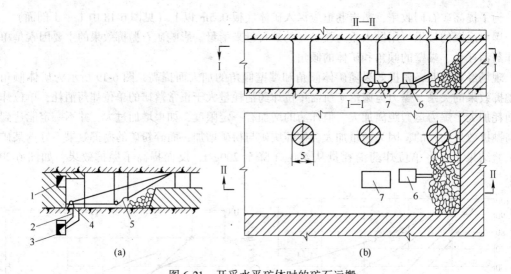

图 6-21　开采水平矿体时的矿石运搬

（a）三卷筒电耙运搬；（b）电铲装车汽车运搬

1—盘区巷道；2—小溜井；3—运输巷道；4—电耙绞车；5—耙斗；6—电铲；7—自卸汽车

6.4.3　矿块底部结构

6.4.3.1　概述

很多采矿方法的矿块（采场）下部都设有底部结构。底部结构有的简单，有的复杂。复杂的底部结构一般由受矿巷道、二次破碎巷道（硐室）与放矿巷道组成，分别用来接受崩落的矿石、进行矿石的二次破碎以及将矿石放出采场并装载。底部结构是采矿方法的重要组成部分。复杂的底部结构的工程量约占采切总工程量的 50% 左右，是一项工程量大而施工条件复杂的工程。实践证明，底部结构在很大程度上决定着采矿方法的效率、劳动生产率、采切工程量、矿石的损失与贫化以及放矿工作的安全等。因此在设计中，正确选择底部结构具有重要意义。

目前矿山采用的底部结构种类很多，主要有：

（1）重力运搬、闸门装车的底部结构。

（2）格筛巷道底部结构。

（3）电耙巷道底部结构。

（4）矿石由装载机、铲运机或振动放矿机装入有轨或无轨运输设备的平底底部结构。

（5）用铲运机或装运机运搬矿石倒入溜井的底部结构。

（6）端部放矿底部结构。

（7）掩护支架侧面放矿，矿石由振动放矿机装入运输机的底部结构。

底部结构按放矿方式又可分为底部放矿、端部放矿和侧面放矿。

6.4.3.2　重力运搬、闸门装车的底部结构

重力运搬、闸门装车的底部结构特点是：崩落的矿石借重力直接下落到运输平巷的顶板，经漏斗口闸门装入矿车。这种底部结构属于底部放矿，矿石可直接经采空区下放（见图 6-22），也可通过在采空区内架设的人工溜井下放（见图 6-23）。运输平巷顶板可架设木支架（见图

6-22)，也可浇灌钢筋混凝土（见图 6-24），还可架设预制钢筋混凝土构件。当矿石价值不高时，可留矿石底柱（见图 6-25）。底柱高度一般为 5~8m。钢筋混凝土底部结构巷道高度大于 2m。

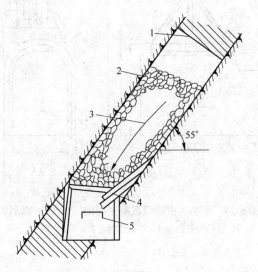

图 6-22　矿石经采空区重力运搬、闸门装车的底部结构
1—落矿工作面；2—爆下的矿石；3—矿石运搬方向；4—漏斗闸门；5—矿车

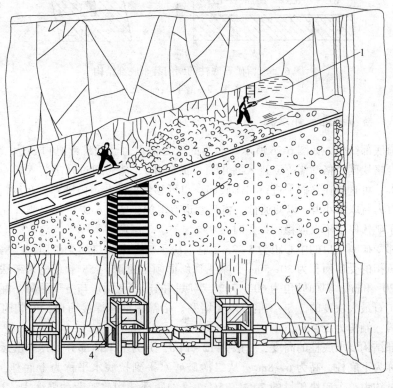

图 6-23　矿石经溜井重力运搬、闸门装车的底部结构
1—落矿工作面；2—爆下的矿石；3—人工溜井；
4—放矿闸门；5—矿车；6—矿石底柱

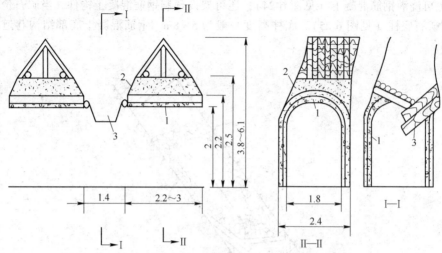

图 6-24　平巷顶板浇灌混凝土的闸门装车底部结构
1—钢筋混凝土；2—混凝土；3—漏斗口

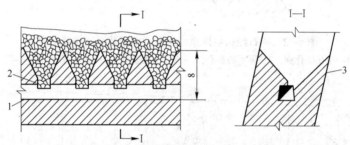

图 6-25　留矿石底柱的闸门装车底部结构
1—运输平巷；2—漏斗口；3—底柱

6.4.3.3　格筛巷道底部结构

格筛巷道底部结构，如图 6-26 所示。崩落的矿石借重力经受矿喇叭口到达二次破碎水平的格筛上。合格块度经格筛漏下，进入漏斗颈（溜矿井），然后通过闸门装入矿车。不合格大块留在筛面上，可直接在筛面上进行二次破碎，也可移到格筛巷道内破碎，在运输水平与格筛水平之间设有人行联络小井，以便通行。格筛巷道有单侧（见图 6-27）与双侧（见图 6-26）两种，前者用于矿体厚度不大或稳固性差时。

两个相邻受矿喇叭口的中心距为 5~7m，它取决于每个喇叭口的受矿面积。房式采矿法中每个喇叭口负担的受矿面积为 30~50m²，喇叭口斜面倾角为 45°~55°；崩落采矿法中每个漏斗负担面积为 20~40m²，斜面倾角为 60°~70°。喇叭口的形状有圆形与方形两种。漏斗颈的断面尺寸应大于矿石最大块度的 2.5~3 倍，以免堵塞。格筛用钢材焊接而成，安装时应略向格筛巷道中心倾斜，倾角为 2°~3°。

这种底部结构要求底柱的高度，一般为 12~14m，分为上下两部分；其中从运输水平到二次破碎水平称为下底柱，高为 6~8m；从二次破碎水平到拉底水平称为上底柱，高为 6m 左右。底柱矿量约占整个矿块矿量的 20%~25%。这种底部结构放矿劳动强度大，出矿效率低，开掘工程量大，回采底柱矿石回收率低，一般只有当矿石不稳固、放矿量很大，又需严格控制各斗放矿量时，才考虑采用。

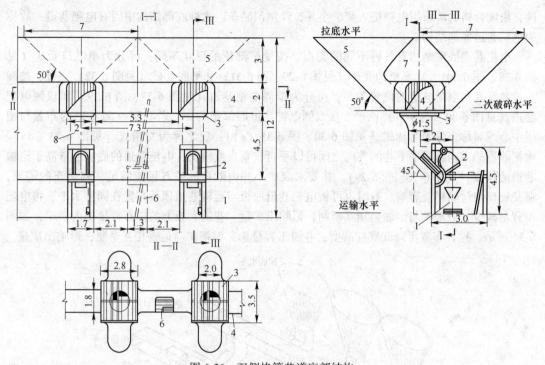

图 6-26 双侧格筛巷道底部结构

1—运输巷道；2—偏斗闸门；3—格筛；4—二次破碎水平的格筛巷道；5—受矿喇叭口；

6—人行联络小井；7—桃形矿柱；8—漏斗颈

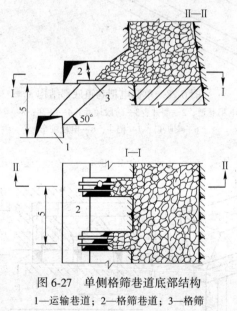

图 6-27 单侧格筛巷道底部结构

1—运输巷道；2—格筛巷道；3—格筛

6.4.3.4 电耙巷道底部结构

A 电耙巷道底部结构的种类

电耙巷道底部结构，是我国目前使用最广的一种底部放矿结构。图 6-28 为单侧电耙巷道底部结构。崩落的矿石由喇叭口经斗颈、斗穿进入电耙巷道，不合格的大块在斗穿口处二次破碎，块度合格的矿石用电耙耙入溜矿小井，经闸门装车。这种底部结构中因有电耙巷道，故称为电耙巷道底部结构。

电耙巷道底部结构有各种不同的类型。按受矿部位的形状不同，可分为喇叭口受矿（见图 6-28、图 6-30）、V 形堑沟受矿（见图 6-29、图 6-31）和平底受矿（见图 6-32）三种；按漏斗排数及其与电耙巷道的位置关系，可分为单侧电耙巷道（见图 6-28、图 6-29）和双侧电耙巷道（见图 6-30、图 6-31）两种。在双侧电耙巷道底部结构中，若斗穿（漏斗）的布置与耙道中心线对称，称为对称式［见图 6-30、图 6-33（c）］；反之称为交错式［见图 6-33（d）］。电耙巷道的方向与运输平巷的方向之间可以平行、垂直或斜交，电耙巷道的底板通常高于运输巷道的顶板（见图 6-28、图 6-29），并要求溜矿小井内贮存的矿石量能满足一列矿车的需要，避免耙矿与运输相互影响。有时也可将电耙巷道底板与运输巷道顶板布置在同一水平，将电耙工程量减少，但耙矿与运输会相互牵制，影响出矿量。巷道底板上的矿石直接耙入矿车，如图6-34 所示。这种布置可降低底柱高度，巷道工程量少，但耙矿与运输相互牵制，影响出矿量。

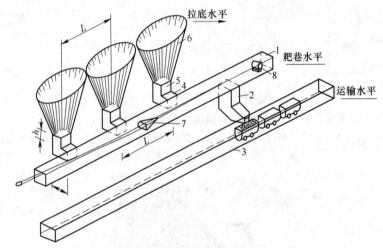

图 6-28　单侧电耙巷道底部结构
1—电耙巷道；2—溜井；3—阶段运巷；4—斗穿；5—斗颈；
6—喇叭口；7—耙斗；8—电耙绞车

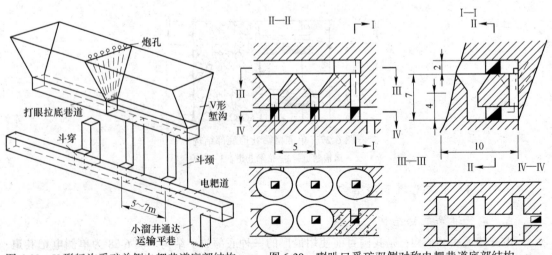

图 6-29　V 形堑沟受矿单侧电耙巷道底部结构　　　　图 6-30　喇叭口受矿双侧对称电耙巷道底部结构

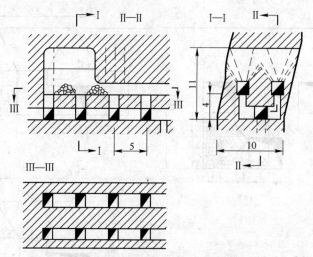

图 6-31 V 形堑沟受矿双侧对称电耙巷道底部结构

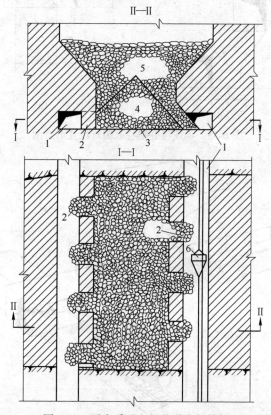

图 6-32 平底受矿电耙巷道底部结构

1—电耙巷道；2—斗穿；3—平底；4—残留三角矿柱；5—爆下矿石；6—耙斗

B 电耙巷道底部结构的参数

（1）上底柱高。电耙巷道水平至拉底水平之间的垂直高度，称为受矿部分高度或上底柱高。喇叭口受矿时，受矿部分高 5~7m；堑沟受矿时，因桃形矿柱孤立，需加大高度增加其稳固性，电耙巷道底板至堑沟顶部高度一般为 10~11m。

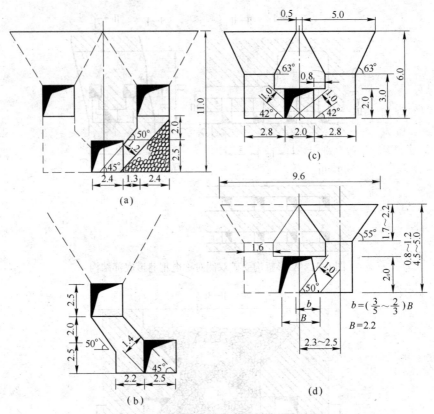

图 6-33　斗颈与电耙巷道相对位置示意图

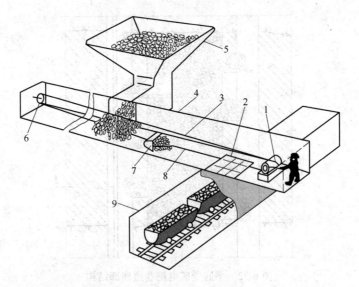

图 6-34　电耙巷道底板与运输巷道顶板在同一水平装矿示意图

1—电耙绞车；2—格筛；3—尾绳；4—电耙巷道；5—受矿喇叭口；6—尾轮；
7—耙斗；8—头绳；9—运输巷道

（2）斗穿间距。一般为 5~7m，若太小将削弱底部结构的强度。

（3）受矿坡面角。采用房式采矿法时为 45°~55°采用崩落采矿法时为 60°~70°。

（4）斗颈轴线与耙巷中心线间的水平距离。其大小影响到桃形矿柱的稳固性、耙巷内矿堆高度及耙矿效率等，一般为 2.5~4m。

斗颈轴线与耙巷中心线间的水平距离，取决于以下几个方面：

1）松散矿石的自然安息角。其他条件不变时，自然安息角越大，该尺寸越小。矿石自然安息角多为 38°~45°。

2）所要求的矿堆宽度。其他条件不变时，矿堆宽度越大，该尺寸越小。矿堆宽度一般为电耙巷道宽度的 1/2~2/3。确定矿堆宽度时，应考虑斗穿口磨损对矿堆分布状态的影响。

3）电耙巷道的规格。规格较大，允许的矿堆高度也较大。

图 6-33 是几个使用崩落法的矿山，斗颈与电耙巷道相对位置示意图。

（5）电耙巷道、斗穿、斗颈的规格。采用 28~30kW 电耙绞车的矿山，电耙巷道规格多为 2m×2m 或 1.8m×1.8m。近年来，有些矿山加大底部结构的工程尺寸，使耙巷、斗穿和斗颈的规格达 2.5m×2.5m 左右，如图 6-35 所示。

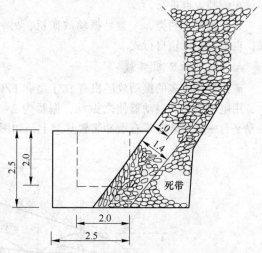

图 6-35　大斗颈、大斗穿加大有效放矿高度

加大耙巷、斗穿与斗颈的规格，将削弱底部结构的稳固性，增加掘进费用。但适当增加斗穿宽度和斗穿口的有效放矿高度（喉部高度），可提高松散矿石的流动性，减少处理大块卡斗的爆破次数，对保护底部结构的稳固性又是有利的。此外，还可提高电耙巷道的出矿能力，并有利于安全生产和作业条件的改善。

一般说来，在稳固的矿岩中，采用大规格的耙巷、斗穿与斗颈比较适宜；若矿岩较破碎或矿石爆破性能较好而大块产出率低时，则应采用较小的规格。

（6）电耙巷道的长度，应与电耙有效耙运距离相适应，电耙耙运距离通常以不超过 25~30m 为宜。

C　各种电耙巷道底部结构的评价

（1）堑沟受矿与喇叭口受矿的比较。堑沟受矿底部结构的优点是：将扩沟、拉底和落矿工序合一，可简化工艺，提高劳动生产率；在凿岩巷道内凿岩，施工安全，易于保证施工质量，免除较复杂的扩喇叭口作业；底柱虽然占用矿量较大，但其形状规整，较易回采。

（2）对平底结构的评价。平底结构除具有堑沟结构的优点外，还有如下优点：进一步简化底部结构，施工方便；采切工程量大幅度减少；开掘平底的工作面连续宽广，并可用深孔，拉底效率高，速度快；放矿口尺寸大，放矿的条件好，效率高；底柱矿量大为减少，利于提高矿块的矿石回收率。

平底结构的主要缺点是：底柱稳固性差；平底中残留三角矿堆需在下阶段回收，且回收率低。

（3）斗穿交错布置与对称布置的比较。斗穿及喇叭口交错布置，放矿口分布较均匀，可减少放矿口之间的脊部损失，对底部结构稳固性破坏较小，耙巷内矿堆的堆积高度较小，耙斗通行方便。但采用木材或金属支架支护的耙巷，斗穿不宜交错布置，因为矿堆交错分布，耙斗难以保持直线运行，支架易被耙倒，支架架设也较困难。

（4）电耙巷道与格筛巷道底部结构的比较。电耙巷道底部结构的优点是：采切工程量小（较格筛巷道小20%以上）；有专用回风巷道，通风条件与作业条件好。因此，我国目前广泛使用电耙巷道底部结构。但它也有缺点：放矿能力较小；各斗穿口的放矿量计量困难；需要相应的设备和动力，运搬费用高。

近年来，有些矿山将振动台板或振动放矿机装入格筛巷道两侧的放矿口或电耙巷道的斗穿中，大大减少二次破碎工作量，并使这两种底部结构的生产指标提高很大。

6.4.3.5　装载设备出矿底部结构

这种底部结构的特点是：矿石借重力下落到运输平巷水平，用装载设备装入矿车，二次破碎就在装载地点进行。

装载设备有两类，一类是振动放矿机，另一类是一般装岩机或铲运机。矿车可以是轨轮式，也可以是无轨自行式。

A　振动放矿机装载

矿山使用较多的振动放矿机有 HZJ 型和 FZC 型。振动放矿机的主体是一个坚固的振动平台，用电动机驱动振动器使之振动，振幅为 2~5mm。矿石在振动作用下，经平台流入矿车。振动平台一般安装在带有缓冲装置基架上，如图6-36所示。

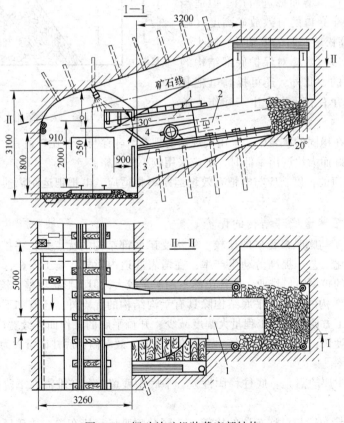

图 6-36　振动放矿机装载底部结构
1—振动放矿机振台；2—偏心装置；3—基架；4—电动机

摆式放矿机的底部结构比较简单，可在每个装载点垂直运输巷道掘进一条放矿短巷直接连通采场底部。摆式放矿机的短巷长 4~5m，振动放矿机的短巷长 7~8m。二次破碎在振动平台上进行，每次爆破药量不得大于 2kg。二次破碎量大时，为了清除炮烟，应将放矿短巷与回风巷道连通。

这种底部结构的优点是：

（1）生产能力比电耙巷道大得多。

（2）结构简单，不需专用的二次破碎巷道，采切工作量小，底柱高度小。

（3）设备费用低。

其缺点是：二次破碎爆破的炮烟和粉尘污染运输水平风流；安装拆除设备时间长。

B　装岩机装载平底底部结构

这种底部结构的特点是：矿石从采场直接进入运输平巷、分段平巷或装矿巷道，用装岩机或铲运机装入轨轮或无轨自行式运输设备。设备的型号由矿体大小和产量确定。

图 6-37 所示为某钨矿开采薄矿体，用华-1 型装岩机装载的底部结构。垂直脉外运输平巷向矿体掘进装岩巷道，矿石从采场放至装矿巷道端部底板上，装岩机装载后退到运输平巷一边，将矿石卸入矿车，整个列车不需解体。若有大块，可在矿堆表面进行二次破碎。一台华-1 型装岩机，每班可装 80~120 车。

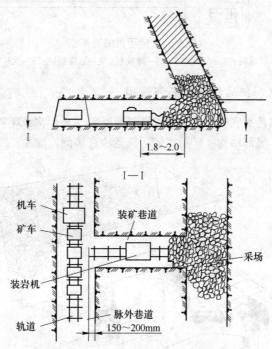

图 6-37　用装岩机装载矿车运输的底部结构

为使装岩机顺利装矿，装矿巷道的长度至少应等于下列 3 个长度之和：

（1）由矿石自然安息角确定的矿石堆所占长度，一般为 2m。

（2）装岩机放下铲斗的长度，约 1.9m。

（3）装岩机装载时的行走长度，约 1~1.5m。

图 6-38 所示为铲运机从巷道底板铲运矿石后，装入有轨运输矿车的情况。装岩机装载底部结构的优点与振动放矿机装载相似，但设备不需安装，灵活性大。缺点是装矿和运输分别用两套设备，占用人员较多。

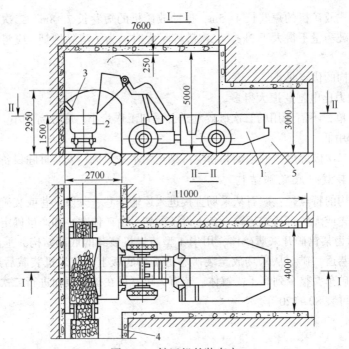

图 6-38 铲运机的装车点

1—铲运机；2—有轨矿车；3—导向板；4—运输巷道；5—出矿巷道

6.4.3.6 装运机和铲运机出矿底部结构

这种底部结构可以是平底受矿，也可以是斜面受矿（V形沟或喇叭口）。图 6-39 所示为 V 形堑沟受矿铲运机出矿底部结构，矿石用铲运机运输直接倒入溜井。

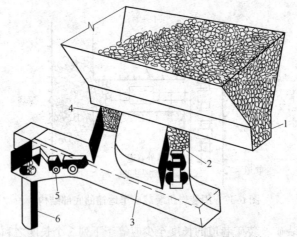

图 6-39 V形堑沟受矿、铲运机运搬底部结构

1—V形堑沟；2—铲运机；3—运输巷道；4—装矿短巷；5—铲运机向溜井卸矿；6—溜井

6.4.3.7 端部放矿底部结构

矿石从采场直接落到运输巷道端头的底板上，可用装运机、铲运机（见图 6-40）或振动运搬设备将矿石运搬到溜井中，如图 6-41 所示。

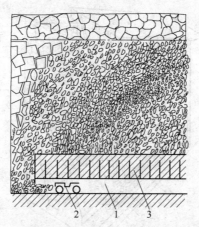

图 6-40 铲运机端部出矿底部结构示意图

1—运搬巷道；2—铲运机；3—临时底柱

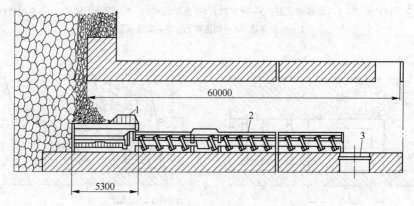

图 6-41 振动设备运搬端部出矿底部结构

1—振动放矿机；2—振动运输机；3—矿石溜井格筛

6.4.3.8 掩护支架、振动放矿机、运输机运搬底部结构

这是一种用于分段采矿巷道中的振动放矿底部结构。当矿岩很不稳固、底部结构地压很大、支护非常困难且费用很高时，有的矿山试用了移动式金属掩护支架放矿，如图 6-42 和图 6-43 所示。掩护支架是一段拱形的装配式金属结构巷道，每侧各有 1~2 个放矿口；掩护支架长 6m，高 2m 左右，宽 2~2.3m，在它的内部装有振动放矿机。

采场矿石爆破后，再爆破掩护支架上部的临时矿柱（见图 6-42），崩落矿石通过掩护支架放矿口落到掩护支架内的振动放矿机上，而后振入运输机运到溜井中，图 6-43 中的掩护支架上部未留临时矿柱，采场崩落矿石直接进入掩护支架振动放矿机中。

6.4.3.9 振动放矿的应用

目前地下硬岩矿山大量采用高效率大量落矿采矿方法，但是其总效率的提高却受到底部结构放矿能力的严重限制。为解决这一矛盾，必须从根本上改革放矿工艺，其途径之一就是向连续作业发展。振动放矿是实现连续作业的发展方向之一。振动放矿机是实现振动放矿的主要设备，应积极推广振动放矿机以取代电耙。

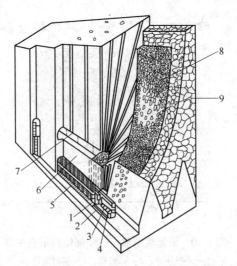

图 6-42　金属移动式掩护支架底部结构立体示意图

1—金属掩护支架；2—推移液压缸；3—放矿口；4—振动放矿机；5—振动运输机；6—临时矿柱；
7—凿岩巷道；8—崩落矿石；9—崩落围岩

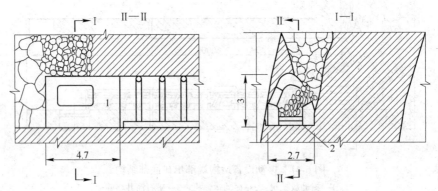

图 6-43　临时矿柱掩护支架底部结构

1—掩护支架；2—振动放矿机

振动放矿的优点如下：

（1）从间断的重力自溜放矿过渡到连续的强制放矿，使矿石的流动发生了质的变化，扩大了放矿口的流动带范围，从而有效地改善了放矿条件。

这是因为：振动放矿较重力放矿可提高有效放矿高度，即喉部高度，如图 6-44 所示。重力放矿时，放矿喉部高度由于受到正面护檐与死矿堆坡面的限制而尺寸较小，一般只有 0.7 ~ 1m，易于被大块堵塞。振动放矿时，矿石在振动台面（安装角为 5° ~ 15°）上通过，放矿喉部高度即为正面护檐与振动台面间的垂直距离，其值为 0.8 ~ 1.6m，矿石的通过能力显著增加，放矿口的堵塞大大减少，放矿口通过能力系数（放矿口尺寸与合格大块尺寸之比）从 3 降至 1.3，从而增大了合格大块尺寸。如某矿山应用振动放矿后，合格大块尺寸由 0.5m 提高到 0.8 ~ 1m；设有井下破碎站的矿山，合格大块尺寸甚至可提高到 1 ~ 1.2m。振动放矿时，崩落矿石从振动台面的有效埋入深度接受振动能，改变了矿石在矿块中的运动特性，使原来重力放矿放不出来的死矿堆坡面角，从 70° 减小到 60° 左右，加大了矿石流动带，减少了放矿口周边残留的矿石损失。据统计，振动放矿使每个放矿口负担的放矿面积比重力放矿可增加 50% 或更大。

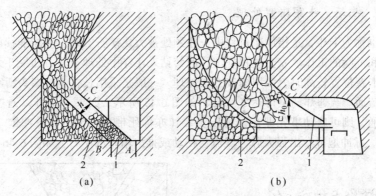

图 6-44　喉部高度对比图

(a) 重力放矿；(b) 振动放矿

1—矿石塌落坡面；2—死矿堆坡面

(2) 由于振动放矿口尺寸加大，大块卡口次数少，二次破碎工作量大幅度下降，从而提高了放矿强度和放矿工劳动生产率。这对实现强化开采，缩短采场生产周期，提高单位面积产量具有重要意义。

(3) 从根本上简化了矿块底部结构，底柱矿量与采切工作量减少，巷道维护费用降低。若普遍采用平底柱或斜底柱，则运输水平即为放矿水平，甚至是拉底水平。此外，由于放矿口负担的面积增大，使放矿口间距由原来的 5~6m 增大到 9~14m。

(4) 使放矿工作开始变为可以人工控制并使采区放矿、运搬和装载实现连续作业，为实现井下整体连续作业创造了条件。

(5) 由于振动放矿的可控性，可实现放矿作业集中控制和强化回采，从而改善了作业的安全和劳动条件。

振动放矿的缺点：设备笨重，安装与移动不便；没有连续运搬出矿设备和运输设备配套时，设备利用系数低；对一次破碎要求较严格；要求爆破矿量大，有的矿山提出每台大型振动放矿机应能放出 2 万吨矿量，才能获得最好的经济效益。

6.4.3.10　底部结构的应用

(1) 对底部结构的要求如下：

1) 能适应采矿方法和放矿特点的要求。

2) 要坚固，能经受落矿和二次爆破的冲击和放矿地压变化。

3) 底柱矿量少，结构简单，巷道工程量小。

4) 放矿能力大。

5) 作业安全。

6) 施工方便，条件好。

(2) 底部结构的发展趋势。目前，我国广泛采用电耙巷道底部结构。为了大幅度提高放矿强度，实现强化开采，底部结构的发展方向主要是：

1) 采用振动放矿的底部结构。

2) 采用无轨设备平底底部结构。

近年来电动铲运机应用推广很快，更加快了底部结构的变革。

6.4.3.11　斗颈、斗穿堵塞处理

斗颈堵塞也称为卡斗，是指放矿过程中，斗颈处被大块矿石卡塞，不能继续放矿。处理卡斗是比较困难和危险的工作。安全规程规定，严禁钻入斗穿中处理卡斗。如果斗颈被大块矿石交错卡塞，且卡塞位置较高时，多用爆破方法处理。一般是采用长竹竿，端头缚牢炸药，送至卡塞处，起爆疏通。疏通炸药量可达 3~5kg，如图 6-45 所示。如果卡塞可以通过松动斗穿根角压实矿石疏通，则可启动事先埋在根角压实带（亦称死带）内的压气脉冲炮（亦称风动脉冲装置）疏通。脉冲炮可发出强大脉冲气流，松动或推出堵塞的矿石，如图 6-46 所示。

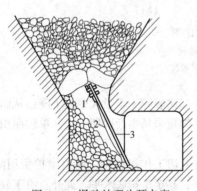

图 6-45　爆破处理斗颈卡塞
1—炸药包；2—起爆线；3—竹竿

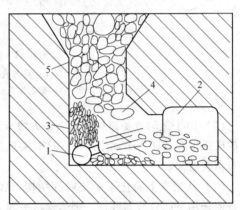

图 6-46　压气脉冲炮处理斗穿堵塞
1—预埋在斗穿根角压实带的压气脉冲炮；2—电耙巷道；
3—压实带；4—卡塞矿石；5—斗颈

6.5　采场地压管理

在矿床地下开采中，采场地压管理是主要生产工艺之一。它的目的是防止开采工作空间的围岩失控发生大的移动和威胁人员工作安全。

正确选择回采期间采场地压管理方法有非常重要的意义。采场地压管理工作是影响矿山安全工作、矿石成本、矿石损失贫化和矿山生产能力的主要因素。当前矿床地下开采的采矿方法分类中，很多都是以采场地压管理方法为基础。

在开采空间形成以前，可以认为在井田的小范围内，原岩体是连续的密实的，其内部应力（原岩应力）也是平衡的。采矿空间的形成，破坏了原岩应力平衡，产生次生应力场，围岩中会出现局部应力集中升高、降低、拉压应力的转变、三向应力状态的转变，会产生裂隙张开闭合、顶板下沉、冒落、底板隆起、侧面片帮、在矿井深部甚至可能发生岩石自爆。上述这些现象统称为矿山地压显现（或现象），由于采矿引起的岩体内部应力变化称为矿山地压。在地下采矿中为了安全和保持正常生产条件采取的一系列的控制地压的综合措施，称为矿山地压管理。在岩体坚固稳定的矿山地压显现可能不明显，在岩体松散不稳固的矿山，地压显现会非常明显。

从时间上可将矿山地压管理分为两个阶段：矿块回采阶段和大范围采空区形成后的阶段。前一阶段地压管理也称为采场地压管理。这两个阶段的地压管理是有区别的，但又是密切联系的。

采场地压管理比一般井下工程（如硐室、隧道、井巷）的地压管理复杂，主要是因采场开采空间大，采场尺寸不断变化，形状复杂，并且地压会随相邻采场的开采而发生变化，即在

相当长时间内采场地压是处于"不断变化"状态。当然，对地下开采空间稳定性的要求，也不同于地下永久工程。采场地压只着重于采场回采期间开采空间的稳定性和地压控制。

6.5.1 采场地压管理任务

一般说来，采场地压管理任务有 3 个方面：

（1）正确认识不同采矿方法采场开采空间所承受的载荷及应力变化规律，为正确选择地压管理方法提供符合实际的地压理论或假说。

（2）从实际出发正确选择地压管理方法及其有关参数，保持一定时间内开采空间的稳固性。

（3）处理好矿块回采期间遇到的局部地压问题，如构造弱面（断层、破碎带）、溶洞、老硐等造成的特殊地压问题。

6.5.2 采场地压管理方法

通常采用的地压管理方法大致可分为以下几类：

（1）使开采空间具有较稳固的几何形状，使应力较平缓的集中过渡。

（2）用矿柱、充填体、支柱或联合方法支撑或辅助支撑开采空间。

（3）边采矿边崩落围岩，使开采空间某些部位的应力重新分布，降低工作空间围岩应力集中，减小工作空间的地压。

（4）使开采空间围岩达到自然崩落所需的尺寸，通过自然崩落释放应力，减小周围采场的地压。

6.5.3 采场地压假说

正确进行采场地压管理，必须要掌握地压显现的规律和理论。在这方面地压理论的研究目前还不成熟，只能提出一些假说来解释地压现象。这些采场地压假说，实质上是对不同情况下采场围岩应力分布的规律及其变化所作的解释，主要说明不同开采空间围岩所承受的载荷情况。在自重应力场条件下，目前常用的地压假说有拱形假说、支撑压力假说、覆岩总重假说、部分覆岩重量假说、滑动棱体假说和悬臂梁假说等。实践证明，上述地压假说在一定条件下，对正确进行采场地压管理均有其指导意义，但也均有其局限性，不能全面概括实际影响地压的因素。所以正确进行采场地压管理，不仅应掌握采场地压假说，还要综合考虑影响采场地压的其他因素。

6.5.4 影响采场地压的因素

地压值的大小和特点与许多因素有关。这些因素可以分为两组：一组因素称自然因素，如原岩应力、矿岩稳固性、矿体埋藏深度、矿体的规模、形状、厚度和倾角等；另一组是开采过程中形成的因素，如采场支撑方法、开采空间的大小、形状和相对位置、工作面推进速度（回采强度）、落矿方法、矿块回采周期和其他因素。

一般说来，在影响地压大小的因素中，最主要的还是矿体和围岩的稳固性，以及开采深度。

随着开采深度大幅度的增加，采矿方法和矿块参数都必须相应改变，如减小开采空间的顶板暴露面、限制采用空场采矿法、加大矿柱尺寸等。在深部的矿床开采中，开采空间围岩的应力可以增长到很大的数值，当超过一定限度后会引起冲击地压、岩石自爆或塑性变形，破坏矿柱。

6.5.5　保持开采空间稳固性的方法

　　狭义地讲，采场地压管理和影响地压的因素，保持开采空间稳固性，通常采用的方法有：缩小开采空间冒露面积和跨度，使开采空间具有较稳固的几何形状，提高开采强度，缩短矿块回采周期（时间），采用矿柱支撑，采用充填料支撑，留矿支撑，人工支柱支撑等。

复习思考题

6-1　采矿方法主要研究什么？

6-2　什么是采矿方法，分为哪几大类，依据是什么？

6-3　采切工程可划分为哪几种，有哪些采切方法？

6-4　矿块的布置方式有哪几种，各有什么特点？

6-5　目前我国金属矿常用的落矿方法有哪些？

6-6　运搬与运输有什么区别？

6-7　金属矿常用的运搬方法有哪几种？

6-8　采场地压管理有哪些主要手段？

6-9　什么是采准巷道，包括哪些内容？

6-10　采准巷道位置布置的要求是什么？

7 空场采矿法

在矿房开采过程不用人工支撑，充分利用矿石与围岩的自然支撑力，将矿石与围岩的暴露面积和暴露时间控制在其稳固程度所允许的安全范围内的采矿方法总称空场采矿法。

空场采矿法的特点是：将矿块划分为矿房与矿柱，先采矿房，后采矿柱，开采矿房时用矿柱及围岩的自然支撑力进行地压管理，开采空间始终保持敞空状态。

矿柱视矿岩稳固程度、工艺需要与矿石价值可以回采也可以作为永久损失。由于矿柱的开采条件与矿房有较大的差别，若回采则常用其他方法。为保证矿山生产的安全与持续，在矿柱回采之前或同时，应对矿房空区进行必要的处理。

显然，使用空场法开采矿体的必要条件是矿石围岩均需稳固。

空场采矿法是生产效率较高而成本较低的采矿方法，在国内外的各类矿山得到了广泛的使用。

使用空场采矿法，必须正确地确定矿块结构尺寸和回采顺序，以利于采场地压管理及安全生产。

由于被开采矿体的倾角、厚度及开采方法不同，空场采矿法又分为留矿采矿法、房柱采矿法、全面采矿法、分段矿房采矿法和阶段矿房采矿法。

7.1 留矿采矿法

留矿采矿法的特征是在采场中由下向上逐层进行回采矿石，每层采下的矿石只放出约 1/3 的矿量，其余的采下矿石暂留采场中作为继续上采的工作台，并可对采空场进行辅助支撑；待整个采场的矿石落矿完毕后，再将存留在采场内的矿石全部放出。

留矿采矿法是一种较为简单、经济、容易的采矿方法，在我国的冶金、有色、黄金、稀有金属及非金属矿山中得到广泛的使用。

留矿采矿法原则上虽可用于开采厚大矿体，但主要用于开采中厚及中厚以下矿体。

根据矿块布置方式及回采工艺不同，留矿采矿法可分为普通留矿法、无矿柱留矿法及倾斜矿体留矿法。

7.1.1 普通留矿法

普通留矿法是指留矿柱的浅孔落矿留矿法，普通留矿法多沿走向布置矿块，如图 7-1 所示。

7.1.1.1 矿块构成要素

阶段高度一般为 30~60m，当矿石围岩稳固、矿体倾角大、产状稳定时可采用较大的阶段高度。

矿块的长度一般为 40~60m，其值取决于矿岩的稳固程度及矿体的厚度。矿房的暴露面积一般可达 $400~600m^2$。

间柱的宽度根据矿岩稳固程度及矿体厚度、间柱回采方法等因素来确定，通常为 6~8m，

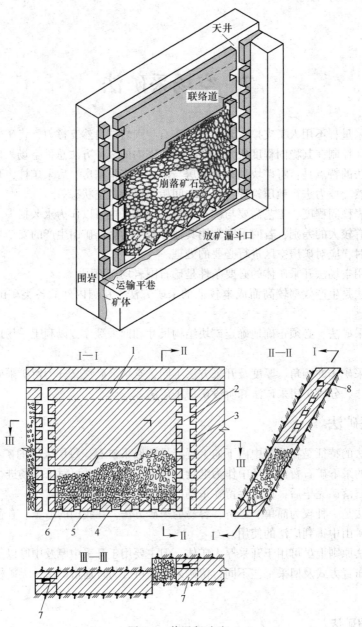

图 7-1　普通留矿法

1—顶柱；2—矿块天井；3—联络道；4—拉底巷道；5—阶段运输平巷；
6—漏斗闸门；7—间柱；8—回风巷道

当矿体较薄而且采用脉外天井时可取 2~3m。

顶柱高度一般为 4~6m，当矿体较薄时为 2~3m。

底柱高度取决于矿石稳固程度与底部结构的形式，漏斗放矿底部结构为 5~6m，电耙道及格筛巷道底部结构为 12~14m。

7.1.1.2　采准切割

采准切割主要任务是：掘进阶段运输平巷 5 、矿块天井 2 、联络道 3 、拉底巷道 4 及漏斗颈。

当矿体较薄时，可利用勘探时的脉内沿脉巷道作阶段运输巷道；矿体较厚时，应把阶段运输巷道布置在矿体下盘接触线上，以减少矿房开采中局部放矿后的平场工作量；当开采产状变化较大且不太稳固的贵重矿石时，为提高矿石回采率，减少坑道维护工作量，也可把阶段运输平巷布置在矿体的下盘脉外。矿块天井 2 布置在间柱中。在天井的两侧每隔 5~6m 向矿房开联络道 3。当矿房不分梯段回采时，矿房两侧的联络道应交错布置。在阶段运输平巷的侧上方每隔 4~6m 掘进放矿漏斗颈。矿体较厚时需在拉底水平掘进拉底巷道 4。

普通留矿法切割工作为拉底及扩漏。

掘进拉底巷道的拉底扩漏法。在拉底水平从漏斗向两边掘进平巷，与相邻的斗颈贯通，形成拉底巷道，如图 7-2 所示。然后在拉底巷道中用水平浅孔向两侧扩帮至矿体上下盘，形成拉底空间。最后，由斗颈中向上或从拉底空间向下钻凿倾斜炮孔扩漏（扩喇叭口）。

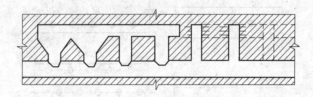

图 7-2 掘进拉底巷道的拉底扩漏法

不掘进拉底巷道的拉底扩漏法，如图 7-3 所示，用于厚度不太大的矿体。

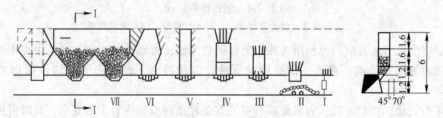

图 7-3 不掘进拉底平巷的拉底扩漏法

Ⅰ~Ⅶ—各步骤浅孔布置

在运输平巷应开漏斗的一侧，按漏斗规格用向上式凿岩机开 40°~50°的第一茬炮孔。在第一茬炮孔的碴堆上钻凿第二茬约 70°的炮孔，爆破后将全部矿石出完运走。架设漏斗口及工作台，继续开凿第三茬、第四茬炮孔，爆破后的矿石全由漏斗口放出，此时已形成高为 4~4.5m 的漏斗颈。自漏斗颈上部向四周打倾斜炮孔扩漏，使两相邻漏斗喇叭口扩大至相互连通，从而同时完成拉底及扩漏工作。

7.1.1.3 回采

矿房回采自下而上分层进行，分层高度为 2~2.5m，工作面多呈梯段布置，采用上向或水平浅孔落矿。

回采工作包括凿岩、爆破、通风、局部放矿、撬毛平场、二次破碎及整个矿房落矿完毕后的大量放矿。

（1）凿岩。凿岩在矿房内的留矿堆上进行。矿石稳固时，多用上向式凿岩机钻凿前倾 75°~85°的炮孔，孔深 1.5~1.8m。上向孔效率高，工作方便，单梯段也能多机作业，一次落矿量大，作业辅助时间少，梯段的长度可以是 10~15m。上向炮孔的排列形式，根据矿体厚度和矿岩分离的难易程度而定，炮孔排距为 1~1.2m，间距为 0.8~1m。常用的炮孔排列方式有如图 7-4 所示的几种：

1）一字形排列。适用于矿岩易分离、矿石爆破效果好、厚 0.7m 以下的矿体。

2）之字形排列。适用于矿石爆破性较好、矿脉厚度 0.7~1.2m，这种布置能较好地控制采幅宽度。

3）平行排列。适用于矿石坚硬、矿体与围岩接触界线不明显或难于分离、厚度较大的矿体。

4）交错排列。用于矿石坚硬、厚度较大的矿体，崩下的矿石块度均匀，生产中使用很广泛。

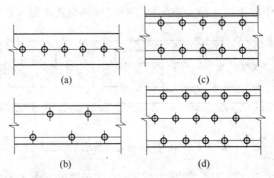

图 7-4　炮孔排列形式

（a）一字形；（b）之字形；（c）平行排列；（d）交错排列

当矿房中央有天井时，可利用天井作为爆破自由面，否则需在矿房长度的中央掏槽。但不应在矿房两侧联络道或顺路天井附近同时爆破，以免被爆下的矿石同时堵住而影响正常的作业。

当矿石的稳固性稍差时，为避免矿石可能发生片落而威胁凿岩工的安全，此时可用水平孔落矿，孔深 2~3m。为增加同时工作的凿岩机数，工作面分成多个梯段，梯段长度较小，一般为 2~4m，梯段高度为 1.5~2m。

（2）爆破。爆破一般采用直径为 31mm 的铵油或硝铵炸药卷，单位炸药消耗量可根据矿山实际情况选取。最好使用微差导爆管起爆。

（3）通风。新鲜风流从上风向天井进风，清洗工作面后从下风向天井出风；或由两侧天井进风，清洗工作面后，由中央天井出风。为防止风流短路，应在进风天井的上口、回风天井的下口设置风门。

（4）局部放矿。每次落矿爆破后，由于矿石体积膨胀，为保证工作面有 1.8~2m 的作业高度，必须放本次爆破矿石体积约 1/3 的矿石量，这个工作称为局部放矿。局部放矿时，放矿工应与平场工紧密配合，在规定的漏斗中放出规定数量的矿石。放矿中，应随时注意留矿堆表面的下降情况是否与放出矿量相适应，以减少平场工作量和及时发现并设法防止留矿堆内形成空洞。为保证工作的安全，发现空洞，必须及时处理。

（5）撬毛平场。局部放矿之后，确认留矿堆内无空洞时，就可进行撬毛平场工作。先对工作面喷雾洒水，然后敲帮问顶，撬除松动矿岩，将局部放矿所形成的凸凹不平矿堆扒平，为下次凿岩工作做好准备。

（6）二次破碎。二次破碎在工作面局部放矿后进行，平场撬毛的同时若发现大块，应及时用锤子或炸药破碎。应尽量避免在放矿口闸门处破碎大块，费工费时还易损坏闸门。

（7）局部放矿。局部放矿时，严禁任何人员在放矿漏斗上部的留矿堆上作业。必须进入采场处理事故时，下部漏斗应停止放矿，并在留矿堆上铺设木板。

上述凿岩、爆破、通风、局部放矿、撬毛平场及二次破碎构成了一个回采工作循环。一个分层的回采可以由一个或几个循环来完成。待矿房所有的分层全部落矿后，即可进行大量放矿，完成整个采场的开采。

7.1.2 其他留矿法

7.1.2.1 无矿柱留矿采矿法

开采矿岩稳固、厚度在 2~3m 以内的高价矿体，为提高矿石的回采率，可使用无矿柱留矿采矿法，如图 7-5 所示。矿块沿走向布置，阶段高度 40~60m，矿块长度可以从 10~100m。

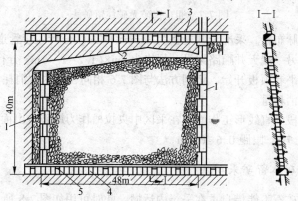

图 7-5 无矿柱留矿采矿法
1—顺路天井；2—采准天井；3—回风平巷；4—运输平巷；5—放矿漏斗口

采准切割比较简单。掘进沿脉运输平巷 4，矿块天井 1 可以利用原有的探矿天井，也可在相邻矿块的回采过程中顺路架设；采场中部布置一个采准天井 2。天井的短边尺寸若大于矿体的厚度，为保持矿体上盘的完整，可将天井规格超过矿体厚度的部分放在下盘岩石中。

放矿漏斗可用混凝土浇灌而成，也可以如图 7-6 所示用木料架设。

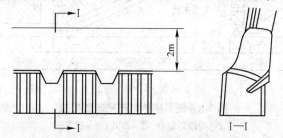

图 7-6 某钨矿急倾斜无矿柱留矿法底部结构

拉底方法如下：在阶段运输平巷中，向上沿矿脉打 1.8~2.2m 深的炮孔，爆破后在矿石堆上将第一分层的落矿炮孔打完后，将矿石装运出去，然后架设人工假巷及漏斗，并在其上铺些茅草之类的缓冲材料，接着爆破第一分层的炮孔。为防止损坏假巷及漏斗，第一分层的炮孔宜布密些、浅些、装药量少些。局部放矿及平场撬毛后，使工作面的作业空间高度为 1.8~2m，拉底工作即告完成。

回采工艺与普通留矿法相同，因为矿体薄，多用上向孔落矿。

湘东钨矿南组矿脉为高中温裂隙充填，以钨为主的多金属急倾斜石英脉，矿石品位很高，脉厚从几厘米到1m，平均0.36m，矿脉倾角68°~80°；围岩为花岗岩，节理不发育，稳固，$f=10~14$；矿石稳固，$f=8~12$。阶段高为50m，矿块沿走向长100m。矿块布置如图7-7所示。

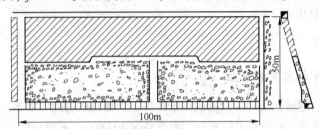

图 7-7　湘东钨矿无矿柱留矿法

阶段运输平巷沿脉布置。采准天井规格为3.6m×1.2m，分行人、管道、提升和溜矿四格，布置于采场的一端；另一端天井顺路架设，规格为2m×(1.2~1.5)m。分行人和管道两格。

切割工作自运输平巷顶板开始，切割方法与图7-6相同，但木材消耗量大，如果改为混凝土浇灌，可减少木材消耗量。

回采采用不分梯段的直线形工作面，在采区中央拉槽作为爆破自由面。打前倾75°~85°的上向眼，眼深1.4~1.7m，眼距0.6~0.8m。

7.1.2.2　倾斜矿体留矿采矿法

矿体倾角较缓，矿石不能借自重在采场内运搬，此时可用如图7-8所示方法，如香花岭锡矿，采用电耙耙矿留矿采矿法。

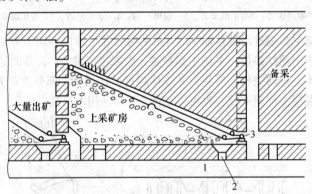

图 7-8　倾斜矿体电耙耙矿留矿法
1—阶段运输巷；2—溜井；3—绞车

某锡矿为似层状矿床，厚1~3m，平均为1.05m，倾角35°~45°。矿石稳固，$f=10$，品位高，有用成分分布均匀，顶板为稳固的石灰岩，$f=8~10$，矿体与顶板围岩接触明显。底板为砂岩和花岗岩，与矿体接触面平整。

阶段高32m，斜高56m，矿块长40~60m，顶柱斜高3~4m，底柱斜高4~5m，间柱只在矿块的一侧保留，宽为3~4m。

运输平巷脉内布置，矿块两侧布置天井并每隔4~5m开掘联络道通向矿房，在靠近未采矿块底柱的一侧开放矿漏斗。

矿房内用倾斜长工作面回采，用电耙平场和出矿，电耙绞车安装在天井联络道中。为保证采场的安全，在矿房适当位置留 1~2 个矿柱。

7.2 房柱采矿法

房柱采矿法是用于开采水平、微倾斜、缓倾斜矿体的采矿方法。它的特点是：在划分采区（或盘区）和矿块的基础上，矿房与矿柱交替布置，回采矿房的同时留下规则的连续或不连续矿柱，用以支撑开采空间进行地压管理。

水平矿体使用房柱法，矿房的回采由采场的一侧向另一侧推进，缓倾斜矿体通常是由下向上逆矿体的倾向推进工作面，采下的矿石可用电耙、装运机、铲运机等设备运搬。矿块回采后留下的矿柱，一般不予回采，作永久性支撑。但开采高价或富矿时，有的矿山为提高矿石回采率先留下了较大的连续矿柱，待矿房采完并充填后再回采矿柱。也有的矿山留下连续的条带状矿柱，待矿房采完后，后退式地切采部分矿柱。房柱采矿法是劳动生产率较高的采矿方法之一，在国内外的矿山使用广泛。目前，使用最多的是浅孔落矿房柱法，也有的矿山开始使用中孔落矿。随着无轨设备的大量使用，不少矿山已开始使用无轨设备深孔开采方案。

7.2.1 浅孔落矿、电耙运搬房柱法

典型方案如图 7-9 所示。

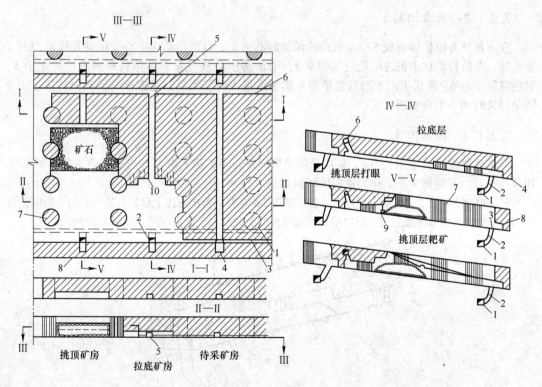

图 7-9 浅孔房柱采矿法典型方案

1—运输巷道；2—放矿溜井；3—切割平巷；4—电耙硐室；5—上山；6—联络平巷；
7—矿柱；8—电耙绞车；9—凿岩机；10—炮孔

7.2.1.1　矿块构成要素

矿块沿矿体倾斜布置，矿块再划分为矿房与矿柱，矿块矿柱亦称支撑矿柱。支撑矿柱横断面多为圆形或矩形，支撑矿柱规则排列并与矿房交替布置。为使上下阶段采场相互隔开，各阶段留有一条连续的条带状矿柱，称为阶段矿柱。沿矿体走向每隔 4~6 个矿块再留一条沿倾向的条带状连续矿柱，称为采区矿柱。上下以两阶段矿柱为界、左右以两采区矿柱为界的开采范围称为采区。

（1）矿房长度，取决于电耙的有效耙运距离，一般不超过 60m。无轨设备运搬不受此限。

（2）矿房宽度，取决于矿体顶板的稳定程度与矿体的厚度，一般为 8~20m。

（3）矿柱尺寸及间距，取决于矿柱强度及支撑载荷。采区矿柱与支撑矿柱的作用是不相同的。采区矿柱主要用于支撑整个采区范围顶板覆岩的载荷，保护采区巷道，隔离采区空场，宽度一般为 4~6m。支撑矿柱的主要作用是限制开采空间顶板的跨度，使之不超过许用跨度并支撑矿房顶板。目前，计算矿柱尺寸的方法尚不成熟，大多参考类似矿山的经验值，采用经验法来设计，再逐步通过生产实践，确定符合矿山实际条件的最优矿柱尺寸与间距。一般矿柱的直径或边长为 3~7m，间距为 5~8m。

为避免应力集中，提高矿柱的承载能力，矿柱与顶底板应采取圆弧过渡的方式相连。矿柱的中心线应与其受力方向一致或基本一致，当矿体倾角较大时尤其应注意到这一点。

（4）采区尺寸。采区的宽为矿块的长度，采区的长取决于采区的安全跨度及采区的生产能力。一个采区一般不少于 2~4 个回采矿房与 2 个以上正在采切的矿房。

7.2.1.2　采准切割

在下盘脉外距矿体底板 5~8m 掘进阶段运输巷道 1，自每个矿房中心线位置开放矿溜井 2 至矿体，在阶段矿柱中掘进电耙绞车硐室 4，沿矿房中心线并紧靠矿体底板掘进矿房上山 5，贯通联络平巷 6。矿房上山 5 与联络平巷 6 用于采场人行、通风及运搬材料设备，矿房上山 5 还是回采时的一个自由面。

7.2.1.3　回采工作

若矿体厚度不大于 2.5~3m，矿房采用单层回采，由矿房上山 5 与切割平巷 3 相交的部位用浅孔扩开，开始回采，工作面逆矿体倾斜推进。

矿体厚度大于 2.5~3m 应分层回来，分层高度 2m 左右。若矿石比上盘岩石稳固或同等稳固，可采用先拉底，再挑顶采第二层、第三层，直至顶板的上向阶梯工作面回采，如图 7-10 所示。

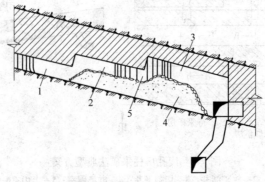

图 7-10　上向阶梯工作面回采
1—拉底层；2—第二分层；3—第三分层；4—矿堆；5—矿柱

可用气腿式凿岩机、平柱式凿岩机，也可以用上向式凿岩机落矿。工作面推至预留矿柱处，多布眼少装药将矿柱掏出来，采下矿石暂留一部分在采场内，作为继续上采的工作台。紧靠上盘的一层矿石，宜用气腿凿岩机打光面孔爆破落矿，以便保护顶板。

当矿体上盘岩石比矿石稳固时，有的矿山采用如图7-11所示的下向阶梯工作面回采。下向阶梯工作面回采就是通过切割天井先采紧靠顶板的最上一分层（也称切顶），待其推进至适当距离后，再依次回采下面分层；上分层间超前下分层一定距离，近矿体底板的一层最后开采。

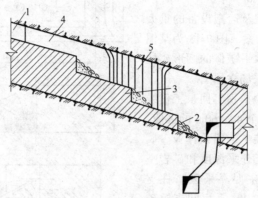

图 7-11 下向阶梯工作面回采
1—矿房上山；2—第一分层；3—第二分层；4—最上一分层；5—矿柱

有的矿山顶板不够稳固，采用下向阶梯工作面使顶板先暴露出来，以便对顶板实施杆柱支护（杆柱护顶）。

由于上向阶梯工作面回采比下向阶梯工作面回采效率高、清扫底板容易、在高悬顶板下作业的时间短等优点而被矿山广泛采用。

电耙运搬矿石，需经常改变电耙滑轮的位置。使用三卷筒电耙绞车，虽省去了多次改变电耙滑轮位置之烦，但电耙绞车旁边的矿石仍无法耙走。一些矿山使用如图7-12所示的移动电耙绞车接力耙运，可把整个矿房范围内的矿石耙完。第一台电耙安装于可在轨道上行走的小车中，耙下来的矿石再由第二台电耙接力耙至相邻采场的溜井中。采场通风简单，新鲜风流由采区人行进风井进入，经切割平巷清洗工作面，污风通过矿房上山、联络平巷进入回风巷道排出。

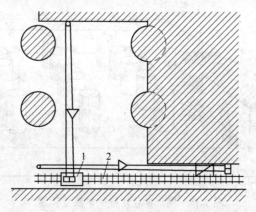

图 7-12 移动电耙绞车接力耙运
1—移动小车；2—轨道

7.2.2　中深孔房柱法

中深孔房柱法有切顶与不切顶两种方案。切顶方案是先将未采矿石与顶板分开，其目的是防止中深孔落矿时破坏顶板稳固性，便于用杆柱预先支护顶板和为下向中深孔设备的作业开辟工作空间。

近年，由于地压管理及运搬设备的重大突破，出现了多种开采方案。图7-13为某铜矿开采厚度为6~8m近水平矿体的圆形矿柱房柱采矿法。图7-14为采场立体图。

每个采区内有6~7个矿房。回采工作线总长约150m，可分为3个40~60m的区段，分别在其内进行凿岩、装矿、锚顶作业。矿房跨度与矿柱尺寸取决于开采深度和矿岩坚固性。开采空间的地压主要靠采区矿柱支撑，采区矿柱宽度为10~20m。房间支撑矿柱用于保证矿房跨度不超过其极限跨度。一般矿房跨度为12~16m，圆形矿柱直径4~8m。

采准切割工程简单（见图7-13），沿矿体底板掘进运输巷道10与采区巷道9，在采区巷道内每隔40m掘进矿房联络道，最初的两侧联络道与切割巷道联通。从切割巷道拉开回采工作面。在采区中央掘进回风巷道3。巷道的规格应根据自行设备的技术要求来确定，该矿巷道宽度取4.7m。

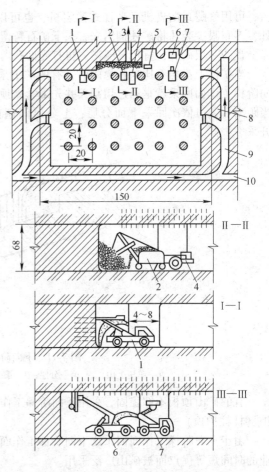

图7-13　圆形矿柱房柱采矿法

1—自行凿岩台车；2—电铲；3—回风巷道；4—自卸汽车；5—推土机；6—顶板支柱台车；7—顶板检查台车；8—矿柱；9—采区巷道；10—运输巷道

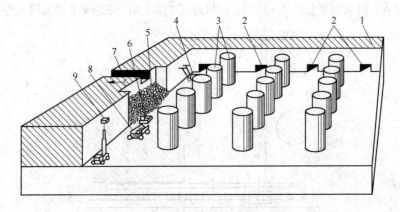

图7-14　圆形矿柱房柱采矿法立体图

1—采区矿柱；2—矿房联络道；3—圆形矿柱；4—凿岩台车；5—矿堆；6—电铲；
7—回风巷道；8—自卸汽车；9—顶板检查台车

回采方法如下：用履带式双机凿岩台车在直线型垂直工作面上钻凿炮孔，压气装药车装药，爆破下来的矿石用短臂电铲装入车厢容积 11m³、载重 20t 的自卸汽车，运至井底车场或转载点装入矿车；使用工作高度为 7.5m 的顶板检查、撬毛、安装杆柱的轮胎式台车进行顶板管理，金属杆柱的网度按岩石稳固程度不同，由 1m×(1~2)m×2m，若有必要还可加喷厚度为 35~40mm 的砂浆加强支护。

开采其他厚度的矿体，除所用设备与采准布置不同外，回采方法基本相同。如果矿体厚度大于 10m，则应划分台阶进行开采，各台阶可单独布置采切工程，完全按上述方法进行生产，也可设台阶间的斜坡联络道、数个台阶共用一套采准系统；最上一个台阶高度较小时，可使用前装式装载机铲装矿石。

新鲜空气由运输巷道进入，经采区巷道清洗矿石工作面，污风由回风巷道排出。

开采倾角较大的矿体，由于无轨设备爬坡能力的限制，不能使用上述方法进行开采。此时，最为有效的方法是采用如图 7-15 所示的沿走向布置矿房的房柱采矿法。

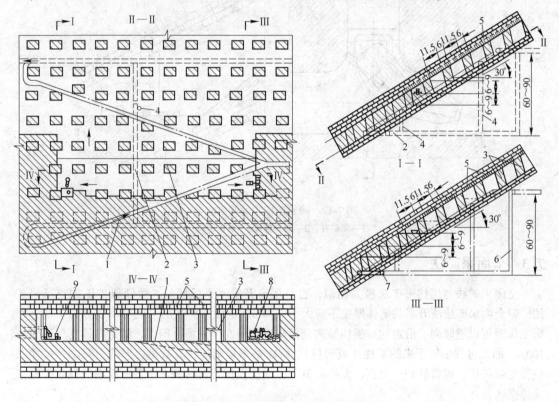

图 7-15 沿走向布置矿房的房柱采矿法
1—脉内斜坡道；2—穿脉；3—矿柱；4—溜矿井；5—杆柱；6—通风天井；
7—运输巷道；8—铲运机；9—凿岩台车

回采工作面沿走向推进，沿矿体伪倾斜布置辅助斜坡道，采下的矿石用铲运机 8 运至溜井 4 排出。

矿房底部三角形矿石的开采，可用图 7-16 的方法进行。为便于开采溜井口上部的矿石及支护顶板，溜井宜一直掘进至矿体顶板下部。倾斜矿房中，铲运机的卸矿情况如图 7-17 所示。

开采参数如下：矿房宽度 8~12m，房间矿柱截面为 6m×8m，倾斜联络道断面为 3m×4m，倾角 5°~8°，浅孔落矿，炮孔直径 46~54mm，孔深 2.4~2.6m。顶板采用网度为 1m×1m 的锚杆支护。

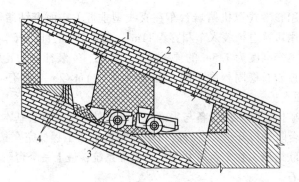

图 7-16　倾斜矿房底部矿石开采与矿柱的形成
1—矿房；2—矿柱；3—铲运机；4—炮孔

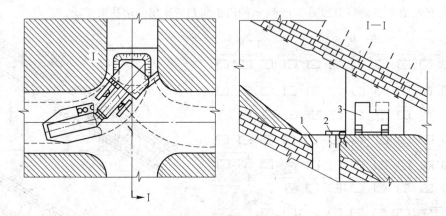

图 7-17　倾斜矿房中的卸矿点
1—溜矿井；2—溜井挡梁；3—铲运机

7.3　全面采矿法

全面采矿法与房柱采矿法极为相似，也是用来开采水平微倾斜、缓倾斜矿体的空场采矿法。但全面采矿法所开采的矿体厚度不应大于 3～4m。全面采矿法的采区可不划分为矿块，回采工作面可以逆倾向、沿走向、逆伪倾向全面推进。因此，采场范围大，沿走向长度可达 50～100m。回采过程中留下来的矿柱（或岩柱），可以是不规则的，其数量、形状、间距、尺寸及位置比较灵活，可将贫矿、夹石、无矿带留下，或按顶板管理的要求留下不规则的孤立矿柱来支撑空区。

开采高价矿、富矿时也可用木柱、木垛、石垛、混凝土垛、杆柱等人工材料来代替矿柱，提高矿石回采率。

常用全面采矿法是如图 7-18 所示的浅孔落矿电耙运搬的全面采矿法。矿块沿走向布置，其长度可以是 50m 或更大，矿块沿倾斜方向的长度一般为 40～60m，增加沿走向的长度可以减少矿块数，减少采切工程量，但阶段内同时工作的矿块数也将相应减少，会影响阶段生产能力，故采区长度还应当用阶段生产能力来校核。

年产量不大、走向长度小的矿体，阶段可不划分采区，整个阶段沿走向、逆倾向或伪倾向全面推进。

阶段矿柱宽度 2～3m，采区矿柱宽度 6～8m，矿石溜子间距 5～7m。采区内的矿柱，根据夹

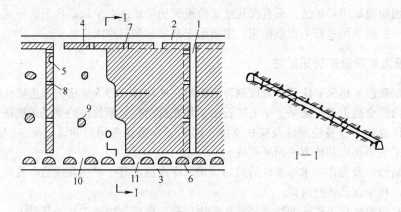

图 7-18 全面采矿法

1—切割上山；2—回风平巷；3—阶段平巷；4，6—阶段矿柱；5—采区矿柱；
7，8—人行道；9—矿柱或岩柱；10—矿石溜子；11—切割平巷

石、贫矿的分布及顶板管理的需要来确定其数量、规格与位置。

7.3.1 采切工程

采切工程先掘进的阶段平巷 3，一般布置于脉内，当矿体产状变大时也可将它布置在下盘围岩中，这样虽增加了脉外工程量，但矿石溜子有一定的贮矿能力，对缓和采场运搬与矿石运输、提高阶段生产能力有利。矿石溜子 10 的间距为 5~7m。

切割平巷 11 连通各矿石溜子的上口，作为回采工作的一个自由面。逆矿体倾向掘进的切割上山 1 贯通回风平巷 2，并作为回采工作的起始线。在采区矿柱（亦称矿壁）内每隔 10~15m 掘进人行道 8。回采过程中，在上部阶段矿柱内每隔一定距离掘进人行道 7 连通回风平巷 2，电耙硐室的位置与矿石溜子相对应，也可以用图 7-12 的移动电耙接力耙运矿石。

7.3.2 回采工作

回采工作由切割上山的一侧或两侧开始沿矿体走向全面推进，为使凿岩与采场运搬平行作业，工作面可布置成阶梯状，依次超前一定的距离，阶梯数常为 2~3。

使用气腿式凿岩机凿岩，视矿石坚固程度、矿体厚度及工作循环要求来确定凿岩爆破参数，但炮孔不可穿过顶底板以保证安全及降低矿石贫化损失。若有可能，近顶板的炮孔使用光面爆破技术，以保持顶板的稳固性。

采场使用电耙运搬矿石。

回采过程中，应视顶板的稳固程度及矿床有用组分的分布情况，将贫矿、夹石、无矿带留作不规则的矿（岩）柱，当然，必要时一般矿石也得留作矿柱。圆形矿柱的直径常为 3~5m，矩形矿柱的规格为 3m×5m。为提高矿石回采率，也可以用木柱、丛柱、杆柱及垛积材料进行支撑。采场回采完毕，视安全情况，可部分地回收矿柱。杆柱支护工作量小，成本低，效果好，且利于矿石运搬。杆柱长度一般为 1.8~2.5m，安装密度为 （0.8m×0.8m）~（1.5m×1.5m）。

7.4 矿房采矿法

矿房采矿法按出矿（运搬）方式分为分段矿房采矿法和阶段矿房采矿法，阶段矿房采矿法按落矿方式分为垂直孔分段落矿阶段矿房采矿法、水平深孔落矿阶段矿房采矿法、倾斜深孔

落矿爆力运搬阶段矿房采矿法、垂直深孔落矿阶段矿房采矿法。阶段矿房采矿法是高效率的地下采矿法之一，通常用来开采大型矿床，主要用于开采急倾斜厚大矿体。

7.4.1　分段落矿阶段矿房采矿法

分段落矿阶段矿房采矿法是将阶段划分为矿块，矿块再划分为矿房与周边矿柱，矿房用中孔或深孔在阶段全高上进行回采，采下矿石由矿块底部结构全部放出的空场采矿法。矿房回采过程中，空区靠矿岩自身稳固性及矿柱支撑，回采工作是在专用的巷道、硐室、天井内进行的。矿房回采完毕再用其他方法回采矿柱。

由于凿岩设备及操作技术等条件的限制，难以穿凿深度等于矿房高度的深孔时，可将矿房划分为分段，用中深孔进行落矿。

分段落矿阶段矿房采矿法的特点是：在矿块划分为矿房与周边矿柱的基础上，将矿房在高度上进一步用分段巷道划分为几个分段，在分段巷道内用中深孔落矿，工作面竖向推进，采下矿石由矿块底部结构放出。

分段落矿阶段矿房采矿法的矿房布置方式有沿走向布置矿块、垂直走向布置矿块与倾斜、缓倾斜矿体中分段落矿阶段矿房采矿法三种形式。

7.4.1.1　沿走向布置矿块分段落矿阶段矿房采矿法

沿走向布置矿块的分段落矿矿房采矿法如图 7-19 所示。

A　矿块构成要素

下面分述各构成要素的选择方法：

(1) 阶段高度。阶段高度由矿房高度、顶柱厚度与底柱高度三部分组成，其值取决于围岩的允许暴露面积与暴露时间，一般为 50~70m，围岩稳固、采矿强度大取大值。

(2) 矿房长度。根据围岩及顶柱的允许暴露面积确定。

(3) 矿房宽度。等于矿体厚度。

(4) 顶柱厚度。由矿岩的稳固性及矿体的厚度决定，一般为 6~10m。

(5) 间柱宽度。取决于矿岩的稳固性、间柱的回采方法、矿块天井是否布置在间柱内等因素，一般为 8~10m。

(6) 底柱高度。取决于所采用的二次破碎底部结构的形式，采用电耙巷道时为 7~11m，格筛巷道为 11~14m。平底或铲运机出矿底部结构可降为 4~6m。

(7) 分段高度。即两相邻分段巷道之间的垂直距离，其值取决于所使用凿岩设备的能力，中孔设备凿岩为 8~12m，深孔可为 15~20m。

(8) 漏斗间距。一般为 5~7m。

B　采准切割

采准工程有阶段运输平巷 1、分段凿岩巷道 3、通风人行天井 4、溜井 7、电耙道 8、斗穿及漏斗颈 5。

切割工程有拉底巷道 2、切割横巷及切割天井 6 等。

阶段运输平巷布置在脉内外均可。脉内常紧靠下盘布置，以便摸清矿体的下盘变化情况，减少脉外工程。布在脉外可增加矿房矿量，并可即时回采矿柱。具体采用何种形式，应结合矿山阶段平面开拓设计来综合考虑。

通风人行天井常布置在脉内，具体位置应结合矿柱回采方法来确定，它依次贯通电耙道、拉底巷道、分段凿岩巷道及上阶段运输巷道。

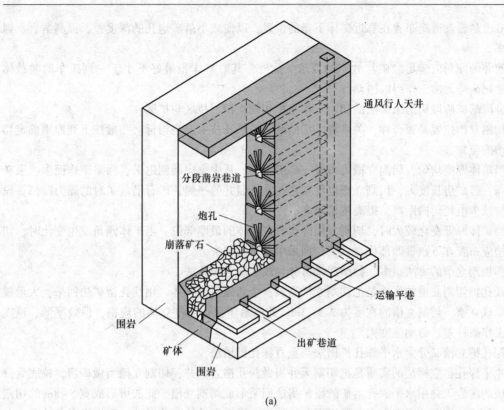

(a)

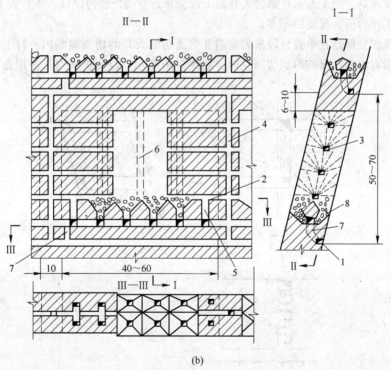

(b)

图 7-19 沿走向布置矿块分段落矿阶段矿房采矿法

1—阶段运输平巷；2—拉底巷道；3—分段凿岩巷道；4—通风人行天井；
5—漏斗颈；6—切割天井；7—溜井；8—电耙道

分段凿岩巷道应布置在靠近矿体下盘的位置，以便减小落矿炮孔的深度差，提高凿岩、爆破效率。

溜井的倾角应满足贮矿与放矿的要求。此外，其贮矿体积最好不小于一列矿车的装载体积，使耙矿与运输工作得以协调。

分段落矿阶段矿房采矿法的切割工作是扩切割立槽、拉底与扩漏。

切割立槽位置是否合理，关系着矿房的落矿效果及技术经济指标。一般按下列原则确定切割立槽的位置。

当矿体厚度均匀，切割立槽可布置在矿房中央，从中央向两侧退采，回采工作面多，采矿强度高；若矿房长度大，切割立槽也可布置在靠近溜井的一侧，矿石借落矿时的爆力抛掷一段距离，减少电耙运搬距离，提高耙矿效率。

当矿体厚度变化较大时，切割立槽应布置在矿体的最厚部位。当矿体倾角发生变化时，切割立槽应布置在下盘最凹部位，以减少回采中的矿石损失。

扩切割立槽的方法很多，归纳起来可分为浅孔法与深孔法。

浅孔扩切割立槽的实质是把切割立槽当做一个急倾斜薄矿体，用浅孔留矿法回采，大量放矿后形成立槽，切割立槽的宽度为 2.5~3m。此法易于保证切割立槽的规格，但效率低、速度慢、工作条件差、劳动强度大。

深孔扩立槽又分为水平深孔扩槽法与垂直深孔扩槽法。

水平深孔扩槽法的实质是把切割天井当做深孔凿岩天井，切割立槽当做矿房，拉底后分层爆破的凿岩天井用水平深孔落矿阶段矿房法回采形成切割立槽。此法可形成宽 5~8m 的切割立槽，扩槽效率高，但工人需在凿岩天井的下段，靠近空场处装药爆破，工作安全条件差，并需多次修复工作台板，现使用不多。

垂直深孔扩立槽是在垂直分段凿岩巷道并贯通切割天井的切割横巷内，打上向平行深孔，以切割天井为自由面，爆破形成切割立槽，如图 7-20 所示。以前扩槽炮孔多用逐排爆破或多

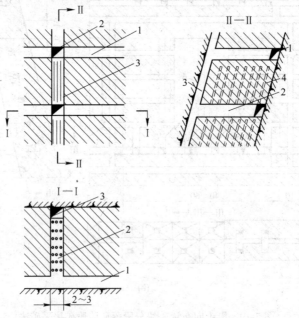

图 7-20　垂直平行深孔开掘切割槽
1—分段凿岩巷道；2—切割横巷；3—切割天井；4—炮孔

次多排同时爆破，现广泛使用全部扩槽炮孔分段微差一次爆破。

拉底一般与扩漏同时进行。由于回采工作面是竖向推进，故拉底扩漏没有必要，也不应该一次完成，而是采取随回采工作面的推进超前 1~2 对漏斗的拉底扩漏方法。拉底扩漏的方法也是有浅孔法与深孔法两种。

（1）浅孔法。在超前回采工作面一排漏斗的范围内，由拉底巷道开始用浅孔扩帮至上下盘，随即进行扩漏。扩漏可以从拉底水平由上向下，也可以从漏斗颈内由下向上进行。

（2）深孔法。拉底巷道实际上又是第一分段凿岩巷道，只要把落矿炮孔中倾角最小的炮孔适当加密，爆破后即可形成拉底空间。扩漏法与浅孔法相同。

此外，一些矿山采取如图 7-21 所示的预先切顶措施，来消除最上一分段上向落矿炮孔爆破时对顶柱稳定性的影响。在矿体的中部顶柱下檐沿矿房的长轴方向开切顶巷道 1，在切顶巷道两帮布置切顶炮孔 2，回采工作面落矿前爆破切顶炮孔形成切顶空间 3。切顶只需超前回采工作面 1~2 排落矿炮孔即可。

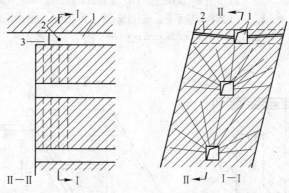

图 7-21　预先切顶措施
1—切顶巷道；2—切顶炮孔；3—切顶空间

C　回采工作

大量回采是以切割立槽、拉底空间为自由面，通过爆破分段凿岩巷道中的上向炮孔来实现。现在各矿山多是用扇形炮孔落矿，使用平柱式凿岩机凿岩，孔径 60~75mm，最小抵抗线 1.5m 左右，孔底距 1.5~2.0m，孔深不超过 20m，每次爆破一排或几排炮孔。当补偿空间足够大时，应尽量采用多排孔微差爆破，以提高爆破质量。爆下的矿石一般不在空场中贮存，及时经二次破碎底部结构放出。

通风工作比较简单，目前绝大多数矿山是把落矿炮孔全部凿完后再分次爆破落矿，因此不管是单侧还是双侧推进工作面的矿房都由上风向方向的通风人行天井进风，清洗工作面后由下风向方向的通风人行天井回风，如图 7-22 所示。在顶柱中央开凿回风天井会破坏顶柱稳固性，如图 7-22（b）所示，现一般不采用，双侧推进仍采用图 7-22（a）所示的通风方式。

7.4.1.2　垂直走向布置矿块分段落矿阶段矿房采矿法

当开采厚度大的矿体，为减少矿房采空区尺寸，可将矿块垂直矿体走向布置，矿房长即为矿体的水平厚度，宽为 15~20m，有时可达 25m。其矿块构成要素、采切工程、回采工艺，皆与沿走向布置矿房分段落矿矿房采矿法相似。

图 7-23 为某矿垂直走向布置矿房分段落矿矿房采矿法。矿体赋存于透辉石岩层中，矿石围岩极稳固，$f = 14~16$，云母矿带厚度达 45m，矿体倾角 60°，阶段高为 31m，矿房宽为 12m，房间矿柱宽 8m，顶柱高 6m。采用装矿机出矿平底底部结构。

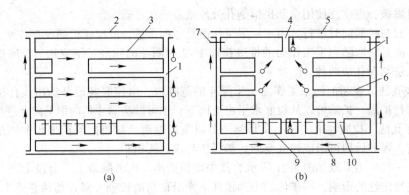

图 7-22　分段落矿阶段矿房采矿法采场通风示意图
(a) 工作面单侧推进；(b) 工作面双侧推进
1—天井；2, 5—上阶段运输平巷；3—切顶巷道；4—顶柱；6—分段巷道；
7—风门；8—本阶段运输巷道；9—电耙巷道；10—漏斗颈

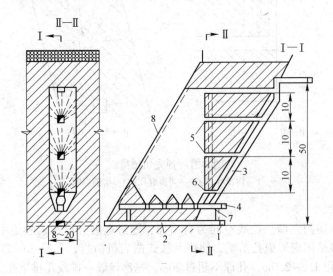

图 7-23　某矿垂直走向布置矿房分段落矿矿房采矿法
1—运输平巷；2—运输横巷；3—分段横巷；4—切割天井；5—天井；
6—通风横巷；7—通风平巷；8—装矿短巷

　　阶段运输平巷 1 布置于脉内，在间柱底部布置运输横巷 2，矿房内布置两条分段横巷 3。采用 BA-100 型潜孔钻机在分段横巷内钻凿扇形深孔。切割槽布置在矿体下盘，回采工作面由下盘向上盘推进，采下矿石落入平底底部结构，在装矿短巷 8 中用装矿机装矿，经运输横巷 2 至运输平巷 1 运走。

7.4.2　水平深孔落矿阶段矿房采矿法

　　水平深孔落矿阶段矿房采矿法根据凿岩工作地点不同有硐室落矿、天井落矿、凿岩横巷落矿三种方案。
　　天井落矿是将天井布置在矿房内，由天井向四周钻凿水平扇形深孔，然后由下而上逐层落矿。由于靠近上盘、下盘与间柱处爆破自由面不甚充分，而且孔底距大，炮孔末端直径又较小，致使该处装药量相对减小，不能充分爆落矿石而使矿房面积逐层减小。此外，每次爆破前必须由上向下修理上次爆破损坏的天井台板，费工费时费料不安全。因此，使用此方法的矿山不多。

凿岩横巷落矿方案由于采切工作量大，也使用不多。这里，着重介绍凿岩硐室落矿方案。

在凿岩天井内每隔一定高度布置凿岩硐室。凿岩天井的位置与数量对提高凿岩效率和矿石回收率、减少采切工程量有较大影响。确定天井位置和数量时既要求炮孔的深度不应过大，又要求落矿范围符合设计要求，防止矿房面积逐渐缩小。采用中深孔凿岩机时，孔深一般不超过 10~15m，深孔凿岩则不超过 20~30m。一般凿岩天井多布置在矿房两对角或四角及间柱内。

水平深孔落矿阶段矿房采矿法典型方案如图 7-24 所示。

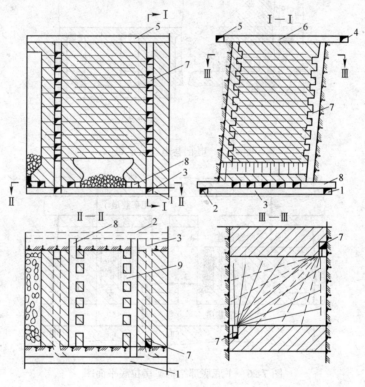

图 7-24 水平深孔阶段矿房采矿法

1—下盘运输平巷；2—上盘运输平巷；3—运输横巷；4—下盘通风平巷；5—上盘通风平巷；
6—通风横巷；7—凿岩天井；8—电耙道；9—放矿口

7.4.2.1 矿块构成要素

水平深孔落矿阶段矿房采矿法由于工人是在专用的巷道或硐室内作业，而且顶柱是在矿房最后一个分层落矿后才暴露出来，因此可以采用较大的矿房尺寸。

水平深孔落矿量大，大块产出率高，故常用平底二次破碎底部结构。

7.4.2.2 采准切割

在间柱下部掘进运输横巷 3，将上、下盘的脉外运输平巷 1、2 贯通，形成环形运输系统。在运输平巷的上部掘进两条电耙道 8，在电耙道中每隔 6~8m 掘进放矿口 9 连通矿房底部的平底，形成二次破碎平底底部结构。凿岩天井 7 在间柱中矿房对角线的两端，凿岩天井旁的凿岩硐室垂直距离为 6m，两天井的凿岩硐室交错布置。为保证凿岩硐室的稳固，上下相邻两凿岩硐室的投影不应重合。

第一排水平深孔的爆破补偿空间是平底底部结构的拉底空间，其拉底方法如图 7-25～图 7-27所示。

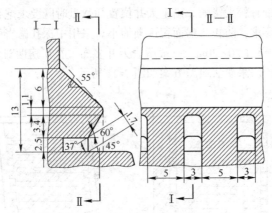

图 7-25　电耙巷道及放矿口

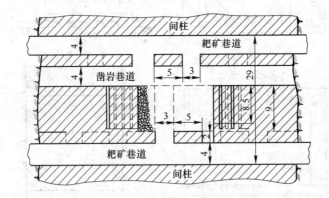

图 7-26　平底底部结构矿房拉底平面图

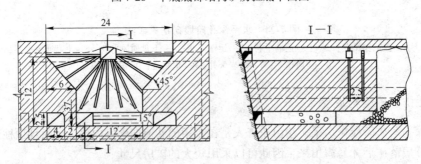

图 7-27　平底底部结构矿房拉底第二步骤

电耙道的上部留有梯形保护檐。电耙道、放矿口的规格、位置应满足电耙耙矿的要求。两放矿口之间留有 5m×2m 的矿柱，以增加保护檐的强度，如图 7-25 所示。

拉底工作分两步进行。先在一条电耙道的侧方开掘与其平行的凿岩巷道，垂直凿岩巷道在矿房中部开切割巷道，以切割巷道为自由面，爆破在凿岩巷道中布置的水平深孔形成第一步骤的拉底空间，如图7-26所示。于电耙道中每隔8m开放矿口，两条电耙道的放矿口交错布置，以利放矿。在电耙水平上部约12m处沿矿房长轴方向开掘第2条拉底凿岩横巷，如图7-27所示，自第一步骤拉底水平中心，向上开凿切割天井连通凿岩横巷，然后用下向深孔将其扩大成垂直凿岩横巷的切割自由面，并将矿石全部放出。最后，沿凿岩横巷分次逐排爆破下向扇形深孔，形成整个拉底空间。

7.4.2.3　回采工作

使用YQ-100型凿岩机钻凿水平扇形深孔，最小抵抗线3m左右，孔底距2.85~3.9m。为保护底柱及适应拉底补偿空间的需要，初次爆破1~2排为宜，以后可适当增加爆破排数。凿岩硐室的规格应满足操作钻机的需要，通常高为2.2~2.4m，长度与宽度不小于3m。

水平扇形深孔常用的布置方式有如图7-28所示的几种：

（1）下盘单一布置。天井布置于矿房下盘的中央，在每个硐室内打两排炮孔。这种布置，天井、硐室的掘进、维修工作量小，但不易控制上盘与间柱方向的矿房界线。

（2）上下盘对角式。天井布置于间柱内，硐室对角布置。这种布置，容易控制矿房边界，天井今后可作回采矿柱之用，每个硐室仍需打两排炮孔。

（3）上下盘对角与中央混合式。这种布置为上两种布置的混合使用，容易控制矿房边界，每个硐室只钻一排孔，落矿爆破对天井的破坏小，两侧天井仍可用于矿柱回采。此方案掘进工程量大。

（4）下盘对称式。这种布置对下盘边界控制较好，其他同（2）。

（5）下盘对称与中央混合式。这种布置对下盘控制最好，其他同（3）。

（6）上下盘对角交错式。这种布置一个硐室只钻一排孔，交错控制矿房边界，效果好，但炮孔长度大，易产生偏斜，矿房长度不大时常用这种布置。

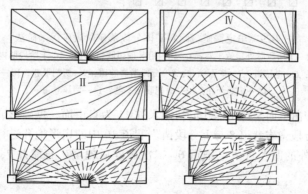

图7-28　水平扇形深孔排列形式

矿山经验表明，靠近矿房上盘的矿石较易崩落，即使落矿时未能崩落，在放矿过程中往往也会与围岩一起片落，故靠近上盘的矿石损失较小，而下盘未崩下的矿石则易形成永久损失。因此，选择炮孔布置方式时应考虑有利于控制下盘边界，并且使与下盘相交的炮孔超出矿体边界0.2~0.3m。

矿房落矿炮孔通常一次钻凿完毕，而后分次爆破。分次爆破的间隔时间不宜过长，以免炮孔变形。矿柱若用大爆破回采，则其落矿炮孔应与矿房回采炮孔同时凿完，矿房矿石放完后，间柱、顶柱与上阶段矿房底柱同期分段爆破。

7.4.3　其他形式阶段矿房采矿法

7.4.3.1　缓倾斜矿体分段落矿阶段矿房采矿法

缓倾斜矿体使用分段落矿阶段矿房采矿法，只有在下盘布置脉外放矿底部结构才有可能。牟定铜矿缓倾斜矿体分段落矿阶段矿房采矿法，如图 7-29 所示。矿房宽为 12m，每两个矿房为一个采场，跨度为 24m，采场之间留有 5m 的矿壁，采场斜长为 50~60m，使用 YGZ-90 型凿岩机上向扇形中孔落矿，孔深一般在 10m 以内，最小抵抗线 1~1.2m，孔底距 1.5~1.8m，多段微差非电起爆。

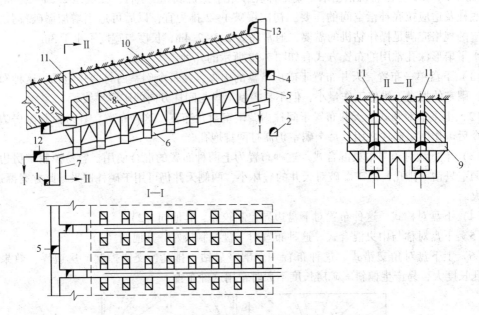

图 7-29　牟定铜矿缓倾斜矿体分段落矿阶段矿房采矿法

1—脉外运输平巷；2—上阶段脉外运输平巷；3—脉内沿脉通风联络平巷；4—上阶段脉内沿脉通风联络平巷；
5—人行通风天井；6—电耙道；7—矿石溜井；8—分段凿岩巷道；9—切割平巷；10—上分段凿岩巷道；
11—切割天井；12—电耙联络平巷；13—回风巷道

在切割平巷 9 中凿上向平行中深孔以切割天井 11 为自由面，爆破形成切割立槽。以切割立槽为自由面爆破分段凿岩巷道 8 与上分段凿岩巷道 10 中的扇形炮孔进行落矿，崩下的矿石通过布置在下盘脉外的漏斗进入电耙道 6，二次破碎后耙至矿石溜井 7，经脉外运输平巷 1 运出。

7.4.3.2　倾斜深孔落矿爆力运搬阶段矿房采矿法

开采倾斜矿体，矿石不能沿采场底板自溜运搬。此时，可凭借炸药爆破时的能量将矿石抛运一段距离，矿石便可借助动能与位能沿采场底板滑行、滚动进入重力放矿区。爆力运搬的采场结构如图 7-30 所示，这种采场结构可避免人员进入空区作业及在底盘布置大量漏斗。

图 7-31 为某铜矿倾斜中孔落矿爆力运搬阶段矿房采矿法。矿体赋存于片岩与厚层大理岩接触带之中，为细脉浸染型透镜状中厚矿体，矿体厚度 10m，倾角 45°。矿石为矿化大理岩，节理发育，断层较多，中等稳固，$f=8~10$。顶板为黑色片岩或钙质云母片岩，中等稳固，$f=6~8$。底板为厚层大理岩，中等稳固，$f=8~10$。

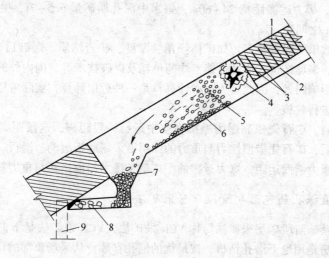

图 7-30 爆力运搬采场结构示意图

1—矿体；2—凿岩上山；3—炮孔；4—正在爆炸的药包；5—抛掷中的矿石；
6—滑行、滚动中的矿石；7—重力放矿区；8—铲运机；9—溜矿井

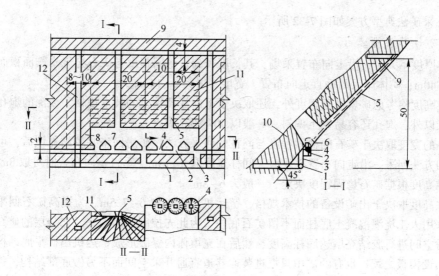

图 7-31 某铜矿阶段矿房爆力运搬采矿法

1—脉外运输平巷；2—电耙道；3—溜矿井；4—漏斗；5—凿岩上山；6—切割平巷位置；
7—矿房；8—间柱；9—顶柱；10—底柱；11—扇形孔；12—天井

阶段高 50m，矿块沿走向布置，长 50m，间柱宽度 8~10m，矿块斜长 55~70m，顶柱厚度为 4~6m，漏斗电耙道底部结构，漏斗间距 5~6m。

在矿体下盘布置脉外运输平巷 1，间柱内布置矿块天井 12，溜矿井 3 的上部开电耙道 2，在拉底水平布置切割平巷 6，矿房内布置两条凿岩上山 5。

补充切割为扩漏与拉底。先形成垂直矿体走向的小切割立槽，再爆破拉底巷道中的扇形中深孔形成拉底空间。斗颈内打的扩漏炮孔与拉底炮孔同期先爆。

扇形中深孔落矿，炮孔排面垂直矿体的倾斜面，孔径 68~72mm，最小抵抗线 2.2~2.6m，

每次爆破 2~3 排孔，爆力运搬距离 24~60m，每米中深孔崩矿量 6.5~7t，抛掷爆破炸药量控制在 0.27~0.32kg/t 之间。

影响爆力运搬效果的因素甚多，如矿体倾角、厚度、矿岩性质、爆破后矿石的块度形状、采场底板光滑程度、采场结构、炸药性能、炸药单耗及爆破技术等。国内外的各种理论计算都不可能包括所有的影响因素，因此爆力运搬计算只是一种近似计算，实际应用时，需经试验或根据矿山实际情况进行校核。

爆力运搬矿石时，矿石先依靠爆力抛掷在空中运行一段距离，这段距离称为爆力斜面运距。落到采场底板后，矿石凭借惯性力与重力的作用沿采场底板滚动、滑行一段距离才静止下来，这段距离称为重力斜面运距。爆力运搬的距离就是爆力斜面运距与重力斜面运距之和。

7.4.3.3　垂直深孔药包落矿阶段矿房采矿法

垂直深孔药包落矿阶段矿房采矿法简称 VCR 采矿法，VCR 采矿法是下向深孔大孔径球状药包落矿，阶段矿房是用地下潜孔钻机，按最优的网孔参数，从采场顶部的切顶凿岩空间向下打垂直、倾斜的平行大直径深孔或扇形深孔，直通采场的拉底层。然后，用高密度、高威力、高爆速、低感度的炸药，以装药长度不大于药包直径 6 倍的所谓"球状药包"自下而上的顺序向下部拉底空间分层爆破落矿，然后用高效率的出矿设备，将爆下的矿石通过下部巷道全部运出。

VCR 采矿法典型方案如图 7-32 所示。

A　矿块构成要素

矿体厚度不大时，沿走向布置采场，其长度视围岩稳固程度与矿石允许暴露面积而定，一般为 30~40m；矿体厚大则垂直走向布置，宽度一般为 8~14m。

阶段高度除考虑矿岩稳固程度外，还取决于下向深孔钻机的技术规格。太深的炮孔，除凿岩效率低以外，炮孔还容易发生偏斜，一般以 40~80m 为宜。

间柱的宽度取决于矿石的稳固程度与间柱的回采方法：矿房回采并胶结充填后，可用与矿房相同的方法回采。沿走向布置矿块时，间柱宽度取 8~14m，垂直走向布置时可取 8m。

顶柱高度根据矿石稳固程度决定，一般为 6~8m。

底柱高度取决于出矿设备的技术规格，铲运机出矿可取 6~7.5m。为提高矿石回采率，有的矿山采用人工浇灌混凝土底柱而不留矿石底柱。为此先拉底和回采一、二分层的矿石全部出空，并对空间进行胶结充填达底柱高度，然后在充填体内爆破形成铲运机出矿平底结构，从而免除了架设模板之烦。也有的矿山只掘进装运巷道直通开采空间而不另做底部结构，待整个矿房矿石出完后，再用无线遥控铲运机进入采空区，铲出原拉底空间残留的矿石。

B　采准切割

在顶柱下面开凿凿岩硐室 1，硐室的长应比矿房长 2m，硐室的宽应比矿房宽 1m，以便钻凿边界孔时安装钻机。凿岩硐室为拱形断面，墙高 4m，拱顶全高 4.5m。用管缝式全摩擦锚杆加金属网护顶，锚杆长 1.8~2m，梅花形布置，网度为 1.3m×1.3m。

采用铲运机出矿，由下盘运输巷道 6 掘进装运巷道 7 通达矿房底部拉底层，与拉底巷道贯通。装运巷道间距 8m，巷道断面为 2.8m×2.8m，转弯曲率半径为 6~8m。为使铲运机在直道中铲装，装运巷道长度不得小于 8m。

当采用垂直扇形深孔落矿时，如图 7-33 在顶柱下掘进凿岩平巷，便可向下钻凿炮孔。切割工作只有一条拉底巷道。

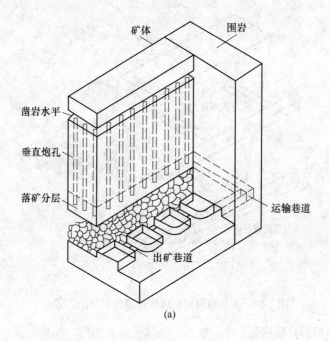

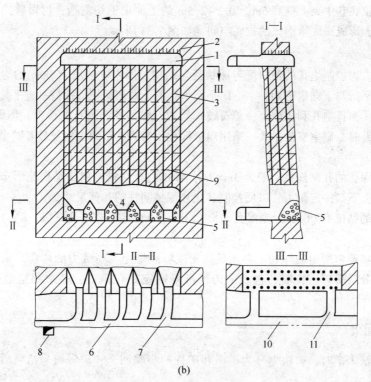

图 7-32 下向垂直深孔球状药包落矿阶段矿房法
1—凿岩硐室；2—锚杆；3—钻孔；4—拉底空间；5—人工假底柱；6—下盘运输巷道；
7—装运巷道；8—溜井；9—分层崩矿线；10—进路平巷；11—进路横巷

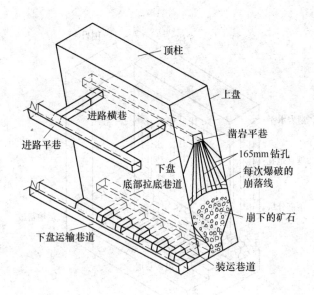

图 7-33　下向扇形深孔球状药包落矿阶段矿房法

VCR 采矿法的切割只有拉底一项，使用铲运机平底结构时，拉底高度一般为 6m。当留矿石底柱时，在拉底巷中央上掘高 6m、宽 2~2.5m 的上向扇形切割槽，再爆破拉底巷道中的上向扇形中深孔，形成平底堑沟式的拉底空间，如图 7-33 所示。

C　回采工作

深孔凿岩。为控制炮孔的偏斜度与球状药包结构，国内外多用 165mm 的炮孔落矿。炮孔的排列有下向平行与下向扇形两种。下向平行炮孔能使两侧间柱面保持垂直平整，为间柱回采创造良好条件，而且炮孔利用率高，矿石破碎均匀，容易控制炮孔的偏斜。但硐室开挖量大，当矿石稳固性差时，硐室支护量大。采用扇形深孔，凿岩巷道的工程量显著减小，在回采间柱时可考虑采用。

下向平行深孔的孔网规格一般为 3m×3m，各排炮孔交错排列或呈梅花形布置，周边孔适当加密，并距上下盘一定距离，以便控制贫化和保持间柱的几何尺寸。

凿岩使用的钻机有 DQ-150j 型潜孔钻机、KQG-160 型履带式潜孔钻机、KY-170 地下牙轮钻机等。

爆破。球状药包所用的炸药，必须是高密度、高爆速、高威力的炸药。采场可单分层落矿，也可以多分层落矿。装填药包之前为了准确确定药包重心，必须测量炮孔深度并堵塞孔底。

7.5　矿柱回采

应用空场法采矿时，矿块划分为矿房和矿柱两步骤回采，矿房回采结束后，要及时回采矿柱。

矿柱回采方法主要取决于已采矿房的存在状态。当采完矿房后进行充填时，广泛采用分段崩落法或充填法回采矿柱。采完的矿房为敞空时，一般采用空场法或崩落法回采矿柱。空场法回采矿柱用于水平和缓倾斜薄到中厚矿体、规模不大的倾斜和急倾斜盲矿体。

用房柱法开采缓倾斜薄和中厚矿体时，应根据具体条件决定回采矿柱。对于连续性矿柱，可局部回采成间断矿柱；对于间断矿柱，可进行缩采成小断面矿柱或部分选择性回采成间距大的间断矿柱。采用后退式矿柱回采顺序，运完崩落矿石后，再行处理采空区。

规模不大的急倾斜盲矿体，用空场法回采矿柱后，崩落矿石基本可以全部回收。此时采空区的体积不大，而且又孤立存在，一般采用封闭法处理。

崩落法用于回采倾斜和急倾斜规模较大的连续矿体，在回采矿柱的同时崩落围岩（第一阶段）。用崩落法回采矿柱时，应力求空场法的矿房占较大的比重，而矿柱的尺寸应尽可能小。崩落矿柱的过程中，崩落的矿石和上覆岩石可能相混，特别是崩落矿石层高度较小且分散，大块较多，放矿的损失贫化较大。

图 7-34 为用留矿法回采矿房后所留下矿柱的情况。为了保证矿柱回采工作安全，在矿房大放矿前，打好间柱和顶底柱中的炮孔。放出矿房中全部矿石后，再爆破矿柱。一般先爆间柱，再爆顶底柱。

矿房用分段凿岩的阶段矿房法回采时，底柱用束状中深孔，顶柱用水平深孔，间柱用垂直上向扇形中深孔落矿，如图 7-35 所示。同次分段爆破，先爆间柱，后爆顶底柱。爆破后在转放的崩落岩石下面放矿，矿石的损失率高达 40%~60%。这是由于爆破质量差、大块多、部分崩落矿石留在底板上面放不出来、崩落矿石分布不均（间柱附近矿石层较高）、放矿管理困难等原因造成的。

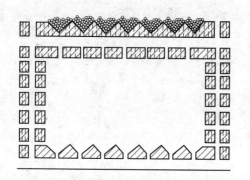

图 7-34 留矿法矿柱回采方法

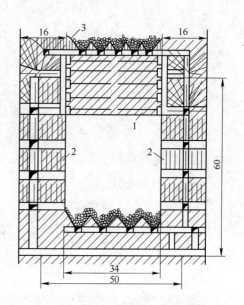

图 7-35 阶段矿房法矿柱回采
1—水平深孔；2—垂直扇形中深孔；3—束状中深孔

为降低矿柱的损失率，可采取以下措施：

（1）同次爆破相邻的几个矿柱时，先爆中间的间柱，再爆与废石接触的间柱和阶段间矿柱，以减少废石混入。

（2）及时回采矿柱，以防矿柱变形或破坏，或不能全部装药。

（3）增加矿房矿量，减少矿柱矿量。例如，矿体较大或开采深度增加，矿房矿量降低40%以下时，则应改为一个步骤回采的崩落采矿法。

复习思考题

7-1　什么是空场采矿法?

7-2　空场采矿法有何特点?

7-3　比较全面法与房柱采矿法的采准方法有什么异同?

7-4　留矿采矿法留矿堆有什么作用?

7-5　留矿采矿法回采工艺过程是怎样的?

7-6　房柱采矿法回采工艺过程是怎样的?

7-7　全面采矿法回采工艺过程是怎样的?

7-8　分段矿房法回采工艺过程是怎样的?

7-9　阶段矿房法回采工艺过程是怎样的?

7-10　矿柱回采的方法是如何确定的?

7-11　降低矿柱损失率的措施有哪些?

8 充填采矿法

随着工作面的推进，用充填料充填空区进行地压管理的采矿方法称为充填采矿法。充填体起到支撑围岩、减少或延缓采后空区及地表的变形与位移。因此，它也有利于深部及水下、建筑物下的矿床开采。充填法中的矿柱可以用充填体代替，所以用充填法开采矿床的损失、贫化率可以是最低的。国内外在开采贵重、稀有、有色及放射性矿床中广泛应用充填采矿法。

充填采矿法按工作面的类型及其工作面推进方向不同，分为单层充填采矿法、上向分层充填采矿法、下向分层充填采矿法、分段充填采矿法、阶段充填采矿法、方框支柱充填采矿法及分采充填采矿法；按充填料的性质不同充填采矿法分为干式充填采矿法、水砂充填采矿法、尾砂充填采矿法和胶结充填采矿法；按回采工作面与水平面的夹角不同可分为水平回采、倾斜回采和垂直回采三种；按回采工作面的形式不同又分为进路回采方案、分层回采方案、分段回采方案与阶段回采方案。

充填采矿法一般用于开采矿石中等稳固以上、围岩稳固性差的矿体，或用于围岩虽稳固，但地表需保护不允许崩落的矿山。

8.1 单层充填采矿法

单层充填采矿法多用于开采水平微倾斜和缓倾斜薄矿体，或者上盘岩石由稳固到不稳固、地表或围岩不允许崩落的矿体。

8.1.1 单层壁式充填采矿法

湘潭锰矿的单层充填采矿法可作为典型，如图8-1所示。湘潭锰矿矿床为外生浅海相沉积碳酸锰矿床，矿体厚度为1.8~2.5m，倾角25°~30°，矿石稳固，有少量夹石层。直接顶板为震旦纪叶片状黑色页岩，厚3~127m，不透水，但含黄铁矿，易氧化自燃，$f=2~5$，易崩落。直接顶板的上部为富含裂隙水的砂质页岩，厚70~200m，不允许崩落。直接底板为黑色页岩，其下部为砂岩，稳固性较好。

阶段高20~30m，矿块沿倾斜长度不大于40~50m，以不超过电耙耙运有效距离为原则；工作面沿走向可以连续推进，不留矿柱，故矿块沿走向的长度原则上可不限制，但为增加阶段内同时回采的矿块数多取60~80m。

8.1.1.1 采准切割

因矿体下盘起伏不平，故阶段运输巷道布置在下盘脉外。距矿体底板8~10m，每隔20~40m掘进溜矿井7，切割巷道6沿矿体底板掘进，并连通各矿石溜井作为人行、通风、排水等之用。每个矿块自切割巷道的溜井上口处沿矿体的底板逆倾斜开切割上山，与上部脉内平巷2贯通，切割上山的高度应与矿体厚度相等。上部脉内平巷2除为本阶段充填安装管道以外，还作为回风、材料及人行通道。尚未出矿的溜矿井作采场的进风与人行通道，亦可在适当的位置布置双格井，其中一格用于溜矿。

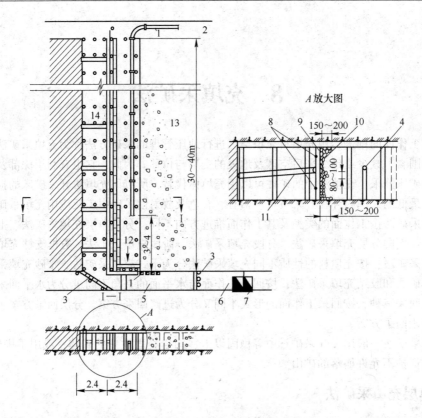

图 8-1　湘潭锰矿单层壁式充填采矿法

1—注砂管；2—上部脉内平巷；3—半截门子；4—帮门子；5—工作面沉淀池；6—切割巷道；7—溜矿井；
8—钢丝绳；9—砂帘子；10—木板钉条；11—横撑；12—泄水方向；13—充填区；14—空顶区

8.1.1.2　回采

回采由切割上山与切割巷道的相交部位开始。由于顶板稳固性差且易氧化自燃，因此回采工作面未沿壁式全长落矿，而是逆倾向以宽 1.2m 的小断面推进，孔深 1m 左右，每次推进 2m。崩下的矿石用电耙运搬，先将矿石耙至切割平巷，再转耙至出矿溜井。

支柱需紧跟工作面，落矿后立即支护。最大悬顶距为 4.8m，充填步距 2.4m，控顶距 2.4m，支柱间距 0.7~0.9m，排距为 1.2m。

8.1.1.3　充填

充填采用水砂充填，充填料是自采石场采下并破碎至-40mm 的碎石。充填前的准备工作包括清理待充场地、建滤水密闭结构、架设充填管道等。矿山称滤水设施为堵砂门子，其作用是将充填料拦截于计划充填区内，而将水滤出。其中，隔离采矿工作面与充填空间的堵砂门子称为帮门子，隔离充填空区与切割平巷的堵砂门子称为堵头门子。

堵头门子由立柱墙与砂帘子组成。帮门子的立柱墙是在原有的两根立柱之间补加一根立柱；而堵头门子的立柱墙是密集立柱。立柱墙均需在外侧用横撑加固，必要时还要用废钢丝绳进一步加固。立柱墙内钉滤水帘子，滤水帘子由高粱杆、稻草、芦苇等材料编织而成，挂在立柱墙上用竹条或木条钉紧。顶梁与顶板之间的缝隙需用碎帘子或稻草堵严实。为防止跑砂，底板处需将帘子折回 0.2m。此外，还有半截门子，用于控制水流方向或进一步拦截泥砂，这种门子只需在立柱墙的下半部钉砂帘子即可。

　　充填是逆倾斜分段进行的，先自下而上分段拆除立柱，再分段进行充填。分段拆柱与分段充填的长度应视顶板稳定程度决定。若不分段充填则支柱难以回收。一般几个小时至一个班就可完成一个步距的充填工作。

8.1.2 单层削壁充填采矿法

　　矿石品位较高的薄矿体，为保证开采时的正常工作空间宽度，必然要采下部分围岩，若将废石与矿石混合开采，在经济上不合理。此时可将矿石与围岩分别采下，矿石运走，岩石留在空区作为充填料。这种采矿方法称为分采充填采矿法或削壁充填采矿法。回采时，若矿石比围岩稳固则先爆破围岩，围岩比矿石稳固则先采矿石。

　　分采充填采矿法典型方案如图 8-2 所示。阶段高 30~50m，矿块长 50~60m，阶段运输平巷 6 沿矿脉掘进。矿块两端各布置一条三格天井 3，天井可以掘进形成，亦可以顺路架设，边部两格用来放矿，中间一格用于人行与通风。因为矿脉很薄，矿块内不留矿柱，通常掘进运输平巷时，同时进行拉底。

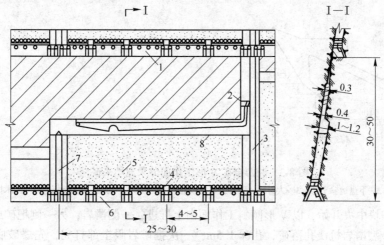

图 8-2　连续工作面分采充填采矿法

1—回风平巷；2—电耙绞车；3—矿块天井；4—放多余废石的溜口；

5—充填料；6—运输平巷；7—顺路天井；8—垫板

　　回采工作自下而上分层进行，用上向式凿岩机钻凿浅孔，同时将爆破矿石与围岩的炮孔凿完，然后分别爆破。爆破矿石前，应铺设隔离垫板，以防止矿石贫化损失。用人工运搬矿石时，可用木板、铁板、废运输带等作垫板；若用电耙运搬，最好的仍然是混凝土垫板。有的矿山为防止爆破粉矿过多落入充填料造成损失，采用小孔径间隔装药，松动爆破落矿。

　　先采矿石的工艺由下列工序组成：矿岩凿岩、爆破矿石、喷雾洒水、撬毛、运搬矿石、清理粉矿、拆板、爆破岩石、喷雾洒水、撬毛、平整充填料表面、铺板。

　　开采围岩的厚度最好既能满足回采工作空间的宽度需要，又正好填满采场空区。

　　湘西金矿为钨、锑、金共生中温热液充填石英脉矿床，矿体赋存于紫红色板岩的层间裂隙及羽毛状节理之中，矿体倾角 20°~38°，平均 26°。矿脉走向长 500~1500m，倾斜延伸 1500m 以上。矿体厚度东部平均 0.6m，西部平均 0.4m。矿石稳固，$f=10~12$，顶底板为紫红色板岩，断层节理发育，不稳固，$f=4~6$。矿岩接触明显，容易分离。地面有河流及建筑物，不允许陷落。

使用如图 8-3 所示的 V 形工作面分采充填采矿法。阶段高度 25m，采场斜长 50~57m，矿块长 50~60m，阶段巷道沿脉布置。为便于矿石运输，又布置了下盘运输平巷，并掘进放矿溜井及电耙绞车硐室等。采场边部掘进人行、通风天井。

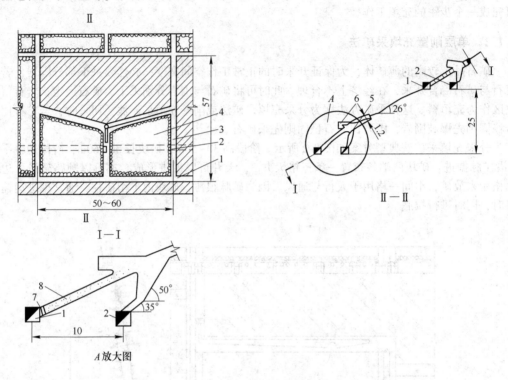

图 8-3　湘西金矿 V 形工作面分采充填采矿法

1—沿脉平巷；2—下盘运输平巷；3—人行通风天井；4—充填区；5—放矿漏斗；6—电耙硐室；7—圆木撑；8—充填料

回采自矿块中央开始，以 V 形倾斜工作面向上推进，一侧凿岩，另一侧耙矿或充填。

用 YT-25 型凿岩机浅孔落矿，孔深 1.5m，一次把矿岩眼全部打完，先爆破底板围岩，然后如图 8-4 所示人工干砌充填。若矿脉太薄或爆破围岩时易把矿石带下，也可采上盘岩石作为

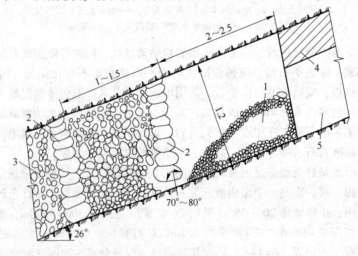

图 8-4　充填工作细部图

1—崩下的矿石；2—大块废石筑的石墙；3—充填的废石；4—矿脉；5—围岩

充填料,而把矿脉留在工作面的底部。

若矿脉太薄,为保证作业空间尺寸,采下的充填料过多,则可用电耙耙出一些;矿脉较厚,充填料不足,可采取间隔充填的方法,在空区内留下一些"巷道"以减少充填体积。

8.2 上向分层充填采矿法

上向分层充填采矿法的矿块多用房式回采。将矿块划分为矿房与矿柱,先采矿房后采矿柱;矿柱的回采是在阶段或若干矿房采完后进行的,视围岩或地表是否允许崩落,使用与矿房回采相同或不同的采矿方法。

回采自下而上分层进行,随着工作面的推进,用充填料逐层充填空区。充填体除支撑上下盘围岩、维护空区进行地压管理外,还作为继续上采的工作台。

上向分层充填采矿法按充填料的性质及其输送方法不同,分为干式充填方案、水力充填方案、胶结充填方案三种。

8.2.1 干式充填采矿法

干式充填采矿法的矿块布置方式,根据矿体厚度及矿岩稳固程度不同而定。当矿体厚度小于 10~15m 时,一般沿走向布置,矿体厚度大于 10~15m,垂直走向布置。但目前垂直走向布置矿块的充填法大多不用干式充填。

图 8-5 为干式充填采矿法典型方案图。

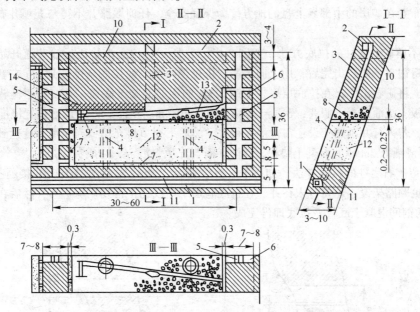

图 8-5 上向水平分层干式充填采矿法

1—阶段运输平巷;2—回风巷道;3—充填天井;4—放矿溜井;5—人行通风天井;6—联络道;7—隔墙;
8—垫板;9—电耙绞车;10—顶柱;11—底柱;12—充填料;13—崩下矿石;14—炮孔

8.2.1.1 矿块构成要素

矿房长 30~60m,宽为矿体的水平厚度,间柱的宽度取决于矿柱的回采方法、矿岩稳固程度及人行通风天井是否在间柱之中,一般为 7~10m。矿房的面积主要取决于矿石的稳固程度,矿石稳固时为 300~500m²，矿石极稳固时可达 800~1200m²。

阶段高度一般为 30~60m，加大阶段高度，可以增加矿房矿量，降低采切比及损失贫化率。但是，当矿体厚度不大而倾角变化大时会造成溜矿井的架设困难。溜井溜放矿石多，下部磨损大，维护困难。

无二次破碎底部结构，底柱高度一般为 4~5m，顶柱 3~5m。

8.2.1.2　采准切割

采准工程包括阶段运输巷道 1、矿块人行通风天井 5、联络道 6、充填天井 3 及溜矿井在底柱中的部分、回风巷道 2。

切割工程是在矿房拉底水平的中央沿采场的长轴方向掘进拉底平巷。

溜井的下部在底柱中的一段是掘进形成，空区内的部分是在充填料内顺路架设而成。采用木料支护时溜井断面为方形、矩形，用混凝土支护则为圆形。溜井短边尺寸或内径由溜放矿石的块度决定，一般为 1.5~1.8m。每个矿房的溜井数应不少于两个，爆破时应将落矿范围内的溜井上口盖住，而用另一个溜井出矿。溜井位置的确定以运搬矿石距离最小为原则。阶段运输巷道采用脉内布置形式，这样便于布置溜井。矿块人行通风天井设于间柱之中，并靠近上盘，以便将来改为回采间柱的充填天井。天井用联络道与矿房连通，上下两联络道的间距为 6~8m。

为了减少采切工程，也可以在充填料中顺路架设人行井，这样还能适应矿体的形态变化。充填天井一般不贮存充填料，故其倾角大于充填料自然安息角即可。为便于充填料的铺撒，充填天井应布置在矿房的中部靠上盘的地方。为保证安全，任何顺路井不得与充填井布置在同一垂面上。

（1）不留矿石底柱的拉底方法，如图 8-6（a）所示。拉底由阶段运输巷道开始，用浅孔扩帮到矿房边界，矿石出完后，用上向式凿岩机挑顶两次，使拉底高度达到 6m 左右。撬毛清理松石后，将矿石出完，在拉底层底板上铺 0.3m 的钢筋混凝土底板，并在原运输巷道的位置上架设模板，浇灌混凝土假巷，混凝土厚度为 0.3~0.4m。在溜矿井的设计位置浇灌放矿溜口及溜矿井，若人行井顺路架设还需浇灌人行井。然后下充填料充填，当充填高度达到假巷上部 1m 时，再浇灌 0.2m 厚的混凝土垫板，以防矿石与充填料混合，造成贫化损失。

（2）留矿石底柱的拉底方法，如图 8-6（b）所示。由运输巷道打溜矿井接通拉底巷道。若人行井也顺路架设，还要打人行井。在拉底巷道中用浅孔扩帮到矿房边界，然后在拉底层上铺 0.3m 的钢筋混凝土底板，拉底即告完成。

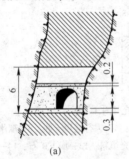
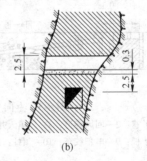

图 8-6　拉底方法

（a）不留底柱；（b）留底柱

不留矿石底柱的拉底方法，需浇灌人工假巷，工作量大，效率低，若阶段运输巷道为脉内布置，相邻采场互相干扰大，但避免了将来回采底柱的麻烦。

留矿石底柱的拉底方法简单、方便、效率高，但将来回采底柱困难，底柱回采安全性差、贫化损失率高。

8.2.1.3 回采及充填工作

大量回采是由下向上水平分层逐层回采，采完一层及时充填一层。回采一个分层的作业有凿岩爆破、洒水撬毛、矿石运搬、砌筑隔墙、接高顺路井、充填及浇灌混凝土垫板等，上述作业之总合叫做一个分层的回采循环。

回采分层高度为 1.5~2m。用上向式或水平式凿岩机浅孔落矿，前者可一次集中把分层炮孔全部打完，然后一次或分次爆破。上向孔凿岩工时利用率高，辅助作业时间少，大块产出率低，但打上向孔操作条件差，在节理发育的地方作业不够安全；整个分层一次爆破时，需拆除所有设备及管线，凿岩与运搬难以平行作业，所以用上向孔落矿时多采用分次爆破。水平孔落矿顶板平整，作业安全，凿岩与运搬可同时平行作业，但每次爆破矿石量少，辅助作业时间比重高。

矿石运搬使用电耙，电耙坚固耐用，操作简便，维修费用低，并可辅助铺撒充填料，但采场四周边角的矿石不易耙尽，需辅以人工出矿。此外，需在充填料上铺高强度的混凝土垫板，不然贫化损失增加。

为了防止将来回采间柱时，矿石与充填料相混，需预先将充填料与间柱分开。分开的方法是在矿房充填体与间柱之间浇灌或砌筑混凝土隔墙，隔墙的厚度为 0.5~1m。接高顺路井可与砌隔墙同时进行。为提高效率减轻劳动强度，一些矿山使用了先充填后筑墙的方法，即先用混凝土预制砖的干砌体构成隔墙的模板，然后开始采场干式充填。当充填至应充高度还差 0.2m时停止，由充填井下混凝土，同时浇灌隔墙、混凝土垫板及顺路井壁。

干式充填料为各种废石，要求含硫不能太高，无放射性，块度不超过 300~500mm，以便充填料的铺撒。

干式充填系统简单，由矿山废石场或采石场将充填料运至矿山充填井，下放至采场充填巷道（上一阶段运输巷道）水平，再由采场充填井下放至采场充填。混凝土可在采场充填巷道内搅拌后经采场充填井用管道送至工作面。

当厚度较小的矿体使用干式充填采矿法时，为便于或部分利用自重进行采场矿石及充填料的运搬，可将回采工作面变成倾斜的。按需要工作面可布置成单向倾斜或双向倾斜的形式，如图 8-7 所示。

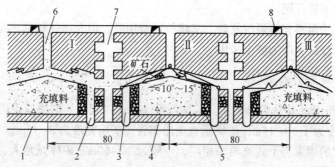

图 8-7 双向倾斜工作面采矿方法图

1—阶段运输平巷；2—漏斗；3—溜矿井；4—底柱；5—隔墙；6—充填天井；7—人行天井；8—穿脉巷道

也有的矿山如图 8-8 所示将采场划分为近 40°倾角的倾斜分层回采。充填料自上部充填巷道用无轨设备倒入充填地点，借自重铺撒，然后铺设倾斜混凝土垫板，进行落矿。采下矿石借自重落入下部阶段运输巷道，用无轨装运设备运走。整个采场形成无矿柱的连续回采。

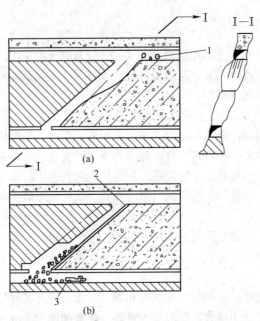

图 8-8　连续回采倾斜分层充填法
(a) 充填阶段；(b) 落矿阶段
1—自行充填车；2—垫板；3—自行装运设备

8.2.2　上向水平分层水力充填采矿法

水力充填是利用水力将充填料输送到充填地点，水滤出后，充填料填充于回采空间。水力充填的压头可以是自然压头，也可以是机械加压；充填线路可以是沟道、管道、钻孔或其组合。采用水力充填的采矿方法称为水力充填采矿法。水力充填采矿法也多将矿块划分为矿房和矿柱分别进行回采。

按充填料的种类不同，水力充填又分为水砂充填与尾砂充填两种。前者充填料为碎石、砂、炉渣等，后者为选厂尾砂。

水力充填采矿法虽然充填系统复杂，基建投资费用高，但充填体致密，充填工作易实现机械化，工人作业条件好，广为矿山采用。

8.2.2.1　矿块构成要素

图 8-9 为水力充填采矿法典型方案。矿体厚度小于 10~15m，矿块沿走向布置，矿块长为 30~60m；矿体厚度大于 10~15m，矿块垂直走向布置，矿房宽度为 8~15m。

影响阶段高度的因素与干式充填法相同，一般为 30~60m。矿体倾角大、矿体规整时，可选取较大的阶段高度。

间柱的宽度为 6~8m，矿岩稳固性差时取大值。阶段运输巷道布置在脉内时，需留顶柱，顶柱厚度为 4~5m；留矿石底柱时，底柱高 5m 左右。采用混凝土假巷时，可不留底柱。

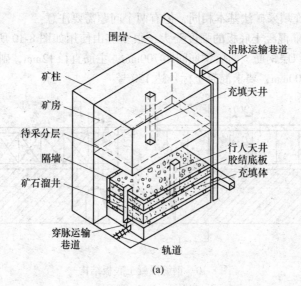

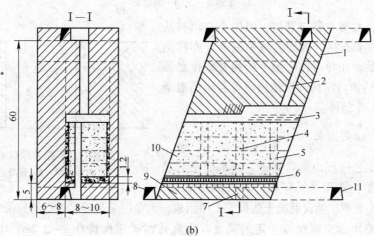

图 8-9 上向分层水砂充填法

1—顶柱；2—充填天井；3—矿石堆；4—人行滤水井；5—放矿溜井；6—主副钢筋；
7—人行天井联络道；8—沿脉巷道；9—穿脉巷道；10—充填体；11—脉外巷道

8.2.2.2 采准切割

在矿体的上下盘布置脉外沿脉运输巷道。为减少采切工程量，在矿房与矿柱的交界处布置穿脉运输巷道，形成穿脉装矿的环形运输系统。在矿房内布置一个充填天井、两个溜矿井和一个人行滤水井。溜矿井与人行滤水井的下部需穿过底柱，是掘进形成的，其余部分在充填料中随充填顺路架设而成。矿房面积较大时，需在拉底水平掘进拉底巷道。

溜矿井常用圆形断面，内径 1.2～2m。溜矿井可用预制混凝土构件或钢板溜井组成，采场的滤水井兼作人行井，在内部架设台板及梯子。也有矿山采用滤水塔滤水。滤水塔不兼人行，是用孔网为 150mm×150mm 的金属网或钢板网卷成直径 460mm 的圆筒，并用直径 100mm 的塑料管把滤水塔与排水井连通，用排水井排水。滤水塔外包金属丝网、尼龙纤维布、麻布等滤水材料。

切割工作与干式充填采矿法基本相同，但有两个问题需要注意：

（1）拉底层中钢筋混凝土底板的强度要大，很多矿山使用如图 8-10 所示的厚 0.8 ~ 1m 的钢筋混凝土底板，配双层钢筋。两层钢筋间距 700mm，主筋直径 12mm，副筋直径 6 ~ 8mm，平面上网格为 300mm×300mm；要求混凝土标号达 150 号。

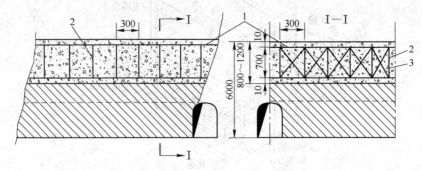

图 8-10　钢筋混凝土底板结构
1—主钢筋；2，3—副钢筋

（2）顺路天井要有锁口装置，以防止充填料从顺路天井与底柱矿石接合部的缝隙中流出（亦称跑砂）而造成事故。在井与拉底水平的相交部位必须设置如图 8-11 的锁口结构，该结构也可与钢筋混凝土底板浇灌成一个整体。

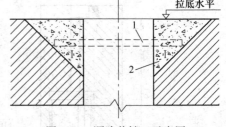

图 8-11　顺路井锁口示意图
1—钢架；2—混凝土

8.2.2.3　回采工作

大量回采工艺过程由凿岩爆破、洒水撬毛清理松石、矿石运搬、清理采场矿石、筑混凝土隔墙、加高顺路天井、充填、铺设混凝土垫板等工序组成。大量回采是逐层进行的，采完一层，及时充填一层，并使作业空间保持一定的高度：垂直孔落矿应保持在 2 ~ 2.2m，水平孔落矿可低些。

分层高度。加大分层高度可减少清场、铺设混凝土垫板的数量及浇灌混凝土隔墙的次数，有利于提高效率。但加大分层高度，使运搬及充填时采场空间高度加大，对采场的安全不利。

采用水平浅孔落矿时，分层高度一般为 1.8 ~ 2m。有的矿山矿石较稳固，先用上向中深孔落矿，然后再用水平浅孔光面爆破护顶，此时分层高度可达 4 ~ 5m。一些矿石很稳固的矿山，为了减少充填工艺的重复次数，回采两个分层的矿石后才充填一次，这种工艺称"两采一充"，此时出完矿的空场高度可达 6 ~ 8m。

为防止运搬矿石时，设备将充填料与矿石一起运走，造成矿石贫化，以及防止高品位粉矿落入充填料中造成损失，所以在充填料上必须铺设隔离垫板。目前多用浇灌混凝土及水泥砂浆形成垫板。

采场地压管理。回采空间靠充填料支撑或靠充填料强化矿柱与围岩自身支撑力进行支撑。采场顶板矿石欠稳时，可用锚杆局部支护。上盘局部不稳的也可用木料支撑。

8.2.2.4　充填

充填前应对充填管道、通信、照明等系统的线路进行检修，架设采场内的充填管道，加高顺路天井，修筑隔墙，进行采场设备的移运与吊挂。

主干管道多用钢管，采场管道可用内径 100~150mm 的塑料管。架设管线时要求平直，易装易拆，并能在一定范围内移动。为了检查管道是否通畅或漏水，充填前应先通清水 10min。充填时以充填天井为中心，由远而近分条后退。尾砂充填的最初落砂点应远离人行滤水井，以保证滤水井附近的尾砂有较粗的粒径和足够的渗透系数。充填高度为 3~4m 时，可分为 2~3 次完成。

每次充填结束，需用清水清洗管道 5~10min。整个充填过程中，砂仓、搅拌站、砂泵、管路沿线及采场内应有专人巡视，以便掌握系统运行及充填情况。

混凝土隔墙及顺路天井的砌筑方法有两种。第一种是先砌筑隔墙、接高顺路天井再充填，另一种是先充填再砌筑隔墙、接高顺路天井。前者，要架设模板，工人劳动强度大，材料（特别是木料）消耗大，而且充填完后还要再送一次混凝土供铺设垫板之用。因此，很多矿山使用混凝土预制砖干砌体代替隔墙模板和顺路天井的外侧模板，先充填，而后再浇灌隔墙、顺路天井并在充填料表面铺混凝土垫板。顺路天井内侧模板可使用质轻、耐用、安装拆卸方便的塑料模板。

红透山铜矿为黄铁矿型黄铜矿床，矿体厚度 5~20m，倾角 60°~70°，矿岩均稳固，采深已达 700~900m 以上。30 号矿体上盘断层、节理发育，稳固性有些差，矿石稳固。使用如图 8-12 所示的上向机械化分层尾砂充填采矿法开采。采场沿走向布置，采场长 130~160m，阶段高 60m，分层高 3m，开采时要求采场面积控制在 1600~2000m² 以内。

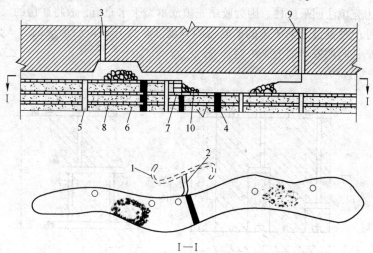

图 8-12 红透山铜矿机械化分层充填法示意图

1—采区斜坡道；2—采场联络道；3—充填天井；4—溜矿井；5—滤水井；6—尾砂；
7—尾砂草袋隔墙；8—混凝土垫板；9—充填管；10—废石堆垫的斜坡

在采场下盘距矿体 5~10m 处掘进坡度为 2% 的斜坡道 1，规格为 3.5m×3m，并用采场连络道 2 连通矿体；在采场 1/4 长的两端掘进充填天井 3 通达回风巷道。滤水井、溜矿井顺路架设。

用 YSP-45 型凿岩机钻凿上向倾斜炮孔，硝铵炸药，人工装填，分段分次爆破落矿。使用铲运机出矿，班纯作业时间 4h，平均台班效率 227t。出矿时，大块集中堆放一旁，班末二次爆破破碎。废石用铲运机剔除成堆，供充填用。矿石出完后，加高滤水井和溜矿井。滤水井用木料框架叠垛而成，净断面为 1.2m×1.2m，框间留有 50~60mm 的空隙，井框外包钢丝网、乙烯编织布和麻布各一层；溜矿井由钢板制成。分级尾砂充填，然后铺厚 0.5m 的尾砂混凝土，作为下一分层的工作面底板。

为提高效率，在铲运机进出口附近用草袋装尾砂砌隔墙 7。采场分成左右两半，分别进行采矿、出矿与充填作业。

8.2.3　胶结充填采矿法

用干式、水砂、尾砂充填料充填空区，虽可以承受一定的压力，但它们都是松散介质，受力后被压缩而沉降，控制岩移效果差。回采矿房时需砌筑混凝土隔墙、浇灌钢筋混凝土板，但回采矿柱时，隔墙隔离效果不理想，还需要建立水力充填料及混凝土输送的两套系统及排水、排泥设施。

目前，为更有效地控制岩移，保护地表，降低矿石损失贫化指标，国内外的矿山越来越多地采用胶结充填采矿法。使用胶结充填料进行充填的充填采矿法，称为胶结充填采矿法。

胶结充填的实质，就是在松散充填料中加入胶结材料，使松散充填料凝结成具有一定强度的整体，使之最大限度发挥控制地压与岩移、强化矿岩自身支撑能力的作用。目前最常用的胶结材料仍是硅酸盐水泥。

8.2.3.1　矿块构成要素

图 8-13 为胶结充填采矿法的典型方案。将矿块划分为矿房与矿柱，先用胶结充填法回采矿房，再用水力充填法回采矿柱。因为胶结充填成本高于水充填，故将矿房的尺寸设计得比矿柱小。矿房尺寸应根据被开采矿床的矿岩稳固程度及矿房开采以后形成的"人工柱子"能保证第二步回采矿柱时的安全需要来决定。

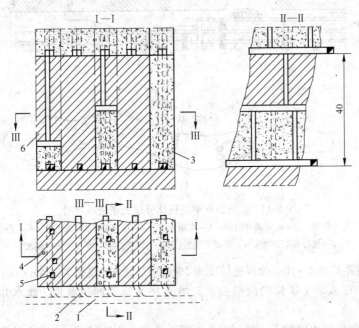

图 8-13　胶结充填采矿法典型方案

1—运输平巷；2—穿脉巷道；3—胶结充填体；4—溜矿井；5—人行井；6—充填天井

胶结充填采矿法多用于开采厚大矿体，因此，采场多垂直走向布置，阶段高度 40m，矿房宽度 6~8m，矿柱宽度 8~10m。矿房、矿柱的长度为矿体的水平厚度，可达 35~40m。顶柱厚度 4~6m；当留矿石底柱时，其高度为 5~6m。

8.2.3.2 采准切割

在下盘脉外掘进阶段运输平巷 1，然后在矿房中部掘进穿脉巷道 2，自每个矿房拉底水平掘进充填天井 6 贯通充填巷道。采用矿石底柱时，自穿脉巷道上掘两个溜矿井和一个人行井至拉底水平，在拉底水平掘进与采场长度相同的拉底巷道。

切割工作留矿石底柱时，自拉底巷道用浅孔扩帮至采场边界，即完成采场的拉底，拉底层的高度为 2~2.5m。采用人工底柱时自穿脉巷道扩帮至采场边界，矿石出完后，挑顶一层，使拉底高度不小于 5m。将矿石出完并清理干净后，在预留假巷及顺路井的位置架设模板，然后下胶结充填料充填，充填高度为 3m，分层作业空间高度约为 2m。

8.2.3.3 回采及充填

回采分层高度为 2~2.5m。为提高效率，减少辅助作业时间，在矿岩稳固程度允许的条件下，可以使用"两采一充"工艺。落矿多用上向浅孔；矿石稳固性差时，也可以使用水平浅孔落矿，但爆破、通风等耗用的总时间多。采场运搬可用无轨设备或电耙，或者是两者的配合。矿石运搬完后，若采场全断面一次充填，此时可将凿岩、运搬设备悬吊在工作面顶板上；若采场分成两段，一段出矿、一段充填时，可将设备移运至未充填的地方即可。

充填前，应将采场底板的粉矿清扫干净，这样做除可减少矿石损失外，还有利于两层混凝土的胶合。接高顺路井只需内侧单面架设模板，顺路井周围的胶结充填料需进行捣实。胶结充填料的水灰比合适时，人行井无需考虑兼作滤水之用。

采场充填工作，是利用胶结充填料自身的流动性及搅拌站与充填地点的高差，采取自流并辅以人工耙运来进行的。

为了保护地表和围岩，降低矿石的损失贫化，采场最后充填时，充填料必须紧密地接触采场顶板，才能有效承受地压，充分体现胶结充填的优点，这一工作称"接顶"。常用的接顶方法有两种，人工接顶与加压接顶。

用人工接顶时，沿采场的长度方向将最后一个分层需充填的空间分成 1~2m 宽的条带，在条带交界处按充填顺序架设模板，然后逐条浇注充填料。当充填至顶板 0.5m 时，改用浆砌块石或混凝土预制块接顶，将残留的空间全部填满。这种接顶方法可靠，但劳动强度大，效率低，木料消耗量大。

加压接顶是利用砂浆泵、混凝土泵、混凝土输送机等机械设备对胶结充填料加压，使之沿管道压入接顶空间。接顶充填前应对接顶空间进行密封，以防充填料流失，而且输送充填料管道的出口应尽量高些。这种方法简单易行，接顶压力高，接顶密实，劳动生产率高，木料消耗少，但投资费用高，接顶效果不易检查。

此外，体积较大的接顶空间，也可打垂直钻孔进行接顶充填。

8.2.3.4 实际应用

方案 1：斜坡道进入采场的上向分层全面胶结充填采矿法。矿块沿走向布置成平行四边形，矿块之间不留间柱，采用全面式回采顺序，如图 8-14 所示。

采切工作仅掘进阶段运输平巷 1、充填天井 3、切割平巷 4 及底柱中的矿石溜井。回采工作由矿房底部的切割巷道 4 开始向上层逐层回采。为使无轨运搬设备进入采场，在回采过程中利

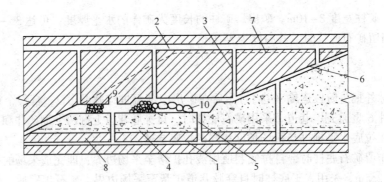

图 8-14　斜坡道进入采场的上向分层全面胶结充填采矿法

1—阶段运输平巷；2—阶段通风平巷；3—充填天井；4—切割巷道；5—矿石溜井；
6—斜坡道；7—顶柱；8—底柱；9—凿岩台车；10—铲运机

用充填体与回采工作面顶板之间的空间形成采场斜坡道 6。使用凿岩台车钻凿水平孔或向上孔落矿，崩下的矿石用铲运机装运至采场溜井 5。

这个方法充分利用采场作业空间作为无轨设备进出采场的通道，可大大减少采场的采切工作量。

方案 2：金川龙首矿上向水平分层胶结充填采矿法。龙首矿矿体厚大，矿石围岩均欠稳固，矿石为高价富矿，岩体及地表不允许陷落。使用如图 8-15 所示的上向水平分层胶结充填采矿法。

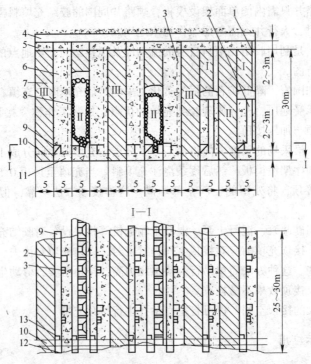

图 8-15　龙首矿上向水平分层胶结充填采矿法

1—充填井；2—顺路溜井；3—预留人行道；4—充填巷道；5—混凝土顶柱；6—已采矿房；7—未采矿柱；8—矿柱回采；
9—电耙道；10—上盘脉内运输巷；11—混凝土底柱；12—电耙硐室；13—装车小漏斗；

Ⅰ~Ⅲ—回采顺序

矿块垂直走向布置，矿房矿柱的宽度各为 5m，长为矿体的水平厚度，一般为 25~30m。矿山总结了回采矿石底柱费料费工费时、劳动强度大、回采率仅 60 万左右的经验教训而改用人工底柱，但需架设假巷模板，木料消耗多，施工周期长。

胶结充填中的粗细骨料为戈壁集料，剔除较大的卵石后其级配能满足充填料的需要，胶结剂为普通硅酸盐水泥。

矿房、矿柱的回采都不留顶柱，一直采至上阶段人工底柱下面，要求胶结充填接顶良好。矿房回采完毕，形成坚固的"人工柱子"，为矿柱回采创造条件。矿柱回采使用局部留矿的分段凿岩阶段矿房方案，采后一次胶结充填。

8.3 下向倾斜分层充填采矿法

下向水平分层充填采矿法在分层充填中很难做到密实接顶，充填料脱水后收缩，在充填料的上部常常留有 0.2~0.5m 的空隙，不能有效地控制地压、限制岩移。若采用加压充填消灭空隙，则需增加大量专用设备。为解决这一问题，也可采用下向倾斜分层充填。现用金川龙首矿下向倾斜分层充填采矿法作为典型方案，如图 8-16 所示。

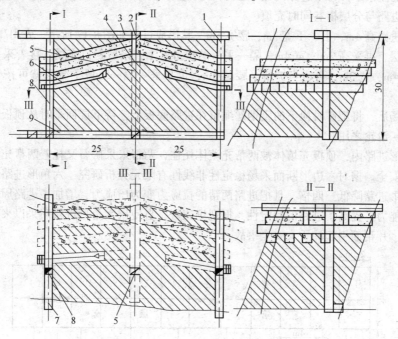

图 8-16 金川下向倾斜分层充填法

1—人行井；2—穿脉充填平巷；3—沿脉充填平巷；4—第三层充填巷道；5—充填井；
6—回采进路；7—分层横巷；8—溜矿井；9—沿脉运输巷道

龙首矿矿床生成于超基性岩体的中下部，呈似层状、扁豆状产出，富矿体的四周包裹贫矿体，矿体倾角 65°~80°，矿区断层、裂隙发育、矿石破碎，且受强烈风化的煌斑岩脉穿插、破坏。矿体厚度 30~100m，沿走向长 450~550m，矿石品位高，并含多种稀有、贵重金属。要求开采时尽可能地降低矿石损失率并保护远景贫矿资源。为此，金川龙首矿经过多年的探索，成功地使用了下向倾斜分层胶结充填采矿法。

（1）矿块构成要素。阶段高 30m。由于矿体厚大，矿块垂直走向布置。充填天井的一侧布置回采进路时，矿块长 25m，两侧布置进路时长 50m。

(2) 采准切割。在矿体近下盘处掘进沿脉运输巷道 9。沿走向每隔 50m 在矿块中开溜矿井，并用厚度为 4.5~6mm 的钢板全焊接护壁、钢板后充填混凝土。掘进充填天井 5 通穿脉充填平巷 2。上部分层开采后，充填井在胶结充填料中顺路形成，每分层垂直矿体走向掘进分层横巷 7，规格为 2.5m×2.5m，作为初始切割巷道。

(3) 回采及充填。分层高度为 2.5m。分层倾角视充填料的流动角而定，用细砂胶结充填为 3°~5°，用粗骨料胶结充填为 8°~10°。分层用进路回采，随采随充。回采进路垂直分层横巷布置，可以间隔回采，也可以依次回采。回采进路规格为 2.5m×(3~4)m。相邻两条进路共用一个充填小井，充填小井与穿脉充填平巷 2 连通。使用气腿式凿岩机浅孔落矿，30kW 电耙出矿。矿石经回采进路 6、分层横巷 7、溜矿井 8 落至沿脉运输巷道 9，用振动放矿机装车运出。因为上分层的充填料是胶结体，且铺了金属网。所以，回采进路不需再进行支护。

进路底板矿石清理干净后，在进路与分层横巷的结合部作木板隔墙，并用立柱加固，再钉上章袋、塑料编织布等滤水材料后开始充填。充填料经过沿脉充填平巷 3、穿脉充填平巷 2、充填小井进入待充进路，充填料的输送全用电耙。建滤水隔墙的目的是滤出充填前后清洗耙道而进入进路的多余水。每个进路的充填必须一次连续完成，不能多次充填，不然难以保证质量。最末的进路与分层横巷同时充填。

六角形进路高 4m，上、下宽 3m，腰宽 5m，其形成过程如图 8-17 所示。先用高 2.5m 的普通进路采两层，再采高 2m，宽 4m，隔一采一的预备层 Ⅰ，采后封口充填。接着采高进路护帮层 Ⅱ，采高 4m，宽 3m，再适当扩帮至腰宽 5m，也是采一隔一。以下分层就可按正常六角形断面开采。

采场平场后，将耙矿时换下的废钢丝绳留在进路底板上，待下层回采时从顶板露出来的钢丝绳供挂耙矿滑轮之用。

在六角形进路内，顶板充填体被两帮充填体托住，两帮未采矿石又托着两帮充填体，故可提高作业的安全。据对六边形断面采场稳定性非线性有限元分析研究，六角形进路的应力集中系数比正方形进路降低三四倍，且把进路两帮的拉应力变为压应力，增加了进路周围充填体与矿石的承载能力，提高了进路的稳定性。据现场调查，自使用六角形进路回采以来，采场从未发生因冒顶、片帮而引起的重大安全事故。

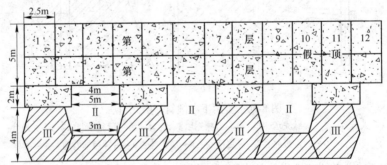

图 8-17　六角形进路形成过程

Ⅰ—预备层；Ⅱ—高进路扩帮；Ⅲ—六角形进路

8.4　矿柱回采

用两步骤回采的充填法（主要是上向分层充填法），在矿房回采后，矿房已为充填材料所充满，就为回采矿柱创造了良好的条件。在矿块单体设计时，必须统一考虑矿房和矿柱的回采方法及回采顺序。一般情况下，采完矿房后应当及时回采矿柱，否则矿山后期的产量将会急剧下降，而且矿柱回采的条件也将变差（矿柱变形或破坏巷道需要维修等），增加矿石损失。

矿柱回采方法的选择除了考虑矿岩地质条件外，主要根据矿房充填状态及围岩或地表是否允许崩落而定。

8.4.1 胶结充填矿房的间柱回采

矿房内的充填料形成一定强度的整体。此时，间柱的回采方法有上向水平分层充填法、下向分层充填法、留矿法和房柱法。

当矿岩较稳固时，用上向水平分层充填法或留矿法随后充填回采间柱，如图 8-18 和图 8-19 所示。为减少下阶段回采顶底柱的矿石损失和贫化，间柱底部高 5~6m，需用胶结充填，其上部用水砂充填。当必须保护地表时，间柱回采用胶结充填；否则，可用水砂充填。

留矿法随后充填采空区回采矿柱，可用于具备适合留矿法的开采条件之处。由于做人工漏斗费工费时，一般都在矿石底柱中开掘漏斗。充填采空区前，在漏斗上存留一层矿石，将漏斗填满后，再在其上部进行胶结充填，然后再用水砂或废石充填。

在顶板稳固的缓倾斜或倾斜矿体中，当矿房胶

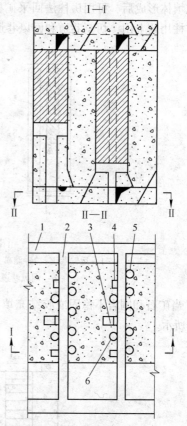

图 8-18　上向水平分层充填法回采矿柱
1—运输巷道；2—穿脉巷道；3—充填天井；
4—人行泄水井；5—放矿漏斗；6—溜矿井

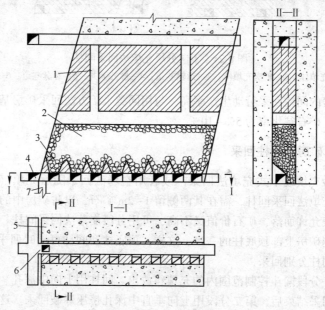

图 8-19　留矿法回采间柱
1—天井；2—矿石；3—漏斗；4—运输巷道；5—充填体；6—电耙巷道；7—溜矿井

结充填体形成后，可用房柱法回采矿柱，如图 8-20 所示。在矿房充填时，应架设模板，将回采矿柱用的上山、切割巷道和回风巷道等预留出来，为回采矿柱提供完整的采准系统。

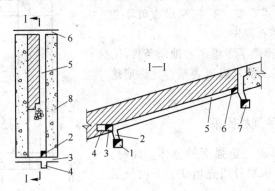

图 8-20　房柱法回采矿柱
1—运输巷道；2—溜矿井；3—切割巷道；4—电耙硐室；5—切割上山；
6—回风巷道；7—阶段回风巷道；8—胶结充填体

当矿石和围岩不稳固或胶结充填体强度不高时，应采用下向分层充填法回采间柱，如图 8-21 所示。

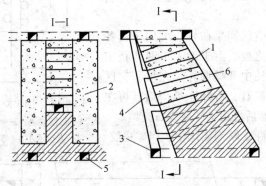

图 8-21　下向分层充填法回采间柱
1—间柱充填体；2—矿房充填体；3—运输巷道；4—脉外天井；5—穿脉巷道；6—充填天井

胶结充填矿房的间柱回采劳动生产率高，与用同类采矿方法回采矿房基本相同。由于部分充填体可能破坏，矿石贫化率为 5%~10%。

8.4.2　松散充填矿房的间柱回采

在矿房用水砂充填或干式充填法回采，或者用空场法回采随后充填（干式或水砂充填）的条件下，如用充填法回采间柱，需在其两侧留 1~2m 矿石，以防矿房中的松散充填料流入间柱工作面。如地表允许崩落，矿石价值又不高，可用分段崩落法回采间柱。间柱回采的第一分段，应能控制两侧矿房上部顶底柱的一半，这样，顶底柱和间柱可同时回采，如图 8-22 所示；否则，顶底柱与间柱分别回采。

回采前将第一分段漏斗控制范围内的充填料放出。间柱用上向中深孔、顶底柱用水平深孔落矿。第一分段回采结束后，第二分段用上向垂直中深孔挤压爆破回采。这种采矿方法回采间柱的劳动生产率和回采效率均较高，但矿石损失和贫化较大。因此，在实际中应用较少。

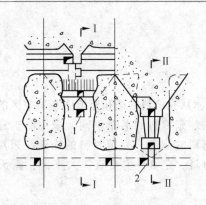

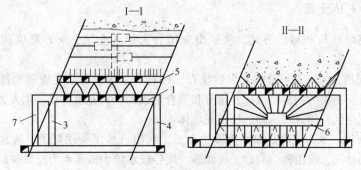

图 8-22　有底柱分段崩落法回采间柱

1—第一分段电耙巷道；2—第二分段电耙巷道；3—溜矿井；4—回风天井；

5—第一分段拉底巷道；6—第二分段拉底巷道；7—行人天井

8.4.3　顶底柱回采

　　如果回采上阶段矿房和间柱时构筑了人工假底，则在其下部回采底柱时，只需控制好顶板暴露面积，用上向水平分层充填法就可顺利地完成回采工作。

　　当上覆岩层不允许崩落时，应力求接顶密实，以减少围岩下沉，如下覆岩下沉。如上覆岩层允许崩落时，用上向水平分层充填法上采到阶段水平后，再用无底柱分段崩落法回采上阶段底柱，如图 8-23 所示。

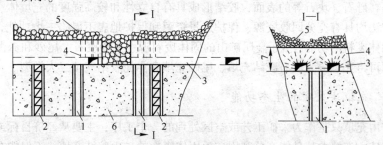

图 8-23　无底柱分段崩落法回采底柱

1—溜矿井；2—行人天井；3—上阶段运输巷道；4—炮孔；5—崩落岩石；6—充填体

　　由于采准工程量小且回采工作简单，无底柱分段崩落法回采底柱的优越性更为突出，但单分层回采不能形成菱形布置采矿巷道，其一侧或两侧的三角矿柱无法回收。因此，矿石损失贫化较大。

8.5　充填技术

8.5.1　概述

充填采矿法的充填技术从充填料输送和充填体在采空区的存在状态上划分为干式充填法、水力充填法和胶结充填法。充填料的形态不同，采用的输送方式也不同，充填采矿法整个充填系统可以分为充填材料的制备、充填材料的输送、采场充填 3 个环节，充填材料分为充填料、胶凝剂、改性材料。充填料主要有 3 大来源，露天采石或砂石、露天开采排弃废石、尾矿。

8.5.1.1　充填方式

通常按照充填材料和输送方式，将矿山充填分为干式充填、水力充填和胶结充填 3 种类型。

(1) 干式充填。干式充填是将采集的块石、砂石、土壤、工业废渣等惰性材料，按规定的粒度组成，对所提供的物料经破碎、筛分和混合形成的干式充填材料，用人力、重力或机械设备运送到待充空区，形成可压缩的松散充填体。

(2) 水力充填。水力充填是以水为输送介质，利用自然压头或泵压，从制备站沿管道或与管道相连接的钻孔，将山砂、河砂、破碎砂、尾砂或水淬炉渣等水力充填材料输送和充填到采空区。充填时，使充填体脱水，并通过排水设施将水排出。水力充填的基本设备（施）包括分级脱泥设备、砂仓、砂浆制备设施、输送管道、采场脱水设施以及井下排水和排泥设施。管道水力输送和充填管道是水力充填最重要的工艺和设施。砂浆在管道中流动的阻力，靠砂浆柱自然压头或砂浆泵产生管道输送压力去克服。

(3) 胶结充填。胶结充填是将采集和加工的细砂等惰性材料掺入适量的胶凝材料，加水混合搅拌制备或胶结充填料浆，沿钻孔、管、槽等向采空区输送和堆放浆体，然后使浆体在采空区中脱去多余的水（或不脱水），形成具有一定强度和整体性的充填体；或者将采集和加工好的砾石、块石等惰性材料，按照配比掺入适量的胶凝材料和细粒级（或不加细粒级）惰性材料，加水混合形成低强度混凝土；或将地面制备成的水泥砂浆或净浆，与砾石、块石等分别送入井下，将砾石、块石等惰性材料先放入采空区，然后采用压注、自淋、喷洒等方式，将砂浆或净浆包裹在砾石、块石等的表面，胶结形成具有自立性和较高强度的充填体。

充填采矿法均具有充分回收资源、保护远景资源和保护地表不塌陷三大功能，同时具备充分利用矿山固体废料的功能，由于金属矿山的固体废料源主要为废石、尾砂和赤泥，故根据三大固体废料源可将充填分为废石胶结充填、尾砂充填和赤泥胶结充填三大类型。

8.5.1.2　充填法采矿的生态功能

常规的矿山充填只是作为采矿工艺或空区处理的一个工序，主要从经济目标或技术目标出发。事实上，矿山充填尤其是能充分利用矿山固体废料的矿山胶结充填，不但能在复杂条件下充分地回采矿产资源，而且能够减少矿山固体废料的排放和保护地表不受破坏。矿山充填具有四大主要的工业生态功能：提高资源利用率、储备远景资源、防止地表塌陷和充分利用固体废料。

(1) 充分回采矿石资源。矿山充填的首要任务之一是充分回采矿石。众所周知，矿产资源相对于人类是不可再生的，充分利用矿产资源已是当代人的首要任务。另外，对于一些高品位矿床的开采，从矿山企业的经营目标出发，也应该尽可能提高回采率，以便使矿山获取更好的经济效益。

（2）远景资源保护。随着可持续发展战略在全球范围内的推行，矿产资源的合理开发不再仅仅局限于充分回收当代技术条件下可供利用的资源，而应该充分考虑到远景资源能得到合理保护。当代被采矿体的围岩极有可能是远景资源，能在将来得到应用。但按照目前通常的观念，这些远景资源是不计入损失范畴的，因为它们在现有技术条件下不能被利用，或根本还不能被认识到将来的工业价值。因而，在当代采矿活动中很少考虑远景资源在将来的开发利用，事实上在远景资源还不能被明确界定的条件下也难以综合规划。因此，在开发当代资源的过程中，远景资源往往受到极大破坏，如崩落范围的远景资源就很难被再次开发，或即使能开发也增加了很大的技术难度。

（3）防止地表塌陷。采矿工业在索取资源的同时，因开采而在地下形成大量采空区，即矿石被回采后，遗留在地下的回采空间。无论是崩落采矿法的顶板崩落，还是空场法的采空区失稳塌陷或顶板强制崩落，都会造成大量土地和植被遭受破坏。用充填法开采矿床时，回采空间随矿石的采出而被及时充填，是保护地表不发生塌陷、实现采矿工业与环境协调发展的最可靠的技术支持。

（4）充分利用矿山固体废料。目前的工业体系实际上是一个获取资源和排放废料的过程。采矿活动是向环境排放废弃物的主要来源，其排放量占工业固体废料排放量的 80% ~ 85%。可见，现在的采矿工业模式显著增加了地表环境的负荷，不能满足可持续发展战略。采用自然级配的废石胶结充填、高浓度全尾砂胶结充填和赤泥胶结充填技术，不但具有充填效率高、可靠性高和采场脱水量少的工艺性能、可输性好和流动性好的物料工作性能、胶凝特性优良的物理化学性能、充填体抗压强度高和长期效应稳定的力学性能等，而且能够充分利用矿山废石和尾砂（或赤泥）。因此，矿山充填可以将矿山废弃物作为资源被重新利用，达到尽可能地减少废料排放量的目标。

8.5.2　充填材料

8.5.2.1　充填材料的分类

A　充填材料按粒级的分类

根据充填材料颗粒的大小，可将充填材料分为块石（废石）、碎石（粗骨料）、磨砂（以及戈壁集料）、天然砂（河砂及海砂）、脱泥尾砂和全尾砂等几类。

（1）块石（废石）充填料。主要用于处理空场法或留矿法开采所遗留下来的采空区。

块石充填料的粒级组成因矿山和岩性而异，难以进行统计分析，充填料借助重力或用矿车和皮带输送机卸入采场，在这一过程中由于碰撞、滚磨等原因块石的颗粒级配将明显变小。

（2）碎石（粗骨料）充填料。主要用于机械化水平分层充填法，以及分段充填采矿法，用水力输送。也可加入胶结剂制备成类似混凝土的充填料。

（3）磨砂（以及戈壁集料）充填料。当分级尾砂数量不足时，可采用一部分磨砂或戈壁集料补充。

（4）天然砂（河砂和海砂）充填料。这类充填材料与磨砂一样，也是用于脱泥尾砂的数量不足或选厂尾砂不适合用作充填料的情况。

（5）脱泥尾砂充填料。这是使用最广泛的一种充填材料，其来源方便，成本低廉，只需将选厂排出的尾砂用旋流器脱泥。这种充填料全部用水力输送，即适合于各种分层或进路充填法，也适用于处理采空区。

（6）全尾砂充填料。选厂出来的尾砂不经分级脱泥，只经浓缩脱水制成高浓度或膏体充填料。目前，高浓度或膏体全尾砂充填料在添加水泥等胶结剂后，主要用于分层或进路充填采矿法中，采用泵压输送或自溜输送方法。

B　充填材料按力学性能的分类

根据充填体是否具有真实的内聚力，可将充填材料分为非胶结和胶结两类。

（1）非胶结充填材料。前面所述的各种充填材料均可作为非胶结充填料，但对尾砂来说，由于含细微颗粒多，脱水比较困难，在爆破等动荷载作用下存在被重新液化的危险性。因此，在目前的工程技术水平条件下，全尾砂充填料一般需加入水泥等胶结剂制备成胶结充填料。

（2）胶结充填材料。一般情况下，块石、碎石、天然砂、脱泥尾砂和全尾砂均可制备成胶结充填材料或胶结充填体。对于不适宜用水力输送的块石或大块的碎石来说，可借助于重力或风力先将其充入采空区，然后在其中注入胶结水砂（尾砂）充填料以形成所谓的胶结块石充填体。

C　按在充填体内作用分类

在充填采矿过程中，充填到采场或空区的砂、石或其他物料统称为充填材料。常用的充填材料可分为三大类，即惰性材料、胶凝材料和改性材料。

（1）惰性材料。在充填过程中和充填体内，材料的物理和化学性质基本上不发生变化，是充填材料的主体。常用的有尾砂、河砂、山砂、人造砂、废石、卵石、碎石、戈壁集料、黏土、炉渣等。惰性材料是充填材料的主体。在充填过程中和在充填体内，材料的物理和化学性质基本上不发生变化。在建筑用混凝土中，粒径大于 5mm 的碎石、卵石、块石称为粗集（骨）料，粒径小于 5mm 的砂称为细集（骨）料。尾砂作为惰性充填材料在国内外均得到了广泛应用。应注意有的矿山在尾砂中 MgO 的含量较高，可能会影响充填体的强度。若惰性材料中含有硫、磷、碳等，会降低充填体的强度，并危害井下劳动条件和环境。

（2）胶凝材料。在环境的影响下，材料本身的物理和化学性质发生变化，使充填料凝结成具有一定强度的整体。主要的胶凝材料有水泥、高水材料和全砂土固结材料等。常用的有水泥、高水材料、全砂土固结材料、磨细水淬炉渣、磨细炼铜炉渣、磨细烧黏土、硫化矿物、磁黄铁矿、石灰、石膏和粉煤灰等。

至今，胶结充填中的胶凝材料仍然广泛采用通用水泥，它是由硅酸盐水泥熟料与不同掺入量的混合材料配制而成。水泥胶结充填材料则是指以水泥为主要胶凝材料的充填材料，该材料是目前应用最为广泛的充填材料。具有代表性的水泥胶结充填材料主要有低浓度尾砂胶结充填材料、细砂高浓度胶结充填材料、全尾砂高浓度胶结充填材料和膏体胶结充填材料。

为节省胶凝材料，广泛采用各种活性混合物材料。其特点是就近采购活性混合材料，散装运至充填料制备站，将其进行加工，湿磨至其火山灰活性和水硬性表现出来时，再直接混入充填料中，送入井下进行充填。最常用的活性混合材料为高炉矿渣、炼铜反射炉渣、其他水淬炉渣、粉煤灰和熟石灰等。

（3）改性材料。加入充填料中用以改善充填料的质量指标，例如提高料浆流动性或充填体强度、加速或延缓凝固时间、减少脱水等。常用的有速凝剂、缓凝剂、絮凝剂、早强剂、减水剂及水等。

大多数是高分子化合物。采用改性材料是为了改进充填材料的某种性能或提高充填质量和降低充填成本。改性材料包括絮凝剂、速凝剂、缓凝剂、早强剂、减水剂以及加气剂等。

絮凝剂可使水泥在充填体内均匀分布，提高充填体强度或降低水泥用量，消除充填体表层的细泥量。为使细粒级快速沉淀和脱水，必须在加入絮凝剂的同时，对矿浆进行搅拌。因此，使用絮凝剂的效果如何，除了正确地选用合适的絮凝剂外，还与矿浆中固体颗粒碰撞的频率和碰撞的效率有关，也就是要确定合理的搅拌能量、搅拌时间、矿浆各点速度梯度、矿浆浓度以及搅拌桶的结构形式等。矿山常用的絮凝剂有聚丙烯酰胺、聚丙烯酸甲脂丙基三甲基氯化铵、聚二甲酯二甲基丙烷磺酸、聚丙烯酸、聚乙烷乙二烯氯化铵等。

缓凝剂是能延缓水泥的凝结时间，并对胶结体的后期强度没有不良影响的改性材料。常用的缓凝剂有酒石酸、柠檬酸、亚硫酸、酒精废液、蜜糖、硼酸盐等。

速凝剂是能加快水泥的凝结时间，并对胶结体的后期强度没有太大影响的改性材料。常用的速凝剂有 $CaCl_2$、$NaCl$ 和二水石膏，$CaCl_2$ 的用量一般不超过水量的 30%。

早强剂是能提高水泥早期强度和缩短凝结时间，并对充填体后期强度无显著影响的改性材料。常用的早强剂有无机早强剂类、有机早强剂类以及复合早强剂类。无机早强剂类的硫酸钠，有减少用水量和提高各项物理力学指标之作用。

减水剂为表面活性材料，它吸附在胶凝材料和惰性材料的亲水表面上，增加砂浆的塑性，在料浆坍落度基本相同的条件下，是一种能减少拌合用水量和提高强度的改性材料。国产减水剂多达几十种，适用于矿山充填用的减水剂。

加气剂可以使充填料浆的体积增加，从而可以使充填空区局部达到充填体接顶。如加入铝粉 $0.3 \sim 0.8 kg/m^3$，可以使充填体的体积增加 25% ~ 35%。

（4）水。胶凝材料需要水以实现水化反应。水又是各种改性剂的溶剂或载体，同时它还作为充填料浆的输送介质。因此，水中所含杂质对胶凝材料有影响。

8.5.2.2 对充填材料的要求

作井下充填用的充填材料需要量大，要让它能切实起到支撑围岩的作用，而又不恶化井下条件，它必须满足下列要求：

（1）能就地取材、来源丰富、价格低廉。

（2）具有一定的强度和化学稳定性，能维护采空区的稳定。

（3）能迅速脱水，要求一次渗滤脱水的时间不超过 3 ~ 4h。

（4）无自然发火危险及有毒成分。

（5）颗粒形状规则，不带尖锐棱角。

（6）水力输送的粗粒充填料，最大粒径不得大于管道直径的 1/3，粒径小于 1mm 的质量分数也不超过 10% ~ 15%，沉缩率不大于 10% ~ 15%。

（7）用尾砂作充填料，所含有用元素要充分综合利用，含硫量必须严格控制（一般要求黄铁矿质量分数不超过 8%，磁黄铁矿质量分数不超过 4%），选矿药剂的有害影响也必须去除，而且一般要进行脱泥。

8.5.3 胶凝材料

为了提高充填体的强度，使充填体具有一定的稳定性，在充填体内要加入胶凝材料。矿山充填使用的胶凝材料有硅酸盐水泥、高水速凝材料、全砂土固结材料。

8.5.3.1 水泥

矿山及工程常用及使用最多的是硅酸盐水泥，凡是以适当成分的生料烧至部分部分熔融，所得的以硅酸盐为主要成分的硅酸盐水泥熟料，加入适量石膏和一定量的混合材料，磨细制成的水硬性胶凝材料，称为硅酸盐水泥。生料是指生产水泥的原料，成分主要含有氧化钙、氧化硅、氧化铝、氧化铁等，主要原材料有石灰质原料（石灰石、大理石、贝壳、白垩）、黏土质原料（黏土、黏土质页岩、黄土、河泥）、辅助材料（铁粉、矾土、硅藻土）、矿化剂（萤石）等。

将按一定比例配好的原料经磨细得到生料，放入窑中经 1450℃ 的高温煅烧后，成为熟料。再加入石膏和一定的混合材料磨细，就是水泥。

8.5.3.2　高水材料

高水速凝材料（简称"高水材料"）是一种具有高固水能力、速凝早强性能的新型胶凝材料。高水材料在煤矿作为沿空留巷巷旁充填支护材料，在金属矿充填采矿中作为充填胶凝材料得到了推广应用，在生产实践中显示出很多优越特性。

高水材料是选用铝矾土为主料，配以多种无机原料和外加剂等，像制造水泥那样经破碎、烘干、配料、均化、煅烧及粉磨等工艺制成的甲、乙两种固体粉料，甲、乙两种固体粉料的比例为 1:1，是一种新型的胶凝材料。

A　物理性能

高水材料能将 9 倍于自身体积的水固结成固体，形成高结晶水含量的人工石。体积比含水率高达 90% 的高水材料甲、乙两种浆液混合均匀后，5~30min 之内即可凝结成固体，并且其强度增长迅速，1h 的抗压强度达 0.5~1.0MPa，2h 强度达 1.5~2.0MPa，6h 强度达 2.5~3.0MPa，24h 强度达 3.0~4.0MPa，3d 强度可达 4.0~5.0MPa，最终强度可达 5.0~8.0MPa。组成高水材料的甲、乙两种固体粉料与水搅拌制成的甲、乙两种浆液，输送或单独放置可达 24h 以上不凝固、不结底，具有良好的流动性，可泵时间长，易于实现长距离输送。高水材料硬化体压裂后，在不失水的情况下，存放一段时间，硬化体还能恢复强度。高水材料硬化体具有弹塑性的特征，当其单向受压后，原有的裂隙被压密，呈现弹性变形，当其外力继续加大，材料变形达到屈服极限后，并没有发生脆性破坏，只出现一定程度的破裂，仍具有一定的残余强度。材料本身无毒、无害、无腐蚀性。随着养护龄期的增长，硬化体的强度也随之增加，而且在 24h 之内，固结体强度的增长速度极快，24h 后，其强度的增长速度明显减缓。这说明高水材料的凝结速度快、早期强度高。这些特点非常有利于矿山充填，有利于缩短采充循环周期，提高采场综合生产能力。

B　稳定性能

高水材料的碳化，在高水材料的应用环境中，会遇到不同的气体环境，有些气体对高水材料硬化体的稳定性影响较大，而有些气体对硬化体影响较小。在自然条件下，二氧化碳气体对高水材料硬化体影响较大。二氧化碳气体的浓度越大，越容易引起硬化体的碳化反应，使抗压强度降低；而且与湿度也有较大关系，湿度越大，高水材料硬化体越容易发生碳化反应。

高水材料的热稳定性，高水材料硬化体中的主要物相是钙矾石，它在硬化体中起着骨架作用，其他的物相填充于其中，水是主要的填充物，大量存在于高水材料硬化体中，但水呈中性水分子的形式存在，结合力较弱，容易失去。保持含水量对稳定硬化体内部结构是至关重要的。当硬化体处于不同的温度环境时，因温度的变化而失水，对其结构会造成破坏。在干热、无二氧化碳气体存在的条件下，高水材料硬化体可以在 90℃ 以下的温度环境中稳定存在。

高水材料的耐蚀性，高水速凝材料在应用中会遇到不同的溶液环境，特别是在充填采矿的应用中，由于所处的矿山地质条件的不同，高水材料硬化体会与环境中不同的含有盐类、酸类或碱类的水溶液相接触，从而发生一系列的物理、化学的反应，使高水材料硬化体的内部结构遭到破坏，引起强度下降。

8.5.3.3 全砂土固结材料

全砂土固结材料（亦简称"全砂土材料"）是以工业废渣（如沸腾炉渣、钢渣、高炉水淬矿渣等）为主要原料，再加入适量的天然矿物及化学激发剂，经配料后，直接磨细、均化制成的一种粉体物料。该材料对含黏土量高的砂土及工业垃圾（如矿山尾砂）具有很强的固结能力，它是一种新型的胶凝材料。

全砂土固结材料突出的优点是：

（1）以工业废渣为主要原料，不用煅烧，节约能源，设备投资少，生产工艺简单；生产成本低，经济效益明显；而且由于综合利用工业废渣，从而减少了环境的污染，变废为宝，变害为利。

（2）对含黏土量高的砂土有很强的固结能力。

（3）全砂土硬化体具有早期强度高的明显特性。在矿山充填过程中，与425号水泥用量相同的条件下，其早期强度可达到水泥的2~4倍以上。

A 物理性能

全砂土固结材料的终凝时间长达7h，28d抗折强度达10MPa，强度标号达到525号普通水泥；普通水泥标号越高，抗折抗压比越小；而全砂土固结材料的抗折抗压比不仅高于525号普通水泥，而且高于425号普通水泥，这说明全砂土固结材料具有早强、高强及高抗折强度等力学性能。

砂土固结材料的细度和颗粒分布直接影响全砂土固结材料的质量和产量。粒度太小，需要粉磨的时间增加，产量降低，这会使全砂土固结材料的加工成本增大。而粒度太大，就会造成安定性不良，强度不高。抗压强度受龄期的影响也很大，强度随着龄期的增长而增大。

B 稳定性能

全砂土固结材料稳定性能主要包括抗碳化性、耐酸、碱、盐侵蚀性以及热稳定性、抗冻性等方面。

（1）碳化。未碳化的全砂土硬化体试件的平均抗压强度是2.8MPa，碳化28d后，全砂土硬化体试件残余平均强度为0.7MPa，可见其抗压强度损失75%。全砂土固结材料的胶凝产物是水化硅酸钙，提高全砂土胶凝剂含量，这些胶凝物质的强度高且其性能稳定，不易受风化作用的影响，全砂土硬化体碳化后，硬化体强度下降的幅度较小。

（2）耐酸、碱、盐的稳定性。呈晶体-凝胶网络结构而均匀分布的全砂土固结材料，具有固结细粒级砂土的作用，当掺入细粒级的砂土后，使界面的黏结力增强，硬化体密实性改善，从而抵抗外界侵蚀能力增强。因此，全砂土硬化体对 Na_2CO_3、$MgCl_2$、单倍海水以及 $NaOH$ 等侵蚀溶液具有良好的耐侵蚀能力。

（3）热稳定性能。在温度较低（40℃、60℃、80℃）时，失水率很小；当温度升到110℃以上时，失水率有增长的趋势，但失水率变化不大。

（4）抗冻性能。全砂土硬化体的抗冻性能在很大程度上取决于硬化体的抗渗性，全砂土硬化体所具有的高密实度及其优良抗渗性使全砂土硬化体具有良好的抗冻性能。

8.5.3.4 赤泥

赤泥胶结充填剂是利用赤泥的活性，研究开发出的一种低成本并具有优良性能的胶结材料。

各种氧化铝生产工艺中的原料均经过配料、熟料煅烧及细磨浸出。赤泥中均含有硅酸钙等水硬性矿物，都具有潜在的水硬活性，可以由碱性激化剂石灰（CaO）和酸性激化剂石膏（$CaSO_4 \cdot 2H_2O$）激化其活性而产生凝固强度，但由于赤泥溶出工艺的差异，混联法赤泥粒径较烧结法赤泥粗，沉降脱水较快。

由于烧结法特殊的生产过程，从而使赤泥的化学成分、颗粒级配及物理力学性能等方面具有许多特点，其中赤泥的潜在水硬活性是最具利用价值的特性之一。

针对赤泥的潜在活性特点及物理特性，可采用加热活化、添加活性激化剂等方法，使赤泥的活性得到激化和提高。其中添加活性激化剂的方法对矿山充填更具重要意义，它可使赤泥不经煅烧而直接加以利用。同时由于矿山充填时充填料均以浆状输送至井下，含有一定水分的赤泥可满足技术要求，可省去热耗大、成本高的烘干过程。

赤泥活性激化剂使赤泥中原存在的自由水转变为结晶水、胶凝水，最终使赤泥胶结硬化。正是由于赤泥的上述物化特性，构成了被开发为矿山充填用胶结剂的技术基础。

赤泥胶凝材料由两组强度性能与工作性能较优的赤泥胶凝材料配方而成。

第一组的主要成分为赤泥与石灰，以石灰作为赤泥活性的激化剂。这种赤泥胶凝材料的配比简单、加工及原料成本较低。一般在加入粉煤灰作为掺和料后直接用来作为矿山胶结充填材料，作为胶结剂使用时，用量较高，故称为普通赤泥胶结料或普强赤泥。

第二组主要成分为赤泥、石膏、石灰、矿渣，以石膏和石灰作为激化剂。这种赤泥胶凝材料所需原料成分较多，加工成本较高，但其胶结性能更好，用于矿山充填与矿山尾砂混合甚至超过普通425号硅酸盐水泥的胶结性能。因此，可以作为矿山充填的胶结剂，称为高效赤泥胶结料或高强赤泥。

赤泥胶结充填剂的矿山充填性能远优于水泥胶结充填料，主要表现：

（1）由于赤泥比表面积大，颗粒内部毛细孔发育，其保水性能好，料浆不脱水浓度低，赤泥全尾砂料浆的不脱水浓度为58%，比水泥全尾砂料浆78%的不脱水浓度降低了20%。

（2）由于赤泥含有大量黏粒及胶粒，故料浆稳定性好，赤泥全尾砂料浆在流动性很好的低浓度条件下，也能保证料浆的稳定性，料浆不产生离析，充入空区具有很好的流平性，这一性能对于窄长的充填工作面及缓倾斜工作面的充填接顶具有十分重要的意义。

（3）破坏后的愈合能力强。当赤泥胶结充填体产生微裂破坏后，能愈合而重新获得强度，并且其强度还会继续增长。

8.5.4 充填材料输送

8.5.4.1 充填材料输送方式

充填采矿法的充填技术从充填料输送和充填体在采空区的存在状态上划分为干式充填法、水力充填法和胶结充填法。充填料的形态不同，采用的输送方式也不同，充填料的输送方式有风力输送、水力输送、干式输送、膏体泵输送。

A 块石充填料干式输送

干式输送的一般均为块石充填料，大多是通过充填井溜入井下，在井下被矿车或皮带运输机转运充入采场或采空区，采用的动力为重力和机械。

图8-24为我国新桥矿的块石干式充填系统示意图。

新桥矿使用两步回采的底部漏斗分段空场嗣后充填采矿法。第一步先采矿柱，采完后形成人工矿柱；第二步回采矿房，采完后充填空区以控制地压。

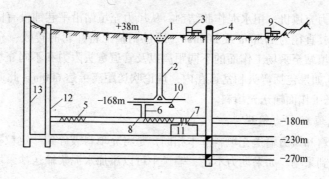

图 8-24 新桥矿块石充填输送系统示意图

1—下料仓；2—块石下料井；3—自卸式汽车；4—措施井；5—副井车场列车；6—废石分配井；7—充填天井；
8—振动放矿漏斗；9—露天边坡；10—电耙；11—1011 号采空区；12—副井；13—主井

充填料用汽车 3 运到下料仓 1，经下料井（溜井）2 溜放到井下 −168m 水平，然后用电耙耙运的方式将充填料耙运到采场充填井（溜井）6，通过放矿漏斗 8 装上矿车，用矿车将充填料运到采场充填井（溜井）7，然后靠重力充入采场 11。

充填料运输方式与充填方式是两个既区别又联系的工作过程，充填料的运输方式一定程度上决定着充填方法。

B 颗粒状充填料风力输送

图 8-25 是国外某矿山采用风力输送充填料的示意图。

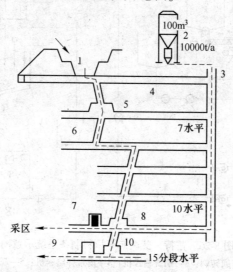

图 8-25 风力充填系统图

1—采石场；2—水泥贮仓；3—竖井；4—通地表运输平巷；5—破碎站；6—充填料；
7，9—水泥贮仓；8，10—中央风力充填站

充填料从地表采石场运送到破碎站 5，充填料首先用破碎机破碎到块度小于 70mm 的块度，然后经重力或机械运送到风力充填站 8，水泥从地表经竖井 3 靠风力吹到水泥贮仓 7，然后经过风力充填机将混合后的充填料吹到采场，按照严格的配比（充填料分级、水分、水泥）可以满足充填体强度的要求。

注意充填料必须破碎到块度小于 70mm，才能通过贮料天井溜放到各中央风力充填站。各

充填站均安装有风力充填机。用水泥作胶结剂，从风力充填站沿平巷铺设有固定管道；在采区铺设移动式管道，其直径为175mm或200mm。通过调整配料叶轮的转数、充填料给料量和压缩空气量，适应充填站至采场工作面的不同距离以及管道弯头阻力和不同充填料岩性。风力充填管道长达370m，如果包括弯头和岔道在内，理论吹送距离可达600m。此矿从一个风力充填站可以向17个采场工作面输送充填料。

C 颗粒状充填料水力输送

水力输送充填料和风力输送充填料基本相同，是将充填料破碎到一定粒径，装入管道依靠水力将充填料输送到采场，如果动力不足，输送中可以添加水泥浆输送沙泵增加动力，完成输送任务。

图8-26为澳大利亚芒特·艾萨矿充填料制备系统，该系统既可启用尾砂混合槽15制备非胶结充填料，也可启用水泥炉渣浆搅拌槽10和胶结充填料搅拌槽14制备水泥炉渣胶结尾砂充填料，还可关闭炉渣料浆储仓6而只制备水泥胶结充填料。当制备水泥炉渣胶结充填料时，散装水泥存放入两个120t的筒仓1中，研磨的炼铜水淬炉渣以60%的质量浓度存放入有机械搅拌的储仓6中。从搅拌槽14排出的胶结充填料经过一个双层阀门供给砂泵16送入井下充填，双层阀门的作用是使砂泵既能一台单独运转，又可两台同时运转。当只有一台运转时，另一台即可进行冲洗以免胶结充填料在管道内凝结。系统中的控制仪表对于稳定充填料浆的浓度和提高充填料的质量及充填作业的效率至关重要。

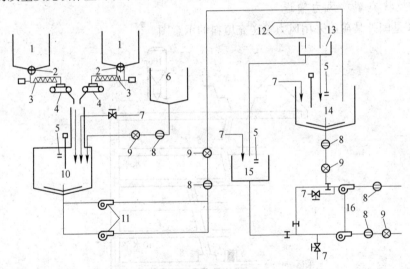

图 8-26 芒特·艾萨矿充填料制备系统示意图

1—水泥筒仓；2—可变速回转阀；3—螺旋输送机；4—皮带秤给料机；5—超声波传感器液面指示仪；
6—炉渣料浆储仓；7—水；8—电磁流量计；9—γ射线浓度计；10—水泥炉渣搅拌槽；11—V/S水泥浆输送砂泵；
12—从一段旋流器组来的尾砂；13—自动取样装置；14—胶结充填料搅拌槽；
15—尾砂混合槽；16—输送充填料的可变速砂泵

D 膏体充填料泵压输送

图8-27是某铜矿的膏体充填系统的工艺流程。来自选厂的尾砂浆经过高效浓密机一段脱水，泵入不脱泥尾砂仓贮存。充填时，不脱泥尾砂仓内的尾砂进入带式压滤机一段脱水，制成含水15%左右的滤饼，经皮带输送机送至双轴叶片式（第一段）和双螺旋（第二段）搅拌机中；炉渣通过圆盘给料机和皮带输送机送至同一搅拌机，水泥经双管螺旋输送机送入双轴叶片式搅拌机。尾砂、炉渣、水泥经一段搅拌后制成浓度在84%~87%左右的膏体充填料，由膏体充

填泵输送至采场，采用 KSP-80 双缸活塞砂浆泵作为膏体充填泵。

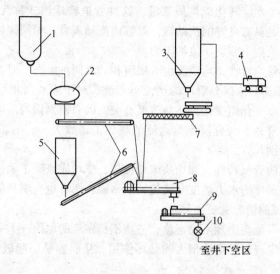

图 8-27 不脱泥尾矿充填工艺流程

1—不脱泥尾矿仓；2—带式压滤机；3—水泥仓；4—水泥罐车；5—炉渣仓；6—皮带机；
7—螺旋输送机；8—双轴叶片搅拌机；9—双螺旋搅拌机；10—双缸活塞泵

8.5.4.2 固液两相流的管流特性

固体颗粒加入到水中且呈悬浮时，称这种两相流为悬液。固体颗粒的加入不但使悬液的密度高于清水，而且使悬液的黏性变大。固体颗粒的加入会影响液体在层流条件下的流速分布和黏度，添加不同固体颗粒的不同悬液，以及细颗粒的含量不同，悬液的流变特性也不同。根据悬液性质不同分为牛顿体和非牛顿体。当悬液浓度不高时，其悬液多为牛顿体，当悬液浓度较高时，尤其是细颗粒含量较高时，这种悬液多为非牛顿体。

充填管道系统所输送的料浆是水与固体颗粒混合组成的两相流。充填材料的水力输送涉及流体力学的许多领域。在流体力学中，一般来说，固体质量分数小于70%的矿山尾砂充填料属于非牛顿流体，而全尾砂膏体充填料则属于塑性结构流体。

固液两相流的管道输送，根据固体颗粒的组成不同，可以有以下3种输送模式：

(1) 均质流。固体颗粒以细颗粒为主，固液混合物在浓度较高时具有非牛顿体的特性。随着固体浓度增大，颗粒之间很快形成絮网结构，黏性急剧增加，颗粒自重由宾汉剪切力及浮力支持，或由紊动扩散作用维持其均匀的悬移运动，因此在垂线上固体浓度分布十分均匀，这种管道输送模式称为均质流。

(2) 非均质流。固体颗粒以粗颗粒为主，固液混合物由于没有细颗粒形成絮网结构，在固体浓度不是很高时，依然保持牛顿体的性质。当浓度达到很高时，尽管也出现宾汉剪切力，但其绝对值一般比较小。固体颗粒的沉速虽然因浓度增加而减小，其减小的程度要比均质流小。固体颗粒以推移和悬移的形式运动。随着固体浓度的增大，紊动强度不断减弱，颗粒与颗粒之间因剪切运动而产生的离散力变得越来越重要。但在固体浓度不是很高时，颗粒运动的惯性力是主要的，垂向浓度分布具有明显的梯度。这种管道输送模式称为非均质流。

(3) 非均质-均质复合流。固体颗粒组成中，粗、细颗粒分布范围很广，固、液混合物在固体浓度达到一定程度以后，细颗粒形成絮网结构与清水一起组成均质浆液，粗颗粒则在浆液中自由下沉。随着固体浓度的提高，越来越多的粗颗粒物质成为浆液的组成部分。当固体浓度超过某一临界值时，整个水流转化成均质浆液。这种管道输送模式称为非均质-均质复合流。复合流的最大流动特点是具有良好的流动性。就管内流动来看，相同固体浓度及相同管径下复合流的阻力远低于相同流速下非均质流的阻力。

均质固液两相流的管流特性，均质流也有层流和紊流两种流态。对于清水水流，可以流动雷诺数2100作为临界雷诺数来区分管流的层流与紊流。对于固液两相均质悬液来说，雷诺数表达式中的黏度会因浓度变化而变化，还与流型有关。因而使判别均质固液两相流流态的雷诺数表达式也就变得相当复杂。区分层流与紊流的临界雷诺数大小，与雷诺数本身的表达式有关，需根据不同流型分别计算。

非均质固液两相流的管流特性，和均质流相比较，非均质流除了垂向浓度分布有明显的梯度以外，对于一定流动尺度的水力坡度与流速关系来说，两者也有明显的差别。

非均质-均质复合流的情况就更加复杂。

充填料浆管运输中可能会出现不稳定流，造成不稳定流的原因一类是浆体水击，另一类是不满管流。这两类不稳定流对管道有很大的破坏作用，从而容易引起破管、堵管现象的发生，威胁管道的安全运行。

8.5.4.3 膏体流的管流特性

A 结构流特征

矿山充填料浆浓度由低到高，黏度相应增大，有阻止固体颗粒沉降的趋势。充填料浓度大于沉降临界浓度后，浆料的输送特性将由非均质流转为伪均质结构流，理想的结构流浆体沿管道的垂直轴线没有可测量的固体浓度梯度，表现为非沉降性态。这种料浆体在管道中与管道的摩擦力若大于等于浆体的质量，在没有外加压力的推动时，料浆不能利用自重压头自行流动。当管道中存在着足以克服管道阻力的压力差，物料可沿管道流动。

高浓度充填料可视为结构流，可以借助自重输送；膏体充填料属于结构流范畴，一般需要外加泵压才能输送。

很难简单地确定某个浓度值为形成结构流的临界值。料浆的临界浓度将随着固体物料密度及物料粒度的组成而发生变化。一般是料浆固体物料密度越小，粒度越细，其临界浓度越低。

B 膏体充填料的特征

(1) 全尾砂膏体充填料的固体质量分数一般为75%~82%，而全尾砂与碎石相混合的膏体充填料的固体质量分数则可达81%~88%。

(2) 坍落度是表征膏体充填料可泵性的指标。一般情况下，可泵性较好的全尾砂充填料的坍落度为10~15cm，全尾砂与碎石相混合的膏体充填料的坍落度为15~20cm。

(3) 为获得高浓度的膏体充填料，常采用过滤机、浓密机或离心式脱水机对选厂送来的低浓度尾砂进行脱水。膏体充填料的泵送常用双活塞泵（如PM泵）或混凝土泵。

(4) 膏体充填料中一般加入水泥制备成胶结充填料。由于膏体充填料浓度高和充入采空区后不需脱水，避免了水泥的离析和流失。因此，为获得同样强度的胶结充填体，膏体充填料要比普通浓度的脱泥尾砂充填料节省1/3~2/3的水泥。

反映膏体流特性的指标为稳定性、流动性和可泵性，由于充填材料的物理化学性质对膏体充填料的流变特性有着重大影响，因此，在测定其流变参数前，应首先测试充填料的密度、堆密度、孔隙率、含水量、颗粒级配、化学组分、不同料浆浓度和不同灰砂比时试件的单轴抗压强度、内聚力和内摩擦角、试件的养护特性等。

（5）膏体充填料的形成需要相当数量的细粒级物料，才能使其在高稠度下获得良好的稳定性和可输性，达到不沉淀、不离析、不脱水以及管壁润滑层的特性。这种膏体物料不透水，因此充填物料的渗透性便失去了意义，改变了传统充填料浆渗透性大于 10cm/h 的要求，这使得全尾砂的充填应用具有更好的工艺基础，而且超细粒级全尾砂物料（尾泥）的固有缺点，可以在膏体充填料浆的输送工艺中转化为技术经济上的优势。

粗集粒不能单独在高浓度条件下输送，将其与细物料混合后形成膏状，以细物料作为载体，则可通过泵压输送。由粗细物料混合而成的膏体充填料与全尾砂膏体相比，可以形成密度更大、力学强度更高、沉降压缩率更小的充填体。

（6）可泵性是膏体泵送的一个综合性指标，其实质是反映膏体在管道泵送过程中的流动状态，这一综合指标反映膏体在泵送过程中的流动性、可塑性和稳定性。流动性取决于固、液相的比率，也就是膏体的浓度和粒度组成。可塑性则是克服屈服应力后，产生非可逆变形的一种性能。而稳定性则是抗沉淀、抗离析的能力。可泵性是膏体充填料的关键性输送特征指标，还反映了膏体在管路系统中对弯管、锥形管、管接头等管件的通过能力。

保证膏体物料能在管内顺利地输送，必须同时满足管壁摩擦阻力小、物料不离析和性态稳定等要求。如果所产生的摩擦阻力较大，输送泵的负载也随之增大，泵送距离以及流量也会受到限制，管内膏体的压力过大甚至会出现泵送困难。如果膏体在输送中产生离析现象，就会引起管道堵塞事故。输送过程中，膏体的性态不能发生大的变化。尤其是膏体材料的坍落度、强度、泌水性等特性不应发生大的变化。

（7）膏体料浆的流动性能用坍落度来表征最为直观。与高浓度全尾砂坍落度的力学意义相同，膏体充填料坍落度是因膏体自重而坍落，又因内部阻力而停止的最终形态量。它的大小直接反映了膏体物料流动性特征与流动阻力的大小。可泵送的膏体物料的坍落度可在一个范围内变化。坍落度过小则所需泵送压力很大。实验发现，全尾砂加碎石的膏体坍落度为 4~6cm 时仍能泵送。但此时的膏体呈现一定的刚度，其断面呈垂直截面，阻力损失过高。此时膏体中的碎石量会在半径小的弯管处由于速度改变而积聚堵塞。

在高稠度料浆条件下，即坍落度小于 15cm 时，其坍落度的变化对屈服应力的影响较大，因而对阻力损失的影响也大，合适的料浆坍落度指标是评价膏体充填料可泵性最直观的参数。

当采用全尾砂加碎石作为膏体物料时，碎石在输送压力下有吸水特性，膏体将丧失一部分水而使坍落度降低。其降低程度与物料性质、管道长度和泵压等因素有关。

复习思考题

8-1 什么是充填系统和充填倍线？

8-2 什么是砂浆重率和砂浆浓度，砂浆浓度有几种表示方法？

8-3 什么是沉降率、渗透系数？

8-4 什么是两相流，试分析两相流的流动特点及有关参数。

8-5 充填料能自流输送的条件是什么？

8-6 填充体有什么作用，充填料有什么要求？

8-7 单层壁式充填法工作面的出矿与充填如何配合？

8-8 上向水平分层充填法在厚矿体中如何应用？简述矿块布置和采准工程布置。

8-9 上向分层水力充填法的溜矿井有什么作用？

8-10 上向分层充填法哪些地方会出现损失贫化，如何控制？

8-11 如何提高水力充填法、干式充填法矿柱的回收率？

8-12　如何保证下向分层充填法回采的安全？

8-13　上向分层与下向分层两种方法各适用于什么条件？

8-14　阶段事后充填法与空场法空区处理两者有什么区别？

8-15　简述干式充填系统、水力充填系统、胶结充填系统。

8-16　如何提高接顶效果？

8-17　细泥对充填料有什么影响，怎样处理？

9 崩落采矿法

崩落采矿法是一种国内外广泛应用的、高效率的、能够适应各种矿山地质条件的采矿方法。崩落采矿法控制采场地压和处理采空区的方法是随着回采工作的进行，有计划、有步骤地崩落矿体顶板或下放上部的覆盖岩石。落矿工作通常采用凿岩爆破方法，此外还可以直接用机械挖掘或利用矿石自身的崩落性能进行落矿。崩落采矿法的矿块回采不再分为矿房与矿柱，故属于单步骤回采的采矿方法。由于采空区围岩的崩落将会引起地表塌陷、沉降，所以地表允许陷落成为使用这类方法的基本前提之一。

9.1 单层长壁式崩落采矿法（长壁崩落法）

单层长壁式崩落采矿法（长壁崩落法），如图 9-1 所示为这种方法的典型方案。

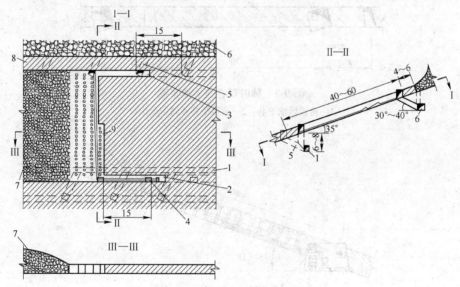

图 9-1 单层长壁崩落采矿法

1—脉外运输巷道；2—切割拉底巷道；3—脉内回风巷道；4—小溜井；5—人行通风材料斜井兼做安全出口；
6—脉外回风巷道；7—放顶区；8—矿柱；9—长壁工作面

构成要素。矿块斜长主要根据顶板稳固情况及运搬设备有效运搬距离而定，通常为 30~60m，如用电耙运搬则不大于 60m，顶板很不稳固时还可适当缩短。阶段沿走向每隔一定距离，用切割上山划分成矿块，其长度一般不大于 200m；当矿山年产量大，断层多，矿体沿走向赋存条件变化大时，取小值。在阶段之间，矿块的上部有时留永久或临时矿柱，斜长为 4~6m，当矿石的稳固性差、地压大时取大值。

9.1.1 采准切割

阶段运输平巷。在矿体内或在下盘围岩中掘进，并有双巷与单巷两种形式，如图 9-2~图 9-4 所示。

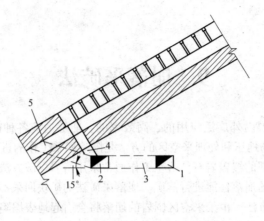

图 9-2　下盘脉外双巷的采准布置
1—阶段运输平巷；2—装矿平巷；3—联络巷道；4—小溜井；5—材料人行斜巷兼做安全出口

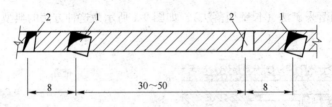

图 9-3　脉内双巷的采准布置
1—阶段运输平巷；2—通风平巷兼做安全出口

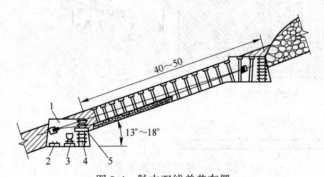

图 9-4　脉内双线单巷布置
1—分段采矿平巷；2—调车线路；3—装车线；4—混凝土块垛；5—铁板装矿溜子

切割上山。用来拉开最初的工作面，一个矿块一个，一般布置于矿块之一侧（也可以布置于矿块中央）。上山宽度通常为 2~2.4m，高度等于矿层厚度，最小不低于 0.8~1m。

小溜井与安全出口。从脉外运输平巷每隔 15~20m 向切割巷道掘进小溜井，与回采工作面连通，以备出矿。安全出口与小溜井间隔布置。

切割拉底巷道与脉内回风巷道。随长壁工作面推进而掘进，但必须超前 1~2 个小溜井或安全出口的间距，以便通风和人行。

9.1.2　回采工作

矿块回采工作的回采工艺循环主要由落矿、通风、运搬、支柱、架设密集切顶支柱、回柱放顶等工序组成。后 3 个工序可合称顶板管理。当前 4 项工序使工作面推进到一定距离后，进行一次回柱放顶。

（1）落矿。一般用浅孔爆破法。当矿体厚度为 1.2m 以下，炮孔呈三角形排列；矿体厚度为 2m 或 2m 以上时，炮孔呈之字形或梅花形排列。孔间距 0.6~1m，边孔距顶底板 0.1~0.25m。沿走向一次推进距离为 0.8~2.5m。根据顶板稳固程度，可沿工作面全长一次落矿，但推进的距离应为实际采用支柱排距的整数倍。

（2）运搬。多用 14~28kW 电耙，耙斗容积为 0.2~0.3m³。可分两段耙矿：工作面电耙将矿石耙至拉底巷道后，再由另一电耙耙到小溜井中。为提高效率，可用两个箱形耙斗串联耙矿。矿石较轻而软，可用链板运输机辅以人工装矿来运搬。

（3）顶板管理。开采空间顶板一般用木支护，崩落的矿石运走后，即应迅速用有柱帽的立柱 [见图 9-5（a）]、丛柱（二合一或三合一的）或棚子支柱（见图 9-6）支护顶板。工作面的支柱应沿走向成排架设，以利耙矿。支柱的直径为 18~20cm，支柱排距一般为 1~2m，支柱沿倾斜间距为 0.7~1m。工作面支柱的作用是防止工作空间顶板冒落。为此，柱帽可交错排列，如图 9-5（b）所示。柱帽长度 0.8m 左右。为适应地压特征，要求支柱具有一定的刚性和可缩性。为保证支柱的刚性，要求立柱与柱帽全面吻合 [见图 9-5（a）]，且要打柱窝，楔紧，立柱应与矿层垂直厚度方向偏离 5°~10°，如图 9-5（c）所示。为使立柱具有可缩性，除加柱帽外，还要削尖柱脚。当顶板岩石比较破碎而不稳固时，采用棚子支架，常用的有一梁二柱和一梁三柱，如图 9-6 所示。

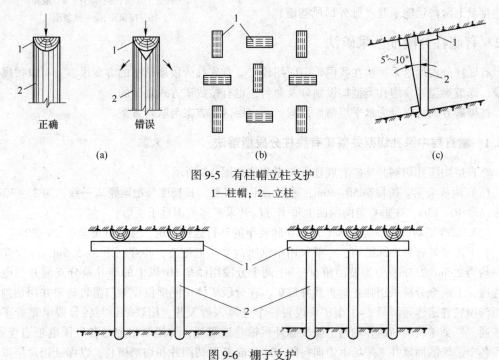

图 9-5　有柱帽立柱支护
1—柱帽；2—立柱

图 9-6　棚子支护
1—梁木；2—立柱

随着长壁工作面的不断向前推进，在长壁工作面推进一定距离后，将靠近崩落区的一部分支柱撤回，有计划地放落顶板岩石，这就是放顶。

放顶前，长壁工作面顶板沿走向暴露的宽度，称为为悬顶距；每次放落顶板的宽度，称为放顶距；放顶后，长壁工作面上保留能正常作业的最小宽度，称为控顶距。悬顶距为放顶距与控顶距之和，如图 9-7 所示。控顶距一般不小于 2m，悬顶距一般不大于 6~8m。

放顶时，应将放顶线上的支柱加密，且不加柱帽，以增加其刚性，确保顶板能沿预定的放顶线折断。密集支柱的作用在于切断顶板（因此，密集支柱也有切顶支柱之称），并阻止冒落的岩石涌入工作面。

放顶线上的密集支柱安设好后，即用回柱绞车（一般安设在上部）将放顶区内的支柱自下而上、由远而近地撤除。密集切顶支柱中每隔 3~5m 要留出 0.8m 的安全出口，以便回柱人员撤离。矿体倾角小于 10° 时，撤柱的顺序不限。如果放顶时顶板很破碎，压力很大，回柱困难时，则可用炸药将支柱崩倒，或用绞车拉倒。若撤柱后顶板岩石不能及时崩落，或者虽能自行冒落但其冒落厚度不足以充填采空区时，则应在密集支柱外 0.5m 处向欲放顶区开凿倾角为 60° 的放顶炮孔，爆破后强制其崩落。

（4）矿块的通风。新鲜风流从本阶段运输平巷经超前于工作面的小溜井进入工作面，污风从材料人行斜巷排至上阶段运输平巷（脉外回风巷道）。

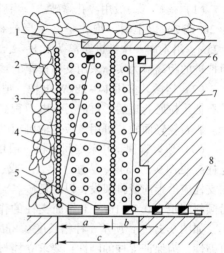

图 9-7　放顶工作示意图
1—顶柱；2—崩落区；3—撤柱绞车钢绳；
4—密集切顶支柱；5—已封溜井；6—安全出口；
7—长壁工作面；8—溜井；a—放顶距；
b—控顶距，c—悬顶距

9.2　有底柱分段崩落采矿法

有底柱分段崩落采矿法在我国矿山应用较广。有底柱分段崩落法的方案很多，可以按爆破方向、爆破类型以及炮孔类型加以划分及命名，也有按放矿方式划分的。

按爆破方向可以分为水平层落矿方案、垂直层落矿方案与联合方案。

9.2.1　垂直层中深孔切割井落矿有底柱分段崩落法

垂直层中深孔切割井落矿有底柱分段崩落法如图 9-8 所示。

（1）构成要素。阶段高 50~60m；采场沿走向布置，其长度与耙运距离一致，为 25~30m；分段高度 10~13m；在垂直走向剖面上每个分段开采矿体范围近于菱形。

（2）采准切割。阶段运输水平采用穿脉装车的环行运输系统，穿脉巷道间距 25~30m。

在下盘脉外布置底部结构，一般采用单侧堑沟受矿电耙道，斗穿间距 5~5.5m，斗穿斗颈规格均为 2.5m×2.5m，堑沟坡面角 60°。上两个分段用倾角 60° 以上的溜井及分支溜井与电耙道连通，下两个分段采用独立垂直溜井放矿。在分段矿体中间部位设专门凿岩巷道并用切割井与堑沟拉底巷道连通。每 2~3 个矿块设置一个进风人行天井，用联络道与各分段电耙绞车硐室连通。每个矿块的高溜井均与上阶段脉外运输巷道贯通，并用联络道与各分段电耙道连通，兼作各个采场的回风井。采场沿走向每隔 10~12m 开凿切割井和切割横巷，以保证耙运层以上的补偿空间体积达 15%~20%。

（3）回采。凿岩主要采用 YG-80 型和 YGZ-90 型凿岩机。扩切割槽的最小抵抗线为 1.6~1.7m，孔底距为 (0.5~0.7) W。落矿的最小抵抗线 W 为 1.8~2m，炮孔密集系数为 1~1.1。最终孔径一般不大于 65mm，孔深 10~13m。切割槽与落矿炮孔同期、分段起爆。

出矿采用 30kW 电耙绞车和 0.3m³ 的耙斗，在生产中的实际放矿制度是：首先由近而远，

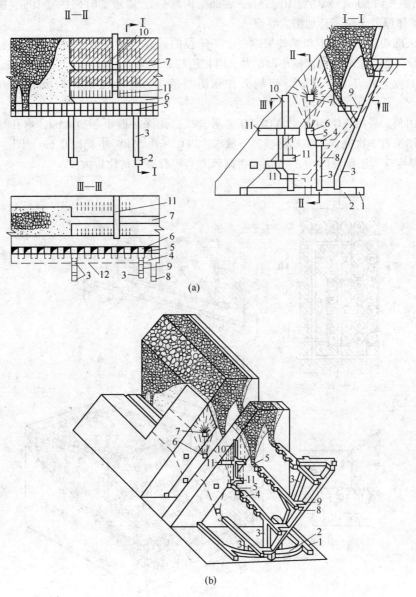

图 9-8 垂直深孔落矿有底柱分段崩落法

(a) 三面投影图；(b) 立体图

1—阶段沿脉运输巷道；2—阶段穿脉运输巷道；3—矿石溜井；4—耙矿巷道；5—斗颈；

6—堑沟巷道；7—凿岩巷道；8—行人通风天井；9—联络道；10—切割井；

11—切割横巷；12—电耙巷道与矿石溜井的联络道（回风用）

然后再由远而近地单斗顺序放矿。

9.2.2 垂直层中深孔落矿单分段崩落法

垂直层中深孔落矿单分段崩落法如图 9-9 所示。

（1）特点与构成要素。矿体倾角小于 25°，电耙道在矿体下盘沿倾斜布置，矿体垂直厚度不大，只划分为一个分段；顶板岩石不稳，落矿后随即自然崩落，在覆岩下放矿。阶段高

15m，采场斜长约 50m，采场宽 10~15m，底部结构高 8m，阶段临时矿柱宽 10m，凿岩分段高 8~12m，矿体厚度大时，补加凿岩巷道。

（2）采准切割。采用下盘脉外采准，上一阶段的脉外运输巷道与下一阶段的脉内电耙巷道在同一标高上。采准工程包括小溜矿井、电耙道与其联络道、凿岩巷道与其联络道和联络天井。切割工程包括斗穿、斗颈、切割天井和切割横穿。每个切割井担负的落矿范围不超过 20m。

（3）回采。采用 YG-80 型和 YGZ-90 型凿岩机，孔深一般不超过 15m，炮孔排距不大于 1.5m。采场凿岩一次完成，在崩落覆岩下放矿。出矿采用 55kW 电耙配 0.6m³ 耙斗。

矿体厚度应大于漏斗间距 3~5 倍，否则该方案矿石损失贫化很大。

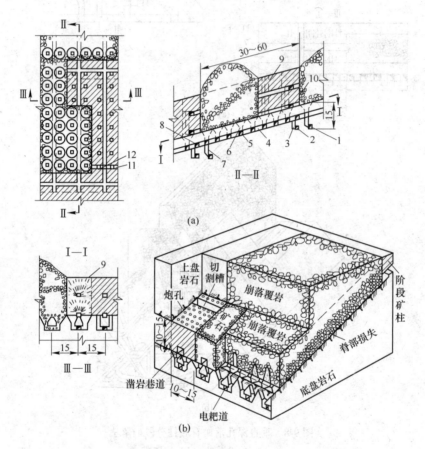

图 9-9　垂直层中深孔落矿单分段崩落法

1—下盘阶段运输平巷；2—下盘回风道；3—回风小井；4—电耙道；5—漏斗穿；6—漏斗颈；7—小溜井；
8—电耙道联络道；9—炮孔；10—凿岩巷道联络道；11—切割平巷；12—切割天井

9.3　有底柱阶段崩落采矿法

阶段崩落采矿法又称为矿块崩落采矿法，是地下采矿法中生产能力大、效率高、开采费用很低的一种采矿方法。有底柱的阶段崩落与有底柱分段崩落采矿法的特点大致相同，主要不同之处在于阶段或矿块在高度方向不再划分为分段进行落矿、出矿，而是沿阶段全高崩落，并且只在阶段下部设底部结构出矿。

9.3.1 向下部补偿空间落矿阶段强制崩落采矿法

向下部补偿空间落矿方案，如图 9-10 所示。

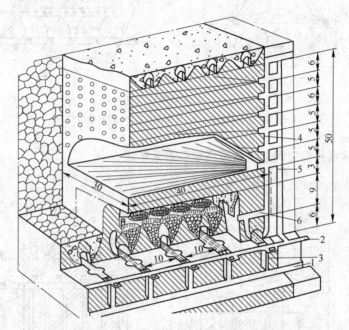

图 9-10 向下部补偿空间落矿阶段强制崩落采矿法
1—穿脉运输巷道；2—电耙联络道；3—电耙道溜井；4—凿岩天井；5—脉外矿块天井；6—拉底水平

（1）特点与矿块规格。这一方案与水平深孔落矿的有底柱分段崩落法很相近，但崩落矿体的高度大，矿块宽 20~50m，长 30~50m，阶段高 50~80m，地压大时矿块尺寸取小值，各部位尺寸见图 9-10 所示。

（2）采准切割。阶段运输水平多采用脉内外沿脉与穿脉的环行运输系统，在穿脉巷道装矿。穿脉巷道间距 30m，电耙道沿走向布置，间距 10~12m，斗穿对称布置，间距 5~6m。

在矿体下盘掘进矿块脉外天井，与电耙联络道连通。在矿块转角处打 1~2 个深孔凿岩天井及若干个凿岩硐室。凿岩天井与硐室位置应合理，使炮孔深度小、分布均匀及有利于硐室的稳固。

（3）回采。首先进行补充切割。补充切割的主要任务是用拉底构成补偿空间。补偿空间的体积为崩落矿石体积的 20%~25%。当矿石稳固性不够，为了防止大面积拉底后矿块提前崩落，可先在矿块下部开掘 2~3 个小补偿空间，并在小补偿空间之间留临时矿柱支撑拉底空间。临时矿柱的数目、尺寸和位置应根据矿体稳固性确定。

最常用的拉底方法有两种：一种是在扩喇叭口的切割小井中打上向中深孔实现拉底，如图 9-10 所示。若拉底高度不够，还可在临时矿柱内的凿岩小井中，打 1~2 排水平深孔并爆破，以增加其高度；另一种方法是在拉底水平开专门拉底凿岩巷道，并在其中打扇形深孔，以垂直层向拉底切割槽爆破，如图 9-11 所示。

矿块凿岩与拉底平行作业。矿块凿岩时间的长短，取决于矿块规格、同时工作钻机数和钻机效率，一般为 3~5 个月。

矿块落矿的深孔、上阶段底柱中的炮孔及临时矿柱中的深孔同时装药爆破。先起爆拉底空间中临时矿柱内的炮孔。每层内的深孔可同时起爆也可微差起爆；层与层之间用分段间隔依次起爆。按放矿图表进行放矿。

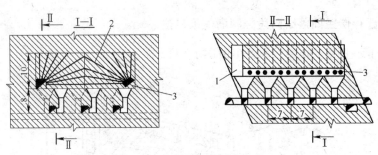

图 9-11　垂直层扇形深孔拉底

1—拉底空间切割槽；2—扇形深孔；3—拉底凿岩巷道

9.3.2　向侧面垂直补偿空间落矿阶段强制崩落采矿法

向侧面垂直补偿空间落矿方案，如图 9-12 所示。

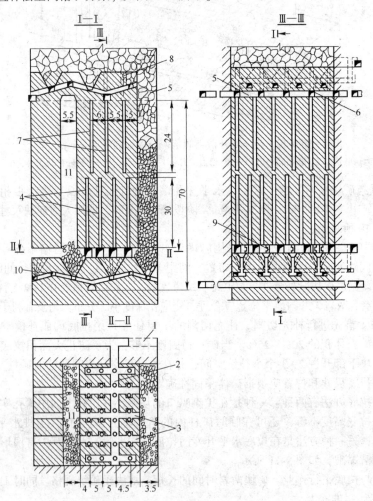

图 9-12　向侧面垂直补偿空间落矿阶段强制崩落采矿法

1—无轨设备斜坡道；2—穿脉凿岩巷道；3—凿岩和拉底巷道；4—上向平行深孔；5—上部穿脉凿岩巷道；6—凿岩硐室；7—下向深孔；8—顶部上向深孔；9—水平拉底深孔；10—底部结构检查回风巷道；11—切割立槽垂直补偿空间

（1）特点与矿块规格。这种采矿方法适用于矿石稳固的厚大矿体。它与阶段矿房空场法很近似，只是其矿房尺寸比周边矿柱尺寸小很多。矿房的作用是充当周边矿柱爆破时的补偿空间。当矿体不适宜采用水平深孔落矿时（如果有很发育的水平层理、裂隙等），也应采用垂直层落矿。

阶段划分为矿块。阶段高 70~80m，矿块宽 25~27m。矿块可垂直走向布置，其长度等于矿体厚度。

（2）采准切割。采用上下盘脉外沿脉巷道和穿脉装矿的环行运输系统. 底部结构是有检查巷道的振动放矿机底部结构。为了提高矿块下部采切巷道的掘进效率，采用无轨掘进设备，为此设有倾角为 12°的斜坡道，将拉底水平与运输水平连通。

（3）回采。垂直补偿空间位于矿块一侧，矿块另一侧为已崩落的矿石或废石。以切割天井为自由面，采用下向深孔扩成宽 4~6m、长为矿体厚度的垂直补偿空间。矿块落矿炮孔直径为 105mm。深孔采取上下对打。在上部凿岩巷道向下打 3 排深孔，在下部凿岩巷道向上打 4 排深孔。这样可缩短炮孔深度、减小深孔孔底的偏斜值，有利于深孔均匀布置、减少大块、增加装药密度和提高凿岩速度。采用微差起爆，为了拉底，矿块下部凿岩巷道之间留的临时矿柱用水平深孔爆破。

因为矿块凿岩时间很长，有的矿山为了防止和减少炮孔的变形和破坏，要求凿岩时在相邻矿块落矿后的两个月内进行凿岩；先打靠近补偿空间一侧的深孔；靠近崩落区一侧深孔在装药之前最后钻凿。

在平面上矿块凿岩推进方向应与补偿空间内爆破方向相反。出矿可采用安装在运输穿脉巷道两侧的斗穿中的振动给矿机。为了处理卡漏和通风，设有专门的检查回风穿脉巷道。垂直补偿空间落矿方案的采切工作量小，千吨采切比只有 3m 左右，井下工人工班劳动生产率可达 20t 以上，矿块月生产能力可达 20 万吨。

9.4 无底柱分段崩落采矿法

无底柱分段崩落采矿法（见图 9-13）是将阶段再用分段巷道划分为分段；分段再划分为分条，每一分条内有一条回采巷道（进路）；分条中无专门的放矿底部结构，而是在回采巷道中直接进行落矿与运搬。分条之间按一定顺序回采，分段之间自上而下回采。随着分段矿石的回采，上部覆盖的崩落围岩下落，充填采空区。分条的回采是在回采巷道内开凿上向扇形炮孔，以小崩矿步距（1.5~3m）向充满废石的崩落区挤压爆破；崩下的矿石在松散覆岩下，自回采巷道的端部底板直接用装运设备运到溜井。

9.4.1 采准

一个溜井所负担的范围称为一个矿块。矿体厚度小于 15m 时，分条多沿走向布置，反之垂直走向布置。矿块构成要素与回采巷道的布置和所用运搬设备类型有关。

分段之间的联络，主要有两种方案：设备井方案和斜坡道方案。在我国地下矿山，使用装运机早于铲运机，所以很多采用无底柱分段崩落法的矿山仍采用设备井方案。

主要采准巷道有阶段运输巷、天井、分段巷道、回采巷道。

阶段运输平巷在下盘。天井有 3~4 条，分别用于溜矿、下放废石、上下人员、设备、材料和通风；有时人员上下与设备材料提升分开，人员上下利用电梯；设备井安装大罐笼，用慢动绞车提升，上下设备、材料。

溜矿井一般布置在脉外，溜井之间的距离取决于所用运输设备的合理运距。采用 ZYQ -

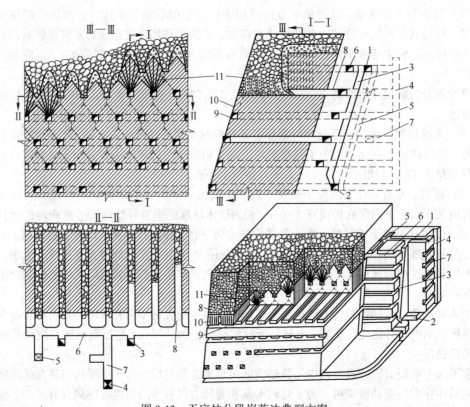

图 9-13　无底柱分段崩落法典型方案

1，2—上、下阶段沿脉运输巷道；3—矿石溜井；4—设备井；5—通风行人天井；6—分段运输平巷；
7—设备井联络道；8—回采巷道；9—分段切割平巷；10—切割天井；11—上向扇形炮孔

14 装运机时，合理运距不大于 40～50m。当沿走向布置分条溜井在矿块中央时，溜井间距可达 120m。开采稳固的急倾斜厚矿体，阶段高度可取大值，部分矿山有达 100～150m 以上的。

　　由天井按设计的分段高度掘进分段巷道。由分段巷道掘进回采巷道，回采巷道的断面取决于凿岩及运搬设备的工作规格。回采巷道与分段巷道一般是垂直相交，但当设备转弯半径大时，则需采用弧形相交。

　　分段高度大，可减少采切工程量，但分段高度受凿岩爆破技术和放矿时矿石损失贫化指标的限制。在现有风动凿岩设备条件下，孔深大于 12～15m 时，凿岩效率急剧下降，且易发生卡钎、断钎等事故。所以从凿岩角度考虑，分段高度以 10m 左右为宜，采用液压凿岩机凿岩，可提高分段高度。

　　分段巷道应有一定的坡度，以利于排水及运搬设备重载下坡行驶。若矿石中含有大量黄泥或矿石遇水黏结，则不能将水排入溜矿井，可采取打专用泄水孔等措施，以免发生堵塞溜矿井等事故。

9.4.2　切割工程

　　在回采前必须在回采巷道的末端形成切割槽，作为最初的崩矿自由面及补偿空间。

　　回采巷道沿走向布置时，爆破往往受上、下盘围岩的夹制作用。为了保证爆破效果，常用增大切割槽面积或每隔一定距离重开切割槽的办法来解决。切割槽开掘方法有 3 种。

9.4.2.1 切割平巷与切割天井联合拉槽法

切割平巷与切割天井联合拉槽法，如图 9-14 所示。沿矿体边界掘进一条切割平巷贯通各回采巷道端部，然后根据爆破需要，在适当的位置掘进切割天井；在切割天井两侧，自切割平巷钻凿若干排平行或扇形炮孔，每排 4~6 个炮孔；以切割天井为自由面，一侧或两侧逐排爆破炮孔形成切割槽。这种拉槽法比较简单，切割槽质量容易保证，在实际中应用广泛。

9.4.2.2 切割天井拉槽法

这种拉槽法，如图 9-15 所示。此法不需要掘进切割平巷，只在回采巷道端部掘进断面为 1.5m×2.5m 切割天井。天井短边距回采巷道端部留有 1~2m 距离，以利于台车（或台架）凿岩；天井长边平行回采巷道中心线；在切割天井两侧各打 3 排炮孔，微差爆破，一次成槽。

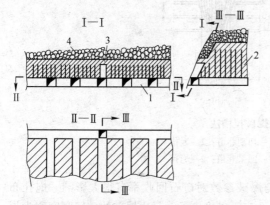

图 9-14 切割平巷和切割天井联合拉槽法
1—切割平巷；2—回采炮孔；3—切割天井；4—切割炮孔

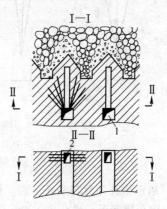

图 9-15 切割天井拉槽法
1—回采巷道；2—切割天井

该法灵活性较大、适应性强且不受相邻回采巷道切割槽质量的影响。沿矿体走向布置回采巷道时，多用该法开掘切割槽。垂直矿体走向布置回采巷道时，由于开掘天井太多，在实际中使用不如前者广泛。

9.4.2.3 炮孔爆破拉槽法

炮孔爆破拉槽法的特点是不开掘切割天井，故有"无切割井拉槽法"之称。此法仅用在回采巷道或切割巷道中，凿若干排角度不同的扇形炮孔，一次或分次爆破形成切割槽。

（1）楔形掏槽一次爆破拉槽法。这种拉槽法是在切割平巷中，凿 4 排角度逐渐增大的扇形炮孔，然后用微差爆破一次形成切割槽，如图 9-16（a）所示。

这种拉槽法在矿石不稳固或不便于掘进切割天井的地方使用最合适。

（2）分次爆破拉槽法。这种拉槽法如图 9-16（b）所示，在回采巷道端部 4~5m 处，凿 8 排扇形炮孔，每排 8 个孔，按排分次爆破，这相当于形成切割天井。此外，为了保证切割槽的面积和形状，还布置 9、10、11 三排切割孔，其布置方式相当于切割天井拉槽法。该拉槽法也是用于矿石比较破碎的情况，在实际中应用不多。

9.4.3 回采

回采工作包括落矿、出矿、通风及地压管理。

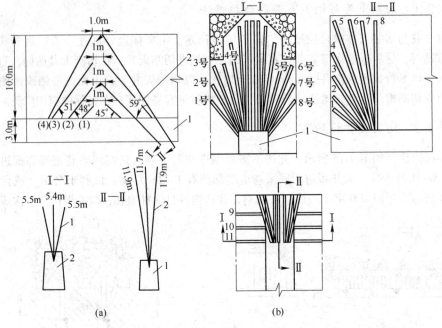

图 9-16　炮孔爆破拉槽法
（a）一次爆破拉槽法：1—切割巷道；2—炮孔
（b）分次爆破拉槽法：1—回采巷道；2—炮孔

（1）扇形炮孔布置与崩矿步距。炮孔布置与爆破参数对矿石回收率有很大影响。炮孔布置可通过炮孔排间距、排面角、边孔角、深度、孔底距等来表示。每次爆破的矿层厚度称为崩矿步距，它等于排间距与爆破排数之乘积。矿山生产中，崩矿步距多采用 1.8~3m。扇形炮孔排面与水平面间的夹角称为排面角，它与分条端壁倾角相等，有前倾、垂直与后倾三种，如图 9-17 所示。边孔角是扇形排面最边侧两个炮孔与水平面的夹角，有三种，即 5°~10°、40°~50° 与 70°以上，如图 9-18 所示。因为放出角一般都大于 70°，故边孔角以大于 70° 的爆破效果最好。

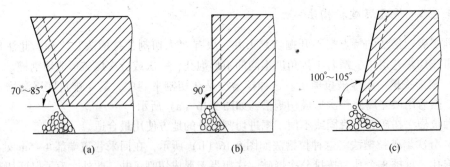

图 9-17　炮孔排面角示意图
（a）前倾布置；（b）垂直布置；（c）后倾布置

（2）凿岩爆破。应用无底柱分段崩落法的矿山，主要使用 CZZ -700 型胶轮自行凿岩台车，或圆盘凿岩台架，装 YG-80、YGZ-90 或 BBC-120F 重型凿岩机。为保证爆破效果，需特别注意炮孔质量。炮孔的深度与角度都应严格按设计施工，并建立严格的验收制度。装药一般采用装

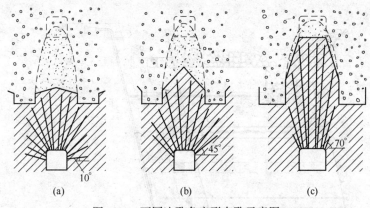

图 9-18　不同边孔角扇形布孔示意图

（a）5°~10°；（b）40°~50°；（c）70°以上

药器。每次爆破一排孔时，用导爆线或同段雷管起爆；每次爆破两排以上炮孔时，用导爆线与毫秒雷管或继爆管微差起爆。目前，我国有的矿山为提高爆破质量，采用同期分段起爆，中央炮孔先爆，边侧炮孔后爆。

（3）矿石运搬。我国金属矿山过去主要用 ZYQ -14 型风动自行装运机装运矿石。后来许多矿山开始用内燃无轨铲运机，近年来开始采用电动铲运机。

（4）地压管理与回采顺序。当矿石坚固性大和稳固时，回采巷道地压不大，一般都不进行支护；当矿岩稳固性差、节理裂隙发育时，用喷锚支护即可保持回采巷道的稳固完好。

同一分段内各回采巷道的回采工作面，应尽量保持在一条整齐的回采线上。这样，可以减少回采工作面的侧部废石接触面，有利于降低矿石的损失与贫化；同时，还有利于保持巷道的稳固性。

（5）通风。无底柱分段崩落法的回采巷道都是独头巷道，数目多，断面大且互相连通，每条回采巷道都通过崩落区与地表相通。当采用内燃无轨设备时，所需风量又特别大。因此，通风比较困难，回采巷道工作面一般要用风筒和局扇供风，通风管理也较为复杂。

设计采矿方法时，应尽量使每个矿块都有独立的新鲜风流。采用内燃设备时，要坚持在机内净化符合要求的基础上，加强通风与个体防护。图 9-19 所示为回采矿块通风系统示意图。

9.4.4　无底柱分段崩落法的主要方案

9.4.4.1　斜坡道无底柱分段崩落法

我国部分矿山采用无底柱分段崩落法时，大多采用采准联络斜坡道取代阶段之间的人行材料设备井。使用斜坡道采准联络便于无轨设备快速移动和出入不同分段；当出矿需要配矿时，也便于装运设备的调度。此外，斜坡道也便于无轨设备出井检修、保养及人员上下。

无底柱分段崩落法的采准联络斜坡道一般都布在下盘，沿走向斜坡道之间的距离约 250 ~ 500m，其具体要视矿体走向长度及产量大小而定。斜坡道的坡度一般为 10% ~ 20%，断面取决于设备规格。图 9-20 所示为典型的斜坡道采准无底柱分段崩落法示意图。

9.4.4.2　再生顶板下放矿无底柱分段崩落法

我国向山硫铁矿采用再生顶板下放矿无底柱分段崩落法，如图 9-21 所示，再生顶板是由上分段已采区崩落围岩中的高岭土及硫铁矿氧化残留矿石、木材、钢轨等，经氧化后压实自然胶

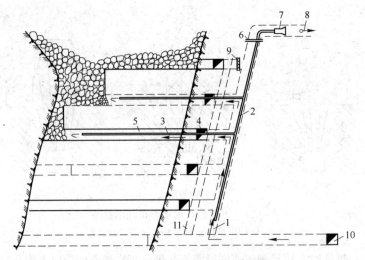

图 9-19　回采矿块通风系统示意图

1—通风天井；2—主风筒；3—分支风筒；4—分段巷道；5—回采巷道；6—隔风板；7—局扇；
8—回风巷道；9—封闭墙；10—阶段运输平巷；11—溜矿井

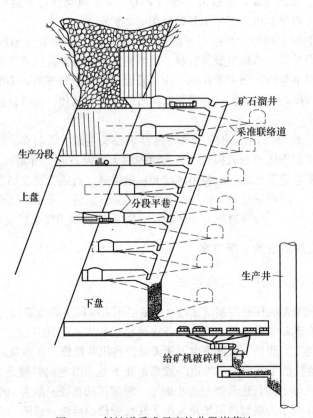

图 9-20　斜坡道采准无底柱分段崩落法

结成一种假顶。当回采巷道端部爆下矿石放空后，覆盖岩层不跟随矿石立即下落，而形成自然悬顶，经一定时间在地压作用下，假顶缓慢下沉填满空场后，再进行下一崩落步距爆破。由于崩落矿石是在小空场状态下放出，出矿采用华-1型装岩机和向-1型自动自行矿车，采用自动

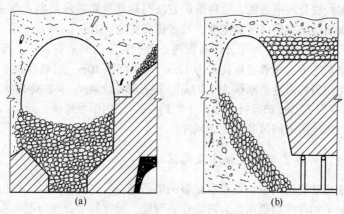

图 9-21 再生顶板下放矿无底柱分段崩落法
（a）端面图；（b）纵面图

挂钩及远距离控制操作，有利于矿石的回收和作业安全。

这种采矿方法因不在覆岩下放矿，实际上是一种由特殊条件限定的、取得很好效果的无底柱分段崩落法的特殊方案。

9.4.4.3 高端壁无底柱分段崩落法

一般无底柱分段崩落法每次崩矿量只有 600~1000t，限制了大型无轨铲运设备效率的提高。因此，有些矿山经试验采用了高端壁无底柱分段崩落法，也称无底柱阶段崩落法。图 9-22

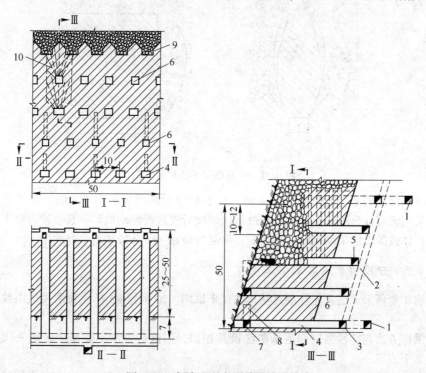

图 9-22 高端壁无底柱分段崩落法
1—阶段运输平巷；2—溜矿井；3—联络道；4—回采巷道；5—分段巷道；6—凿岩回风巷道；
7—切割平巷；8—切割天井；9—回采巷道之间矿柱；10—炮孔

为某铁矿高端壁无底柱分段崩落法。这种采矿方法与端部放矿阶段强制崩落采矿法极其相似，主要区别在于每次崩落矿层的高度和宽度，后者更高更宽。

该方案分段高度 20~24m，每个分段布置两条上下对应的回采巷道，上部的作为凿岩回风巷道，下部的为出矿巷道，两者底板高差为 12m。进路间距 10m，呈双巷菱形布置。回采巷道断面 12~13.5m²，凿岩回风巷道断面为 7.28m²。炮孔排距 1.4m，每次爆破 3 排，崩矿步距为 4.2m；出矿用斗容为 2~3m³ 铲运机。放矿步距约 5m。采用爆堆通风，新鲜风流从出矿巷道进入，流经爆堆，污风经凿岩回风巷道至回风井。

9.4.4.4　预留矿石垫层无底柱分段崩落法

无底柱分段崩落法突出的缺点是每次爆破的矿石量少，在崩落围岩多面包围下放出，放矿贫化很大，也限制了回收率的提高。为解决这一问题，可在回采分段与崩落覆盖岩石之间加上一个缓冲的矿石垫层（或称为矿石隔层）。图 9-23 所示为预留矿石垫层无底柱分段崩落法示意图。这个隔层的矿岩接触面距回采巷道底板的高度大于放矿极限高度，所以它可以保持一个近似的水平面均匀下降这样，各个分段回采时，就能以纯矿石状态回收全部矿石，进路贫化率在实际上变为零。

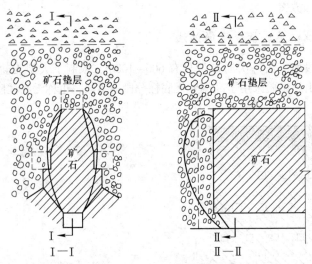

图 9-23　矿石垫层下放矿示意图

当分段高度和回采巷道间距为 10m 时，矿石垫层的高度应不小于 30m。为了形成矿石垫层，仍可采用无底柱分段法工艺，只不过每次爆破后仅进行松动放矿，其余矿石留下用于构成垫层。当矿体或阶段回采结束时，可将矿石垫层与最后一个分段矿石一起放出。

9.4.4.5　分段留矿崩落采矿法

分段留矿崩落采矿法首先在瑞典基律纳铁矿试用，20 世纪 80 年代我国凤凰山铁矿开始试验采用。

这种采矿方法与阶段强制崩落采矿法极其相似，但落矿方法不是整个矿块一次大爆破崩落。具有如下方案。

方案 1（见图 9-24）：整个矿块在高度上分为若干分段，分段之间由上向下回采，每一分段用无底柱分段崩落法的工艺回采，但崩下的矿石全部或大部分留在原处（视挤压爆破条件而定，如果回采巷道空间足以满足补偿空间，则爆下的矿石全部留在原处）；

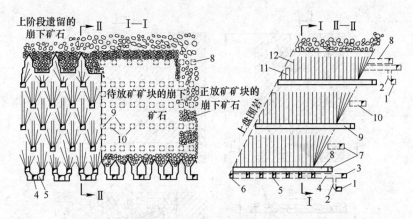

图 9-24 分段留矿崩落采矿法

1—主要运输巷道；2—小溜井；3—电耙联络道；4—电耙巷道；5—斗穿；6—回风巷道；7—分段巷道；
8—堑沟凿岩巷道；9，10—分段回采巷道；11—切割天井；12—落矿扇形炮孔

方案 2：在矿块下部设矿块底部结构，待各分段回采落矿全部结束后，在覆岩下大量放矿（一般情况下）矿块矿石与崩落围岩只有上面和侧面两个接触面，如图 9-25 所示。

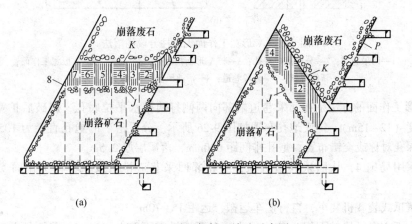

图 9-25 平面与斜面放矿示意图

（a）矿岩接触面呈水平下降；（b）矿岩接触面呈倾斜下降

1~8—某一时期内分别自下部对应放矿口应放出的矿石量；P—放矿贫化前下盘矿石；
K，J—某一放矿周期起止矿岩接触面位置

这种采矿方法可以理解为从留矿石垫层的无底柱分段崩落法发展而来，它既有无底柱分段崩落法的采切和落矿特点，又有阶段强制崩落法放矿的特点，因此是一种联合采矿法。

矿块底部结构采用 V 形堑沟受矿电耙道底部结构。为了放矿，必须制订放矿图表并严格执行。放矿可以采用平面放矿，也可以采用斜面放矿，如图 9-25 所示。

9.4.4.6 V 形宽工作面无底柱分段崩落法

V 形宽工作面无底柱分段崩落法特点是将回采巷道端部用水平孔扩成 V 形宽工作面，如图 9-26 所示，大幅度地扩大了有效装载宽度，不仅可减小放矿贫化，而且还减少（甚至消除）分条两侧脊部矿石损失，大幅度提高本分段矿石回收率。宽工作面方案可以加大回采巷道间距，降低采切比和改善通风条件。当然这种方法要求矿石稳固，因为工作面暴露面积很大。

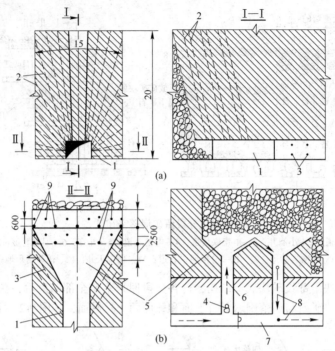

图 9-26　V 形宽工作面无底柱分段崩落法

1—回采巷道；2—分段落矿深孔；3—扩 V 形面拉底孔；4—局扇；5—V 形宽工作面；
6—新鲜风流；7—分段巷道；8—污浊风流；9—深孔孔底投影

　　扩 V 形工作面的方法是在回采巷道端部向两侧打两排水平拉底孔，爆破后扩宽的宽度等于分条宽度（12~15m）。拉底炮孔布置如图 9-26 所示。分段落矿的炮孔直径为 105mm，采用上向扇形深孔对称或交错布置，炮孔排间距 600mm，落矿层厚 2.5m。

　　通风采用局扇 4，从回采巷道进风，经相邻回采巷道排出废风，在工作面实现了贯穿风流。

　　采用蟹爪式装载机装车，自行矿车运搬，运距 15~70m。

　　宽工作面方案虽然矿石损失贫化很小，但顶板暴露面很大。当矿石稳固性差时，不能采用，可采用移动式掩护支架方案扩大矿石流带。

9.4.4.7　移动式掩护支架无底柱分段崩落法

　　移动式掩护支架无底柱分段崩落法，如图 9-27 所示。矿石稳固性差时，不仅不能采用 V 形工作面方案，而且回采巷道的眉线也很难维护，铲取深度也因此受到限制，故矿石损失率和贫化率增大。为了提高矿石回收率和降低贫化率，可采用移动式掩护支架方案。

　　这一方案的特点是在回采巷道的端部，设置移动式金属掩护支架（形状近似长条楔形金属小房子）。掩护支架两侧设有放矿口，放矿口装有振动放矿机，落矿后掩护支架在长度上大部分埋入崩落矿石中，放矿后掩护支架推压端部崩落岩石自行退出，移到新的落矿位置。

　　图 9-27 所示采场每步距崩落矿石层规格为宽 8m，长 5~7m，分段高 20~27m。

　　切割工作主要是掘进凿岩硐室。凿岩硐室有两种：一种在掩护支架上部，除了在其中凿岩外，也充当第一次爆破的小补偿空间（可省去切割立槽）；另一种是在掩护支架两侧。

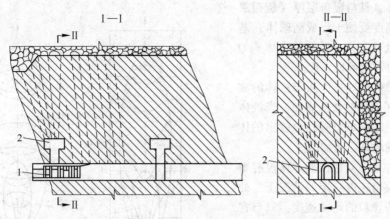

图 9-27 移动式掩护支架无底柱分段崩落法
1—移动式金属掩护支架；2—凿岩硐室

落矿采用上向扇形深孔、小补偿空间和向崩落区联合挤压爆破，孔径 100mm ；在靠近回采巷道顶板深孔之间补充打浅孔或中深孔，落矿时首先起爆浅孔，使在掩护支架上形成细碎矿石缓冲垫层，保护掩护支架。

掩护支架有两对放矿口，因为没有矿柱间隔，放矿条件很好。放矿应按照一定顺序。掩护支架上部长度方向崩落矿石的密实度相差较大，所以每个放矿口放出矿量不等。

放矿结束后，退出振动放矿机，关闭放矿口，掩护支架分为几个行程移到下一次落矿位置，继续回采。整个分条采完后将支架拆卸并移到新的回采巷道，安装后重复使用。

9.5 覆岩下放矿理论

9.5.1 椭球体理论

9.5.1.1 放出椭球体

A 放出椭球体的概念

放出椭球体是指从采场通过漏斗放出的一定体积 Q 大小的松散矿石，该体积的矿石在采场内是从具有近似椭球体形状的形体中流出来的。也就是说，放出的矿石在采场内所占的原来空间为旋转椭球体，其下部为放矿漏斗平面所截，且对称于放矿漏斗轴线，如图 9-28 所示。

$$Q = \frac{\pi}{6}h^3(1 - \varepsilon^2) + \frac{\pi}{2}r^2h \qquad (9-1)$$

式中 h ——放出椭球体高度，m；

 r ——放出漏斗口半径，m；

 ε ——放出椭球体偏心率，

$$\varepsilon = \frac{\sqrt{a^2 - b^2}}{a}$$

 a ——椭球体的长轴半径，m；

 b ——椭球体的短轴半径，m。

B 放出椭球体的性质

（1）放出矿石量是时间的函数，单位时间内所放出的散体体积。它在散体中原来的空间

形状为椭球体，且与覆盖层厚（覆盖层
和矿层最低高度要便于形成椭球体）基
本上无关。也就是说，散体放出体积 Q
只与放出的延续时间成正比。

放出椭球体的这一性质与液体的放
出性质是有区别的。众所周知，当液体
从容器中放出时，单位时间内放出的体
积是随液面的增高而增加的。

（2）颗粒比重对放出椭球体没有影
响。在散体放出速度一定的情况下，处
于运动场内的颗粒的运动速度，只与它
原来所处的位置有关，与颗粒比重
无关。

（3）位于放出椭球体表面上的颗粒
同时从漏口放出。由于漏斗口大小的影
响，这里的同时是指一个时间段，不是
数学上的同时。

（4）放出椭球体下降过程中其表面

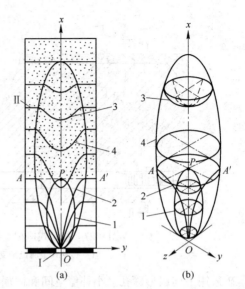

图 9-28 放出椭球体、松动椭球体、废石漏斗示意图

Ⅰ—放矿漏斗；Ⅱ—彩色标志带；A—A′—松散矿石与废石接触面；
1—放出椭球体；2—废石漏斗；3—移动漏斗；4—松动椭球体

上的颗粒相关位置不变。随着放出椭球体内的散体从漏口放出，放出椭球体从一个高度下降至
另一高度，与此同时，椭球体表面上相对应的颗粒点的位置不发生变化，它们的相对距离要保
持原来的比例关系，当然不排除特别细小的颗粒（粉末）下降速度加快。

C 放出椭球体的形状

放出椭球体的形状主要受椭球体偏心率和漏斗口直径的影响。

若偏心率 ε 趋于 0，则 b 趋于 a，椭圆接近于圆，放出体接近于圆球，这时放出体体积最
大，从漏斗中所放出的矿石量最大。若偏心率 ε 趋于 1，则 b 趋于 0，椭球体接近于圆筒，放
出体成管状。

由此可见，偏心率越小放出体越大，放出纯矿量越多；反之，放出体小，放出纯矿量越
少。所以，放出椭球体的大小及形状可以通过它的偏心率的值来表征。也就是说，偏心率可以
作为放出椭球的一个主要特征参数。

实践证明，放出椭球体偏心率受到放出层高 h、漏斗口直径 r、矿石粒级和粉矿含量、矿
石湿度、松散程度以及颗粒形状等因素的影响。

由于矿石从漏斗口放出，放出椭球体受到放出口的影响，使得放出椭球体不是完整的数学
意义上的椭球体，是一个被放矿口切割掉一部分的椭球体缺，因此，椭球体的形状会受到放矿
口大小的影响。

D 对放出体的其他描述

自从放出体为旋转椭球体的观点（椭球体理论）提出以后，许多研究工作者对放出体的
形状也提出了不同的看法：

（1）认为放出体上部是椭球体下部是抛物线旋转体，有人还提出了上部是椭球体下部是
圆锥体。

（2）认为放出体的形状在放出过程中是变化的，在高度不大时近似椭球体，随着高度的
增加，下部变为抛物线旋转体，上部仍然是椭球体。若继续增高，其上部变化不大，中部接近

圆柱体，下部是抛物线旋转体。

（3）认为放出体不是数学上的椭球体，近放矿口区域要伸长些。

（4）认为放出体虽然不是数学上的椭球体，但在计算上可以按椭球体公式计算，认为它被漏口截去部分与它整个高度相比较小，对整个影响不大。

9.5.1.2　松动椭球体

A　二次松散的概念

所谓二次松散是相对于放出前的第一次松散状况而言的，是指散体从采场放出一部分以后，为了填充放空的容积，在第一次松散（固体矿岩爆破以后发生的碎胀）的基础上所发生的再一次松散。其松散程度可用二次松散系数 K_2 表示，其值在 1.06~1.27 之间。

B　松动椭球体

松散的矿岩从单漏斗放出时，并不是采场内所有散体都投入运动，而只是漏口上一部分颗粒进入运动状态，将散体产生运动的范围连起来，其形状也近似于椭球体，称为松动椭球体，如图 9-29 所示。

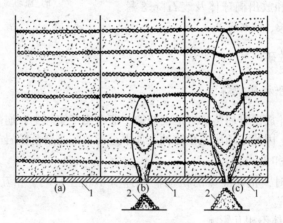

图 9-29　松动椭球体

(a) 放出前；(b) 放出小部分矿石后；(c) 放出较多矿石后

1—放矿模型；2—放出矿石堆

C　松动椭球体的性质

（1）松动椭球体的母线就是移动散体和静止散体的交界线，即松动椭球体之外颗粒处于静止状态。

（2）松动椭球体内颗粒运动速度不同，越靠近放矿口中轴线部位的颗粒，下降速度越快，如图 9-30（a）所示；从垂直方向看颗粒越靠近放矿口，其速度增加值越大，如图 9-30（b）所示。

（3）影响松动椭球体偏心率的因素与影响放出椭球体偏心率的因素基本相同。

（4）松动椭球体体积和放出椭球体体积一样也是放出时间的函数。

（5）经过理论推导可以得出松动提起他的高度大约是放出椭球体高度的 2.5 倍，松动椭球体的体积大约是放出椭球体体积的 15 倍。

（6）松动椭球体和放出椭球体是同一时间的函数，即松动椭球体和放出椭球体同时发生、同时成长、同时停止。

9.5.1.3　废石降落漏斗

松动椭球体内颗粒运动速度不同，越靠近放矿口中轴线部位的颗粒，下降速度越快。由此形成包括矿石和岩石接触面在内的各个水平面随着漏斗口矿石的放出，各个水平面均会向下弯曲，随着时间的推移，弯曲程度越来越大，我们称此弯曲面为放出漏斗，称矿岩接触面（即等于放出椭球体高度 h），形成的放出漏斗为废石降落漏斗，大于放出椭球体高度 h 的漏斗为移动漏斗，小于放出椭球体高度 h 的漏斗为破裂漏斗。

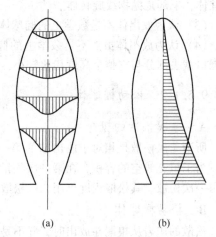

图 9-30　松动椭球体内颗粒运动速度分布图
(a) 各水平层上的速度分布；
(b) 流动轴上的速度分布

忽略矿岩二次松散，放出矿石体积、放出漏斗的体积、放出椭球体体积相等。同样，松动椭球体和放出椭球体及废石降落漏斗是同一时间的函数，即松动椭球体和放出椭球体及废石降落漏斗同时发生、同时成长、同时停止。

9.5.2　覆岩下底部放矿

9.5.2.1　多漏斗放矿规律

前面研究了单漏斗放出时崩落矿岩运动规律，而在生产实际中，崩落采矿法采场一般是从多漏斗中同时放矿的，因此必须研究在这种条件下进行放矿时崩落矿岩的运动规律。

A　相邻漏斗的相互关系

多漏斗进行放矿时，相邻漏斗的松动椭球体有不相互影响、相互相切和相互相交三种情形。

a　相邻松动椭球体不相互影响

$$R < \frac{L}{2}$$

式中　R——放出椭球体短半轴，m；
　　　L——放出漏斗半径即发出口间距，m。

在这种情况下 [见图 9-31(a)]，当放完与崩落矿石层 h 同高的全部纯矿石后，相邻漏斗所形成的最终松动椭球体和放出漏斗不相交，相互不影响，各放矿漏斗处于单独放矿的条件下。

b　相邻松动椭球体相切

$$R = \frac{L}{2}$$

在这种条件下，当放完与崩落矿石层 h 同高的全部纯矿石体积后，相邻漏斗所形成的最终松动椭球体正好相切，与其相应的放出漏斗在崩落矿岩接触面处接近于相交。在这种情况下，各漏斗放矿仍然单独进行。

c　相邻松动椭球体相交

$$R > \frac{L}{2}$$

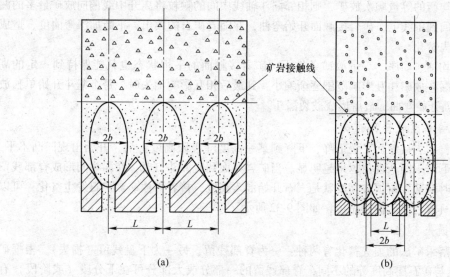

图 9-31　多漏斗放矿规律

（a）相邻放矿；（b）相交放矿

在这种情况下［见图 9-31（b）］，当放出一定的矿石体积后，相邻松动椭球体和放出漏斗在崩落矿石层范围内相互交叉。相邻漏斗放矿时相互影响、相互作用，可以使矿岩接触面保持水平下降，如图 9-32 所示。

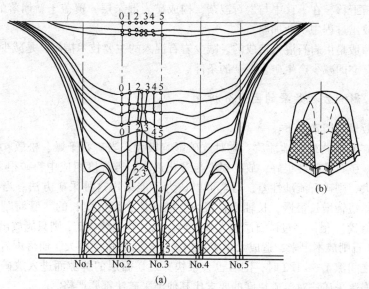

图 9-32　相邻漏斗放矿与脊部损失

（a）相邻漏斗放矿；（b）脊部损失

在放矿过程中位于矿岩接触面和两放矿漏斗轴线点上的颗粒，它们在均衡放矿时沿着各自的漏斗轴线向下运动。而在相邻漏斗轴线中间的颗粒，先在第一个放矿漏斗的松动椭球体内运动，然后又在相邻的第二漏斗，以及其他前后相邻漏斗的松动椭球内依次向下运动。在它各方向上依次向下运动一个周期后，矿岩接触面又趋于平面。由此可见，颗粒的运动速度是周围相邻漏斗放出时对该点所产生的运动速度叠加的结果。

若不采用均衡的等量顺次放矿，则相邻漏斗轴线中间的颗粒将离开中线偏向放矿量多的漏斗一边，不再回到中线上，矿岩接触面开始弯曲，并随着矿石的放出，不断加深弯曲度，造成较大的矿石损失贫化。

但即使在均衡、顺序、等量放矿条件下，矿岩接触面的平坦状态也只能保持到一定的高度。因为相邻漏斗放矿相互影响范围逐渐缩小，到最后相互影响消失时，每个漏斗开始单独放出。矿岩接触面开始弯曲，最后形成破裂漏斗。

B　相邻漏斗放矿脊部损失

放矿初期，矿岩接触面平缓下降，下降到某一高度（极限高度）后，开始出现凹凸不平，随着矿岩界面下降，凹凸现象越来越明显。当矿岩界面到底漏斗口时，在漏斗间形成脊部残留造成损失，此时脊部残留损失高度就是岩石开始混入高度，接着再放矿，矿石发生贫化，可以继续放矿，一直放到放矿截止品位，如图9-32所示。

C　矿石损失贫化

有底柱崩落采矿法的损失贫化有两种：一为脊部残留，另一为下盘残留（损失）。根据矿体倾角、厚度与矿石层高度等的不同，脊部残留的一部分或大部分可在下分段（或阶段）有再次回收的机会，当放矿条件好时有一而再、再而三的回收机会。下盘损失是永久损失，没有再次回收的可能。同时未被放出的脊部残留进入下盘残留区后，最终也将转变为下盘损失形式而损失于地下。由此看来，下盘损失可称为矿石损失的基本形式。所以，减少矿石损失主要措施是减少下盘损失。

若当倾角很陡（大于75°~80°），此时无下盘损失，矿石是以矿岩混杂层形式损失的。随着放矿残留矿石下移，在下移中与岩石混杂，构成矿岩混杂层，覆盖于新崩落的矿石层之上。矿岩混杂层在放出过程中不断加厚。

矿石贫化一般是由岩石混入造成的。减少岩石混入的主要技术措施，是减少放矿过程中的矿岩接触面积，亦即减少产生矿岩混杂的条件。

9.5.2.2　影响放矿效果的因素分析

影响放矿效果的因素如下：

（1）松散矿石的物理力学性质。它对放矿影响极大。当矿石干燥、松散、块度不大而均匀、无粉矿时，矿石流动性很好，放矿损失与贫化最小。若块度组成中粉矿很多，压实度大，有黏性或湿度大，则矿石流动性差，乃至可以认为不能采用这种采矿方法。当矿石流动性差时，放出椭球体短轴增长很慢，长轴增长很快，椭球体会形成瘦长的"管筒"状，放矿时上部废石通过"管筒"很快穿过矿石层进入放矿口。此时若继续放矿，则只能放出上部废石，而"管筒"周围矿石则放不出来，造成大量矿石损失。矿石的块度很大，崩落围岩细碎，其粒径小于崩落矿石之间隙1/3~1/2时，围岩也会很快穿过矿石层的缝隙而进入放矿口，加大贫化与损失。矿岩崩落采矿法对落矿块度的要求比其他类采矿法都要严格。

（2）放矿口尺寸。随着放矿口宽度的加大，虽然松动带边部的曲率半径并不改变，但松动带的半径随放矿口宽度加大。

（3）崩落矿石层高度及放矿口间距。崩落矿石层高度大，放矿口间距小，极限高度低，对减少放矿损失贫化有利。当放矿口间距一定时，纯矿石放出椭球体的体积随崩落矿石层的加高而变大，放出纯矿石量的百分比也相应加大。某矿崩落矿石层高为40~45m时，放出纯矿石量近60%，而层高16m时，仅为25%。贫化矿石量和脊部损失矿石量与放矿口间距有关。为获得好的放矿指标，降低损失与贫化，特别是在崩落矿石层高度小时，必须尽量缩小放矿口间距。

许多矿山经验表明，崩落矿石层高度 h 与放矿口间距 L 之比不应小于 5~6。采场放矿口间距小，数量多，可以提高放矿强度，加大采场出矿量，减小底部结构地压。

（4）放矿口的结构与形状。振动放矿与自重放矿矿石流动机理不同，放出体短轴发育也不同。放矿口的结构与形状应与矿石流动特性相适应。

（5）放矿制度与放矿管理。它们对放矿的损失贫化指标影响很大。矿块落矿以后放矿之前，需要按照确定的放矿制度进行放矿计算，预计放矿损失贫化指标，制定放矿图表。放矿工作应按放矿图表进行。

（6）矿体的厚度、倾角与废石接触面的数目。矿体的厚度、倾角、与废石接触面的数目和采场结构尺寸，直接决定着崩落矿石层的几何形态与放矿条件。在设计采场和底部结构时，要求根据矿岩移动规律检查设计的合理性，尽量提高纯矿石回收率，减少贫化矿石量。

当矿体倾角小于放出角时，在矿体的下盘会形成一个死带，其范围大小随着接触面距放矿口的高度增加而加大，如图 9-33 所示。为了减少下盘损失，必须增开下盘脉外漏斗。

我国使用这种采矿方法的矿山，在矿体倾角小于 60° 时，基本上都布置下盘脉外单侧或双侧电耙巷道，如图 9-34 所示。

放矿贫化率大小与矿岩接触面的形状及数量有关，接触面规则而数量少时，对减少放矿损失贫化最为有利。

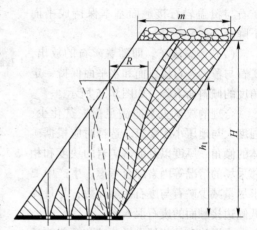

图 9-33　矿体倾角缓时下盘矿石损失
H—矿石层高；m—矿体厚度；
h_1—底盘漏斗放出纯矿石椭球体高度；
R—与 h_1 对应的废石降落漏斗半径

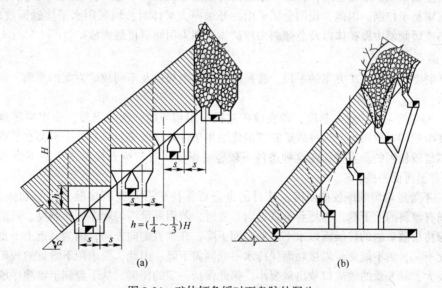

图 9-34　矿体倾角缓时下盘脉外漏斗
（a）沿整个下盘面布置双侧电耙巷道；（b）沿整个下盘面布置单侧电耙巷道
s—斗间距；h—拉底高；H—每条耙巷负担矿石层高；α—矿体倾角

9.5.2.3　放矿管理

放矿管理主要包括选择放矿方案、确定放矿制度及编制放矿计划和图表三项内容。

A　放矿方法

覆盖岩石下放矿的核心问题是在放矿过程中使矿石与废石接触面尽可能保持一定的形状均匀下降。在崩落采场放矿中，按接触面在放矿过程中下降的状态，可以分为以下两种放矿方案：

（1）水平放矿。即随着矿石的放出，矿石与覆盖岩石接触面基本保持成平面下降。

（2）倾斜放矿。即随着矿石的放出，矿石与覆盖岩石接触面和水平面保持一定角度的倾斜面下降，如图9-35所示。

合理的放矿方案应满足损失贫化少、强度大与地压小等要求。选择时应根据矿体的倾角，厚度以及崩落矿岩的块度和相邻采场的情况等因素综合考虑。生产中要求尽量减少矿石与废石接触面数，尽量降低侧边接触面的废石混入率。

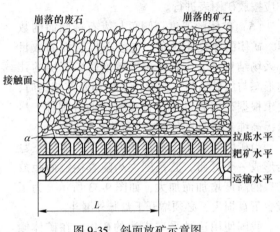

图 9-35　斜面放矿示意图

水平放矿的相邻采场落矿和倾斜放矿的倾斜面角度，对于矿石与废石接触面的大小有很大影响。水平放矿对相邻采场的落差，一般应控制在 10~20m 范围以内。倾斜放矿的角度最好不大于 45°。

从地压管理角度考虑，水平接触面放矿时底柱受压大，倾斜接触面放矿时可以降低地压。然而倾斜接触面放矿不易管理，特别是接触面的倾角难以保持不变，会增加损失与贫化；而水平接触面则易于控制。因此，我国金属矿山在开采厚大矿体时，均采用水平接触面放矿方案。开采倾斜或缓倾斜中厚矿体以及急倾斜中厚矿体，则采用倾斜接触面放矿。

B　放矿制度

放矿制度是实现放矿方案的手段。按照放矿的基本规律及不同放矿方案的要求，放矿制度可以分为：

（1）等量均匀顺序放矿制度，即在放矿过程中用相等的一次放出量，多次顺序地从每个漏斗中逐渐把矿石放出来。这种放矿制度最优适用条件是松散矿岩只有一个上部水平或倾斜接触面周围是较稳固的垂直壁。在这种条件下较容易保证矿石与废石接触面水平下降到"极限高度"，甚至再低一些。

（2）不等量均匀顺序放矿制度，其目的也是要保持矿石与废石接触面水平和倾斜下降。因为采场有倾斜的上下盘，当把巷垂直走向布置时，若用等量均匀顺序放矿制度，只能在沿走向方向保持松散矿岩的接触面以水平或倾斜面下降；在垂直走向方向，因为靠近上下盘处矿石下降速度不一，则不能使矿岩接触面保持水平或倾斜下降。因此，要求距下盘近的放矿口一次放出量要大，靠上盘的放矿口放出量要小，据此保持一定的比例，从下盘到上盘顺序放矿。相邻排间的漏斗放矿，也是按照同样原则进行。总之，当各漏斗担负矿量不相同时，均宜采用这种放矿制度。

（3）依次放矿制度，即按一定顺序，将每个漏斗所担负的矿量一次放完。这种放矿制度，不论对于垂直边壁采场还是具有倾斜上下盘的采场，都是不合理的，其缺点是不能用相邻漏斗的相互作用，故损失贫化大。但对于分段高度小于极限高度的分段崩落法，由于各个放矿口基本上都可以单独自由出矿，采用依次放矿还是可以的。

实践证明，等量与不等量均匀顺序放矿，所获得的损失贫化指标都是较好的，只是使用的条件不同。在生产中，这两种放矿制度往往是联合使用。例如，易门铜矿通常分四个阶段放矿，即：首先进行全面松动放矿，放出10%～15%以上的矿量，使崩落矿石从爆破挤压状态变为松散状态；其次用不等量均匀顺序放矿，使采场顶部造成一个人为的水平接触面；然后进行等量顺序放矿，回收纯矿石；最后放出贫化矿石。如此放矿虽然损失贫化小，但放矿管理复杂，放矿周期长，难以长期坚持。因此，许多矿山多结合生产实际，对放矿制度进行简化。一般做法是，除回收纯矿石阶段采用等量顺序放矿外，其他各阶段均分别一次放完，这种做法基本上做到了均匀顺序放矿，如图9-36所示。

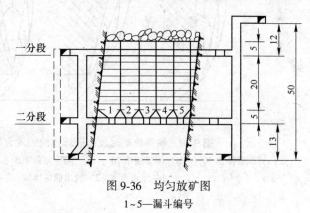

图 9-36　均匀放矿图
1～5—漏斗编号

C　放矿图表

放矿图表是执行放矿制度的措施，根据它可以计划并及时掌握矿石与废石接触面在放矿过程中的形状及其在空间的位置，借以分析各个漏斗出现贫化的原因，指导放矿工作正常进行。

放矿图表是以电耙道为单位来制定的。根据采场实测资料，可按照平行六面体算出各个漏斗所担负的放矿量及相应的放矿高度，编制放矿指示图表。在图表中还要根据放矿计算，列出各个漏斗的纯矿石回收量。此后，在放矿过程中，按照放矿原始记录与报表材料，将各个漏斗放出的矿石量用不同颜色的线条标注在指示图表上。在执行中，比计划下降慢的漏斗应先放或多放矿，下降快的则暂时停放或少放。过早出现贫化和矿石回收量不足的放矿口，要予以分析，找出原因。

根据放矿理论，降低放矿过程中矿石损失贫化的根本途径是提高纯矿石回收率。所以在制定放矿图表时，从开始放矿到接触面达到极限高度以前，均匀顺序放矿是一个非常重要的问题。

目前多数矿山将放矿过程中的有关数据输入计算机，用电子计算机掌握矿岩接触面的变化情况，指导放矿，这是放矿管理的重大改革，也是放矿管理的发展方向。

9.5.3　覆岩下端部放矿

9.5.3.1　端部放矿规律

实验证明，端部放矿的矿岩移动规律，基本上与平面底部放矿相同。这些规律仍然可以通过放出椭球体、松动椭球体、废石降落漏斗和放出角等概念加以简单概括。但端部放矿体崩落矿石是从巷道的端部放出的，矿石流动受到了放出口上部待采的分条端壁及其摩擦阻力的影响，使放出椭球体的流轴（中心轴）发生偏斜，放出椭球体也发育不完全，形成一个纵向不对称、横向对称的椭球体缺。不同端壁倾角的放出椭球体缺形态，如图9-37和图9-38所示。

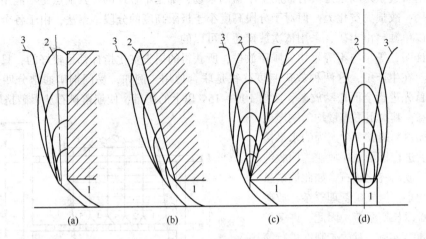

图 9-37   端部放矿时放出椭球体缺的发育与废石降落漏斗示意图

（a）端壁倾角 90°；（b）端壁倾角 70°；（c）端壁倾角 105°；（d）三种端壁倾角垂直回采巷道剖面图

1—回采巷道；2—放出椭球体缺；3—废石降落漏斗

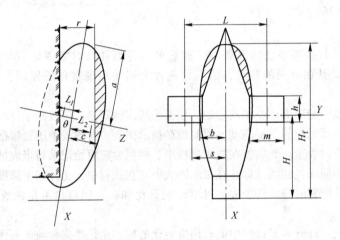

图 9-38   放出体形态

为了减少放矿损失贫化，应使爆破后崩落矿石形态尽可能与放出椭球体缺的形态相吻合。放出椭球体缺由三部分组成，即正面废石体体积、侧上部废石体体积（见图 9-38 阴影部分）和崩落的大部分矿石体积。通过计算放出体及内部废石体积，可预测端部放矿理论损失贫化。由于放出条件和放出体形态十分复杂，计算只能是近似的。

椭球体缺体积简化计算公式如下：

$$Q = \pi abc \left(\frac{2}{3} + \frac{a\tan\theta}{\sqrt{a^2 \tan^2\theta + b^2}} \right) \tag{9-2}$$

因为 $a^2 \tan^2\theta$ 数值较小，可以忽略不计

$$Q = \pi abc \left(\frac{2}{3} + \frac{a\tan\theta}{b} \right) \tag{9-3}$$

式中 Q——放出椭球体体积；

   a——长半轴，其值等于分段最高点到回采巷道顶板下一米处的一半，如图 9-38 所示；

b——横短半轴（垂直回采巷道中线方向）；

c——纵短半轴（回采巷道中线方向）；

θ——流轴与端壁夹角，称为轴偏角。

9.5.3.2　脊部损失

脊部损失是指每次爆破后实际放出矿石量小于崩落矿石量，这部分矿量损失称为脊部损失。根据位置不同，脊部损失又分为两侧脊部损失与正面脊部损失。

根据矿岩移动规律，在端部放矿后期，废石降落漏斗到达放矿口后继续放矿时，废石降落漏斗下部扩展越来越大，放出矿石的贫化率越来越高，放出矿石品位也相应越来越低。当最后放出的矿石品位达到截止放矿品位时，停止放矿。此时放出角以下的矿石在该放矿口放不出来，相邻几个放矿口放矿完毕后，在每一放出口两侧均留下一部分尖脊状的崩落矿石堆放不出来，这部分损失称为两侧脊部损失，如图9-39（a）所示。

在回采巷道正面，因受装运设备铲取深度限制及废石降落漏斗的隔绝，还有一部分矿石在该回采巷道内放不出来，这部分矿石损失称为正面脊部损失，如图9-39（b）所示。

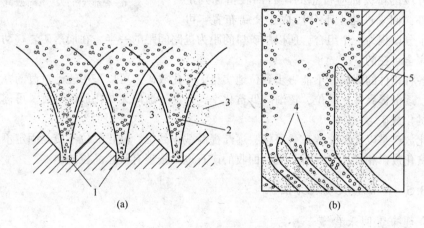

图 9-39　端部放矿脊部损失
（a）回采巷道两侧脊部损失；（b）回采巷道正面脊部损失
1—回采巷道；2—废石降落漏斗；3—两侧脊部损失；4—正面脊部损失；5—端壁

采切巷道布置、结构参数与回采工艺对放矿脊部损失和贫化有直接关系。因此，要求采切巷道的布置应使爆下矿石层的轮廓尽可能符合放出体形态。此外，要合理选取结构参数，正确确定回采工艺。

9.5.3.3　结构参数与损失贫化

结构参数如图9-40所示。对矿石损失贫化影响较大者为分段高度 H、进路间距 B、崩矿步距 L，三者之间存在联系和制约，一般所谓最佳结构参数就是三者最佳配合，任一参数不能离开另外两个而单独存在最佳值，亦即任一参数过大过小都会使矿石损失贫化变差。

步距过小，端面岩石首先混入放出矿石中，增大进路间距 B，可增大脊部残留高度，从而增大矿石堆体高度，随之增大放出体高度。分段高度 H 对矿石损失影响巨大，增大 H 随之增大 B 和 L 值，增大步距崩矿量、减少辅助作业时间和出矿次数，有利于降低损失贫化、提高生产能力以及降低采矿成本。

9.5.3.4　放矿方式与损失贫化

无底柱分段崩落法的放矿方式可分为3种：一是现在普遍采用的截止品位放矿；二是无贫化放矿；三是处于两者之间的低贫化放矿。低贫化放矿应是由现行截止品位放矿向无贫化放矿的过渡形式。

降低贫化率最有效的技术措施是提高放出矿石的截止品位，以至施行无贫化放矿。所谓无贫化放矿，就是当矿岩界面正常到达放出口时便停止放矿，使矿岩界面保持完整性，不像截止品位放矿那样，岩石混入后还继续放出，一直使放出矿石贫化到截止品位时才停止放矿。

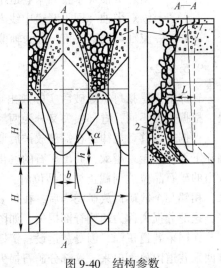

图 9-40　结构参数
1—脊部残留；2—端部残留

无底柱分段崩落法崩落矿岩移动空间是连续的，上面残留的矿石可于下面回收，所以可不计一条进路和一个分段的得失而应按总的矿石回收指标判定优劣。此外，回采进路上下分段成正交错布置，可将上下两个分段视为一个组合，所以放矿口间距为进路间距的一半，在崩落矿岩移动区内的矿岩界面是完全可控的。

由于各种条件的限制，不能一步到位地实行无贫化放矿。可以采用逐渐过渡的办法，随分段向下进，逐渐提高截止品位，逐渐降低贫化率，亦即逐渐向无贫化放矿过渡。可称此种放矿方式为低贫化放矿。

低贫化放矿是以无贫化放矿为目标，逐渐提高截止品位，截止品位不应是固定不变的。此外，与无贫化放矿相同，对只有一次性回收的矿石也要按现有截止品位放出。

9.5.3.5　降低损失贫化方法

A　合理布置回采巷道

回采巷道的合理布置可减少矿石损失，提高纯矿石回收率，可以从两方面采取措施：一方面尽量减少本分段的脊部损失矿量；另一方面在下分段将它最大限度地回收回来。为此，上下分段回采巷道应采用菱形交错布置，使每次崩落的矿石层为菱形体，且使它与放出椭球体轮廓相符，以大幅度减少矿石损失，如图9-41所示。

按图9-41的布置，即可将上分段回采巷道两侧脊部和正面脊部损失的大部分矿石在下分段放出，减少矿石的损失与贫化。

若上、下分段回采巷道垂直布置，其崩落矿石层高度比菱形布置减少一半，纯矿石的放出椭球体高度也减少一半，纯矿石回收率大大降低。垂直布置不能将上分段两侧脊部损失矿石放出，下分段又留下一部分脊部矿石不能放出，这就大大增加了矿石损失，如图9-42所示。

根据大庙铁矿试验统计，当上下分段回采巷道垂直布置时，在贫化率为15%的情况下，回收率仅为45%。

当矿体厚度小于15m，分条沿走向布置时，特别是倾角较缓时，回采巷道要靠近下盘布置，使矿层呈菱形崩落以减少矿石损失，如图9-43所示。

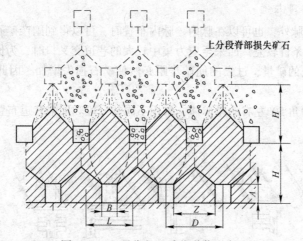

图 9-41　上下分段回采巷道菱形布置

H—分段高度；*D*—回采巷道中心间距；*L*—回采分条宽度；
B—回采巷道宽度；*A*—回采巷道高度；*Z*—回采巷道间矿柱宽度

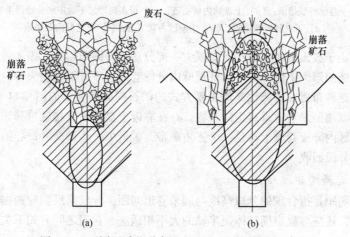

图 9-42　不同回采巷道布置方式矿石回收情况示意图

（a）垂直布置；（b）交错布置

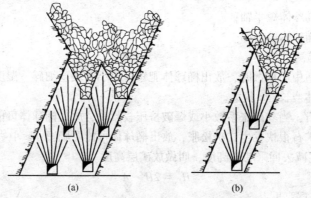

图 9-43　沿脉回采巷道菱形布置示意图

（a）双巷；（b）单巷

B　合理布置分段巷道

分段巷道可以在脉外，也可以在脉内。脉内布置时，可以得到副产矿石，减少巷道的废石掘进工作量，但通风条件较差。回采至应力集中较大的巷道交叉口时，为保证安全，一次必须放出爆破 4~5 排炮孔的矿量，过大的崩矿步距必然使矿石损失增加。因此，一般都采用脉外分段巷道。

图 9-44 所示为倾角 50°左右的厚矿体，采用不同的分段和回采巷道布置时，矿石损失变化情况。

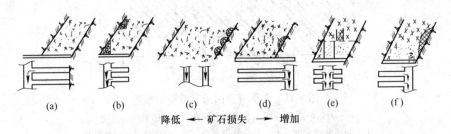

图 9-44　不同回采巷道布置时矿石损失变化示意图
(a) 上盘脉外联络道；(b) 上盘脉内联络道；(c) 沿走向增加下盘中间分段回采巷道；
(d) 下盘脉外联络道；(e) 中间脉内联络道；(f) 下盘脉内联络道

当矿体倾角小于放出角时，将在下盘损失一部分矿石。倾角越小，损失越大。

回采倾角较缓的厚大矿体，沿下盘开掘脉内分段巷道，除有下盘损失外，还有巷道交叉口处的损失，因此这种布置方式要比其他布置方式的矿石损失都大，如图 9-44 (f) 所示。为减少下盘损失，可以使回采巷道垂直走向布置，并在靠近下盘的矿岩接触带开切割槽，由下盘向上盘退采。上盘脉内分段巷道上部是一个三角矿带，矿量少，巷道交叉口处的矿石损失也大为减少，并可在下分段回收。

C　合理的进路间距

合理的进路间距是指合理的分段高度与回采巷道间距，分段高度除应根据凿岩设备、凿岩深度合理选取外，还应与放出椭球体短半轴的大小相适应，它们之间有如下关系：

$$H_d = \frac{b}{\sqrt{1 - \varepsilon^2}} \tag{9-4}$$

式中　H_d——分段高度；

　　　b——放出椭球体短半轴；

　　　ε——放出椭球体偏心率。

b 与 ε 可由试验测定。

崩落矿石块度适中而松散时，放出椭球体肥短，值小。块度细碎、湿度大、含粉矿和有黏结性时，放出椭球体瘦长，ε 值大。

同一种崩落矿石，当其碎胀系数小或爆破挤压较紧时，放出椭球体可能瘦长一些，值大一些。装矿强度大，矿石很快发生二次松胀，放出椭球体可能要肥短，ε 小一些。

2 倍的分段高度减去回采巷道高度，叫做放矿层高度。

$$H_{fe} = 2H - A \tag{9-5}$$

式中　H_{fe}——放矿层高度；

　　　A——回采巷道高度。

在放矿过程中，如果放矿层高度超过或等于设计的分段高度的2倍，则表明上部已采分段的废石已经混入，必须控制放矿；如果放矿层高度与回采巷道间距不相适应，矿石的损失贫化也将增大。

在分段高度一定的条件下，崩落矿石层的宽度应与放出椭球体的横轴相符合，即：

$$L = 2b + B = 2G\sqrt{1 - \varepsilon^2} + B \tag{9-6}$$

式中　L——回采巷道的间距；

b——放出椭球体短半轴；

ε——放出椭球体偏心率；

B——回采巷道宽度。

此外，可以用放出角来确定回采进路间距。放出角根据现场试验测定。用放出角决定回采进路间距，有作图法与计算法两种。

作图法是以回采巷道断面的上部转角点为起始点，分别作两条射线，使其与水平面的夹角等于放出角 φ。射线与拟定的分段高度的标高线分别相交，其交点即为上一个分段的两条回采进路的内侧底角的顶点。由此作出上水平的两条回采巷道，两回采巷道中心线间的距离即为所求的中心间距，如图9-45所示。

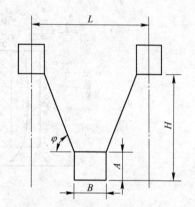

计算法是根据分段高度、放出角及回采巷道高度之间的关系，用式（9-7）计算：

$$L = 2\left(\frac{H - A}{\tan\varphi} + B\right) \tag{9-7}$$

式中，各符号意义如图9-45所示。

图9-45　作图法求回采巷道间距示意图

D　合理的崩矿步距

合理的崩矿步距是当分段高度、回采巷道间距与端壁倾角一定时，唯一能调整崩落矿石层形态的参数是崩矿步距。依据放出椭球体的外形可以确定崩矿步距的最大值与最小值，其最大值与放出椭球体短半轴相等。这就避免了正面废石混入造成的正面损失，但此时残留脊部矿石损失大；其最小值等于放出椭球体的短半轴长度之半。这时损失减少了，但贫化加大了。因此，实际采用的崩矿步距介于上述最大值与最小值之间。

图9-46（a）表示崩矿步距过小，放出椭球体伸入正面崩落废石，致使大量废石正面混入，同时，上部的矿石可能被废石隔断而无法放出，造成矿石损失。

图9-46（b）表示崩矿步距过大，放出椭球体提前伸入上部崩落废石中，致使大量废石自上部混入，同时使正面脊部损失增加。

E　合理的端壁倾角

端壁倾角不同，椭球体发育程度也不同；此处，端壁倾角还与覆盖岩石的压力以及矿石与废石的块度有关。椭球体的发育程度和矿岩块度直接影响放矿的损失与贫化。

端壁倾角及端壁面的粗糙程度对放矿椭球体的发育有直接影响。端壁前倾时，放矿椭球体被端壁切去一大半，放出体积较小；端壁后倾时，放出椭球体只被端壁切去一小部分，放出体积较大；端壁垂直时影响介于两者之间。放出椭球体因端壁倾角不同而被切去多少，可由轴偏角大小来表示，被切去的多少与轴偏角大小成反比。图9-47表示轴偏角与端壁倾角的关系。

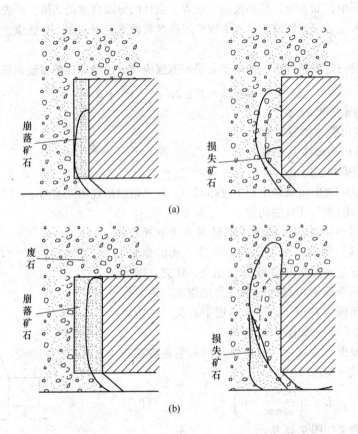

图 9-46　崩矿步距不合理矿石损失贫化示意图

(a) 崩矿步距过小；(b) 崩矿步距过大

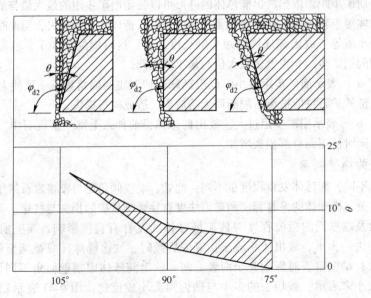

图 9-47　轴偏角与端壁倾角关系

θ—轴偏角；φ_{d2}—端壁倾角

在分段高度、回采巷道中心间距、崩矿步距及回采巷道规格等参数不变的条件下，端壁倾角与矿石回收率间的关系如图9-48所示（试验所得）的曲线。端壁倾角的最佳值为90°～100°。试验证明，端壁倾角后倾对放矿有利，如图9-48所示。

F 适中的松散矿岩块度

松散矿岩块度对放矿的影响是指矿岩块度不同时，大块的比小块吸收的压力多，因而其流动性能较差。

不同块度组成的矿岩松散体的流动性主要由小块矿岩的流动规律所决定，大块在流动过程中多是被动的。

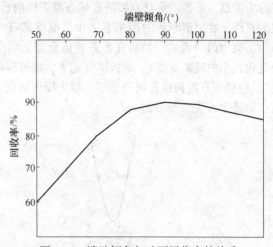

图9-48 端壁倾角与矿石回收率的关系

当矿石块度比废石大，应采用前倾端壁，端壁倾角75°～85°，如图9-49（a）所示。块度较大的矿石吸收了较多的压力，流动能力减弱，但端壁前倾，矿石与端壁之间的压力降低，大块放出速度加快，可以减少堵塞，较小的废石就不易混入。也可以说，在这种条件下，只有一部分矿石［图9-49（a）中 MN 线右边部分］的间隙被细块的崩落废石所混入；另一部分崩落矿石处于前倾端壁的遮盖下，前倾端壁阻挡小块度废石向矿石间隙渗漏，故可减少矿石贫化，提高纯矿石的回收率。

当矿石块度与废石块度相等时，采用垂直端壁，即端壁倾角为90°，如图9-49（b）所示。因为矿石和废石的块度相等，它们吸收同样多的压力，因而流动速度相同，相互渗透的现象不严重。而且，采用垂直端壁施工条件好，炮孔方向易掌握，因此在生产中得到广泛应用，甚至不考虑矿石与废石的相对块度。

在理论上，矿石块度小于废石块度时，采用后倾端壁，其倾角为105°～110°，如图9-49（c）所示。此时若采用前倾端壁，则小块会渗入正面废石中，加大矿石损失。后倾端壁装药及凿岩工作都较困难，且爆破时放矿口上部（眉线）易带炮冒落。因此，目前国内外尚没有用这种布置方式。

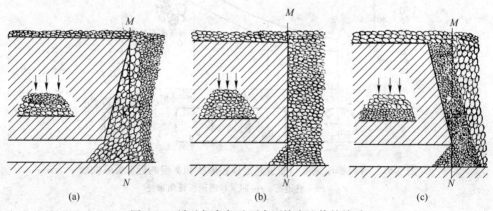

图9-49 端壁倾角与矿石废石块度比值的关系

G 合理的进路断面

回采巷道（进路）的断面形状及规格有拱形和矩形两种。回采巷道顶板与端壁面的接触线称为眉线。眉线的形状直接决定矿石堆表面的形状。拱形断面巷道眉线为拱形，矩形巷道眉线为直线。在拱形断面的回采巷道中，崩落矿石在其底板上堆积成"舌状"，如图 9-50（a）所示。突出的"舌尖"妨碍在回采巷道全宽上顺序均匀装矿，有效装矿宽度缩短（即矿石损失贫化最小的装矿宽度）。顶板拱度越大，缩得越短，如图 9-51 所示的曲线。出矿若先铲"舌尖"，会使废石提前插入回采巷道，增大损失贫化。所以，铲矿时只能先装"舌尖"两侧的矿石，后装"舌尖"部分的矿石。

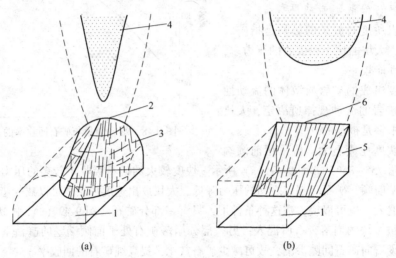

图 9-50　拱形与矩形断面回采巷道中的矿石堆

（a）拱形回采巷道；（b）矩形回采巷道

1—回采巷道；2—拱形眉线；3—圆锥形矿石堆；4—废石；5—棱柱形矿石堆；6—直线眉线

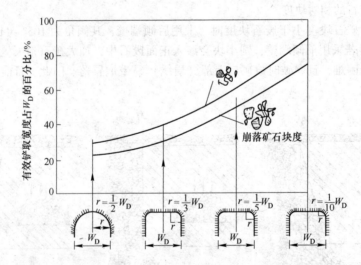

图 9-51　有效铲取宽度与回采巷道顶板形状和宽度的近似关系曲线

W_D—回采巷道宽；r—回采巷道顶板转角半径

在矩形巷道中，松散矿石堆面与底板面的接触线是一条直线，有利于全断面的均匀装矿，矿岩接触面基本保持水平下降，可以减少矿石的损失贫化，如图 9-50（b）所示。

矿石坚固性差时，矩形巷道的眉线由于爆破的震动和带炮，很容易形成拱形，给放矿带来不利影响。为保持眉线的完整，对在眉线附近的炮孔应采取间隔装药，必要时用锚杆支护。

为了降低放矿过程中的大块堵塞的机会，必须增加崩落矿石所流经的喉部高度，如图 9-52 所示。喉部处于倾角不相同的两个平面之间，一个平面的倾角是崩落矿石的活动带的自然安息角 φ；另一个平面的倾角是崩落矿石压实后的静止角 φ'，它较活动带的自然安息角大，这是由于这个带中的崩落矿石受到冲击后被压实的结果。在其他条件不变的情况下，这两个面随回采巷道高度变化而平行移动。因此，回采巷道的高度越大，喉部的高度也就相对越小，否则反之。

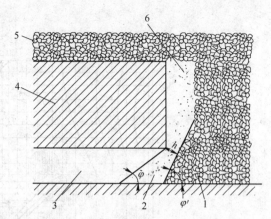

图 9-52 回采巷道高度与喉部高度的关系
h—喉部高度；φ—活动带的自然安息角；φ'—静止角，$\varphi' > \varphi$；
1—死带；2—活动带；3—回采巷道；4—矿体；
5—崩落废石；6—崩落矿石

为了增加喉部高度，应使回采巷道高度尽可能小，但不能小于凿岩设备和运搬设备工作时所需要的高度。

回采巷道的宽度是一个非常重要的参数，它直接影响松散矿石的流动。如果回采巷道的宽度很大，对放矿非常有利，但难以保持巷道稳固性；反之，回采巷道宽度过小，巷道固然稳固，但因不便于全断面装矿而产生超前贫化，对放矿不利，因此必须正确地选择回采巷道的宽度。回采巷道的宽度通常采用经验进行计算：

$$B \geqslant 5D\sqrt{K} \tag{9-8}$$

式中 B——回采巷道宽度，m；

D——崩落矿石最大块度的直径，m；

K——校正系数，可以从图 9-53 中查得（如图中虚线箭头所示）。

图 9-53 中区域 Ⅰ 表示大块的形状和所占百分比；区域 Ⅱ 和 Ⅲ 分别表示中块和小块所占的百分比；区域 Ⅳ 表示黏结性成分的百分比。

H 正确的出矿方法

正确的出矿方法是指合理的铲取方式及铲取深度。为了更多地回收矿石，必须有一个合理的铲取方式。如果固定在回采巷道中央或一侧装矿［见图 9-54（a）］，重力流的下部宽度将大大减少，废石很快进入回采巷道，造成矿石过早贫化，甚至废石会隔断旁侧矿石，造成矿损；此外出矿面窄也容易产生悬顶，影响放矿强度。

理论上讲最好的装载宽度应等于回采巷道的宽度。实际上，装载机的装载宽度都比较小。因而，必须沿着整个巷道宽度按一定的顺序轮番铲取。这时矿岩接触线近乎水平下降，可防止废石过早地进入回采巷道，减少矿石损失贫化。

为了对比说明不同情况下不同铲取方式的矿石回采率不同，令在宽 4m 拱形眉线回采巷道内只在中央铲矿的纯矿石回收量为 100%。在不同的回采巷道宽和眉线形状下，不同铲取方式的纯矿石回收量增长情况，如图 9-54（b）所示。

根据图 9-54 明显可见，矩形断面巷道中两帮交替铲矿比中央铲矿的铲取方式效果好，矿石流宽度大，近乎全面匀速下降，废石降落漏斗底宽也很大，放出纯矿石量增长最多，达 41.2%。

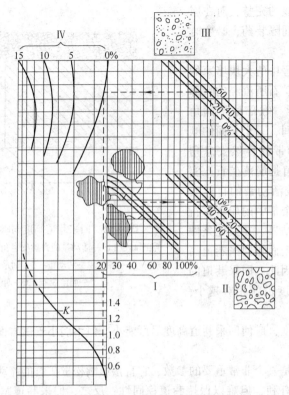

图 9-53　校正系数 K 查算图表

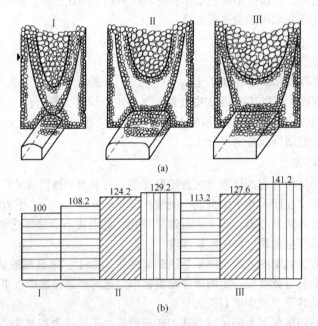

图 9-54　不同铲取方式纯矿石回收量增长图

（a）不同情况下的矿岩接触线的形状；（b）不同巷道宽度、不同眉线形状、不同铲取方式回收纯矿石量增长图

Ⅰ—回采巷道宽 4m，拱形眉线；Ⅱ—回采巷道宽 8m，拱形眉线；Ⅲ—矩形回采巷道宽 8m，眉线为直线

水平剖面线—只在回采巷道中央铲矿；倾斜剖面线—沿回采巷道全宽铲矿；

垂直剖面线—在回采巷道两侧交替铲取两次，中央铲取一次铲取深度大，放矿口的喉部高度也大，能实现连续放矿。反之喉部高度小，放矿过程中的堵塞机会增大，放矿强度变小。实际上在端部放矿中使用装载机时，由于设备的限制，铲取深度不大，只有使用振动放矿机出矿或有专用掩护支架进入崩落矿石下部时，才能达到较大的最佳出矿深度。

复习思考题

9-1　单层崩落法保持开采空间稳定的主要措施是什么？

9-2　长壁式崩落法的应力集中区在什么部位？

9-3　试比较长壁法与房柱法的回采方法。

9-4　崩矿步距与端部放矿损失贫化有何关系？

9-5　进路尺寸及形状对无底柱分段崩落法损失贫化有什么影响？

9-6　进路间距及分段高对损失贫化有什么影响？

9-7　无底柱分段崩落法的出矿设备对损失贫化有什么影响？

9-8　哪些因素对无底柱分段崩落法的损失贫化有影响？

9-9　无底柱分段崩落法存在哪些主要问题？

9-10　有底柱分段崩落法和无底柱分段崩落法区别是什么？

9-11　有底柱分段崩落法有哪些主要方案？

9-12　漏口间距对脊部损失有什么影响？

9-13　无底柱分段崩落法的适用条件是什么？

9-14　无底柱分段崩落法为什么要事先形成覆盖岩层？

10 回 采 技 术

10.1 凿岩

10.1.1 凿岩机械

矿山井巷掘进和矿石回采工作主要采用凿岩爆破的方法，通常需要在岩石和矿石中钻凿不同深度、不同直径的孔眼。根据所钻凿的孔深和孔径的不同，分为浅孔凿岩、中深孔凿岩及深孔凿岩。

10.1.1.1 钎头

钎头是直接破碎矿岩的部分，它的形状、结构、材质、加工工艺等是否合理，都直接影响凿岩效率及其本身的使用寿命。凿岩工作对钎头的要求是：形状和结构合理，凿岩速度高，耐磨性强，有足够的机械强度，排粉性能好，使用寿命长，制造和修磨方便以及成本低廉。依形状、尺寸的不同，钎头上硬质合金可分为片状和柱齿状两种。硬质合金片镶制的钎头有一字形钎头、十字形钎头等。钎头直径通常为 38~43mm。

一字形钎头的制造和修磨简单，对岩性和机型的适应能力较强，适用于风动冲击式凿岩机钻凿坚硬、中硬和中硬以下的岩石，但在节理、裂隙发育和韧性较大的岩矿中，容易卡钎，凿岩效果差。

十字形钎头的硬质合金片之间成直角，故制造和修磨比一字形钎头复杂，合金的用量也较多，适用于重型风动或液压凿岩机钻凿极坚韧、高磨蚀性的岩石，用于节理、裂隙发育的岩石中效果良好，不易卡钎。

柱齿合金钎头是由断续刃钎头演变而成的一种新型钎头。它是在钎头体上冷压、镶焊或热嵌几颗圆柱形硬质合金柱齿而成。其优点是：柱齿可按炮孔底面积合理布置，受力均匀；凿岩时，容易开门，不易卡钎，炮孔较圆，岩屑呈颗粒状，重复破碎少，工作面粉尘浓度低；凿岩速度高。

10.1.1.2 钎杆

钎杆是由钎梢、钎身、钎肩和钎尾等组成。钎梢是钎杆与钎头连接的部分；钎身的作用是传递冲击能量和扭矩；钎肩又称为钎耳或领盘，其作用是防止钎尾插入凿岩机气缸和脱离机头；钎尾是直接承受冲击力、轴推力和回转力矩的部分；中心孔是压气和冲洗水的通道，用于排除岩粉。对钎杆的要求是：应具有足够的抗弯曲疲劳强度和良好的微观塑性和循环韧性，具有抵抗矿坑水和井下潮湿空气侵蚀的能力，加工工艺性好和成本低。

钎头与钎杆的连接质量直接影响到冲击能量的传递效率和钎头、钎杆的使用寿命，因此其连接方式应该紧密可靠，能量损失少，坚固耐用，装卸方便和制造简便。在浅孔凿岩中，钎头与钎杆通常采用锥形连接。这种连接方式的优点是加工简便，能量传递效率高。

10.1.1.3 凿岩机

A 气腿式凿岩机

气腿凿岩机便于组织多台凿岩机凿岩，机动性强，辅助时间短，利于组织快速施工，所以广为使用（如 YT-23、YSP-45 等），如图 10-1 和图 10-2 所示。

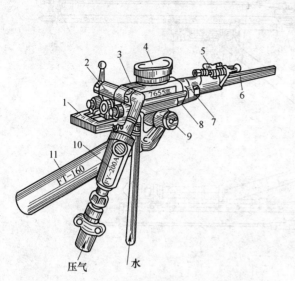

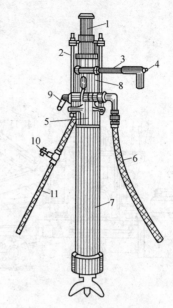

图 10-1   YT-23 型（原名 7655）凿岩机外貌图

1—手把；2—柄体；3—缸体；4—消音罩；5—钎卡；

6—钎子；7—机头；8—长螺杆；9—连接套；

10—自动注油器；11—气腿

图 10-2   YSP-45 型凿岩机

1—机头；2—长螺杆；3—手把；4—放气按钮；5—柄体；

6—风管；7—气腿；8—缸体；9—操纵阀手柄；

10—水阀；11—水管

工作面同时作业的凿岩机台数，主要取决于岩石性质、工作面断面大小、施工速度、工人技术水平以及压风供应能力和整个掘进循环中劳动力平衡等因素。当用气腿凿岩机组织快速施工时，一般用多台凿岩机同时作业。凿岩机台数可按巷道宽度确定，一般每 0.5~0.7m 宽配备1 台，如图 10-3 所示。

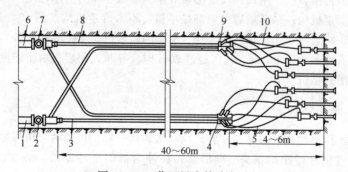

图 10-3   工作面风水管路布置

1—压风干管；2—压风总阀门；3—集中供风胶管；4—分风器；5—供风小胶管；6—供水干管；

7—供水总阀门；8—集中供水胶管；9—分水器；10—供水小胶管

B   凿岩台车

凿岩台车可以配用高效率凿岩机，能够保证钻眼质量，提高凿岩效率，减轻劳动强度，实现凿岩工作机械化，适合钻较深的炮眼，故已在金属矿山推广使用；但它不如气腿凿岩机灵活、方便，辅助作业时间也较长。图 10-4 为 CGJ-2 型台车结构示意图，图 10-5 是 CZZ-700 型凿岩台车示意图。

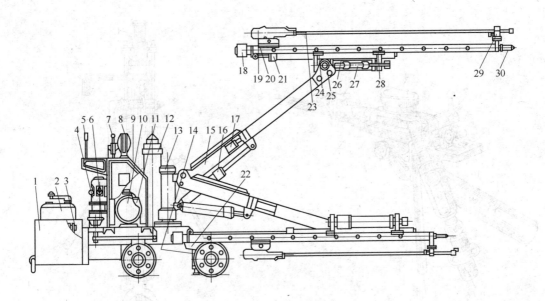

图 10-4   CGJ-2 型台车结构示意图

1—挂斗；2—控制器；3—电阻器；4—风马达；5—液压操纵手柄；6—制动器；7—气动操纵手柄；
8—照明灯；9—操纵台；10—电动机；11—减速箱；12—顶向气缸；13—转柱；14—支撑气缸；
15—大臂；16—大臂起落液压缸；17—推进器俯仰液压缸；18—推进风马达；19—凿岩机；
20—导轨架；21—补偿液压缸；22—底盘；23—钎杆；24—转动卡座；25—T 字轴；
26—推进器回转液压缸；27—推进器摆动液压缸；28—支撑卡座；29—夹钎器；30—顶尖

    凿岩台车是机械化程度较高的钻孔设备，配合使用导轨式凿岩机，提供推进、定位、行走等功能。凿岩台车分掘进台车、采矿台车和锚杆台车。掘进台车一般是多机，即一台凿岩台车上同时可以安装多台凿岩机，从而提高了凿岩效率，降低了体力劳动强度。采矿凿岩台车有单机和双机，自带行走机构；采矿凿岩台架都是单机，不带行走机构。图 10-6 是 FJY-24 型圆环雪橇式台架。采矿凿岩台车用于钻凿中深孔，配套的凿岩机是重型导轨式凿岩机，钻孔直径小于 100mm。当钻孔直径大于 80mm、孔深超过 20m 时，导轨式凿岩机由于能量传递损失，效率很低，建议采用潜孔钻机。

10.1.1.4   潜孔钻机

    潜孔钻机的工作原理和普通冲击回转式风动凿岩机一样。风动凿岩机将冲击回转机构做在一起，冲击能通过钻杆传递给钻头，而潜孔钻将冲击机构（冲击器）独立出来，潜入孔底。无论钻孔多深，钻头都是直接安装在冲击器上，不用通过钻杆传递冲击能，因而减少了冲击能的损失。潜孔钻机也正是由于冲击机构潜入孔底而得名。

    潜孔钻机是一种大孔径深孔钻孔设备，在地下采矿中，与接杆式深孔凿岩相比，潜孔钻机钻孔效率高，不受孔深限制，孔径大，适合大型采矿方法，和牙轮钻机相比，具有结构简单、使用方便、成本低、不受孔深限制、可以钻凿斜孔等优点，但钻孔效率没有牙轮钻机高。大型地下深孔采矿方法多数采用潜孔钻机，少数采用牙轮钻机。地下潜孔钻机由于受空间限制，一般结构紧凑、体积小、拆装方便，多数采用钻架支撑；大型地下潜孔钻机自带行走机构。地下潜孔钻机的穿孔直径为 80~200mm，以孔径 100mm 左右为主。

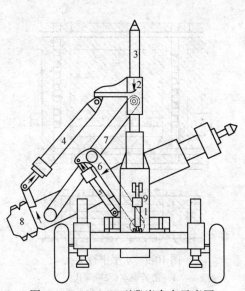

图 10-5　CZZ-700 型凿岩台车示意图

1—下轴架；2—上轴架；3—顶向千斤顶；
4—推进器扇形摆动液压缸；
5—迭形架摆动液压缸；6—摆臂；
7—中间拐臂；8—推进器托盘；
9—迭形架起落液压缸

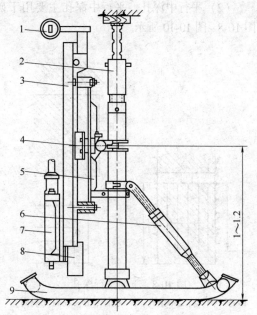

图 10-6　FJY-24 型圆环雪橇式台架

1—夹钎器；2—伸缩腿；3—推进器；4—骨架；
5—放射盘；6—拉杆；7—凿岩机；
8—推进风动马达；9—支架

10.1.2　炮孔布置

（1）浅孔。浅孔主要用在采幅不宽、矿量不多、地质赋存条件复杂的采场中，如图 10-7 所示。

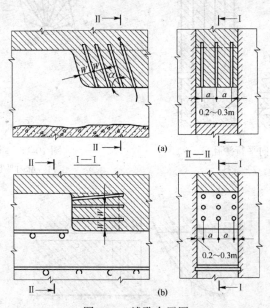

图 10-7　浅孔布置图

（a）上向垂直浅孔；（b）水平平行浅孔

（2）平行中深孔。平行中深孔主要用于矿房采矿法、有底柱分段崩落法等采矿方法，如图 10-8~图 10-10 所示。

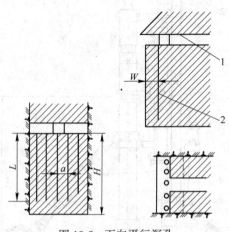

图 10-8　下向平行深孔

1—脉内平巷；2—炮孔；a—孔距；H—程高（斜高）；

L—孔涂；W—最小抵抗线

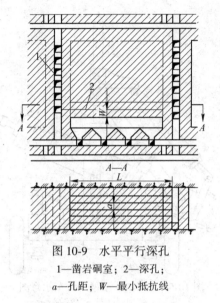

图 10-9　水平平行深孔

1—凿岩硐室；2—深孔；

a—孔距；W—最小抵抗线

（3）扇形炮孔。扇形炮孔主要用于矿房采矿法、无底柱分段崩落法等采矿方法，如图 10-11~图 10-13 所示。

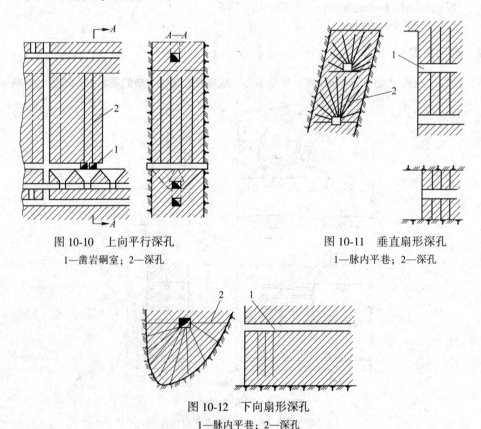

图 10-10　上向平行深孔

1—凿岩硐室；2—深孔

图 10-11　垂直扇形深孔

1—脉内平巷；2—深孔

图 10-12　下向扇形深孔

1—脉内平巷；2—深孔

10.1.3　凿岩工作

10.1.3.1　凿岩前必须做到的工作

凿岩前必须做到的工作如下：

（1）开动局扇通风，清洗掌头或采场作业面岩帮，保持工作面空气良好。

（2）工作面安设良好照明。

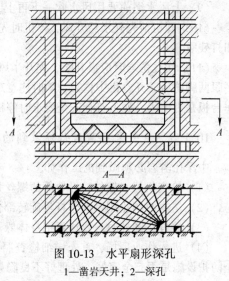

图 10-13　水平扇形深孔
1—凿岩天井；2—深孔

（3）工作以前，必须做好安全确认，处理一切不安全因素，达到无隐患再作业。检查有无炮烟和浮石，做好通风，撬好顶帮浮石，防止炮烟中毒和浮石落下伤人。保证作业环境安全稳固。对现场作业环境的各种电器设施要首先进行安全确认，防止漏电伤人。

（4）在有立柱的采场作业时，要检查工作面的立柱、棚子、梯子和作业平台是否牢固，如有问题应先处理好。

（5）检查工作面有无盲炮残药，发现有盲炮残药必须及时进行处理。处理方法：1）用水冲洗；2）装起爆药包点火起爆；3）距盲炮眼 0.3m 以上打平行眼起爆，严禁打盲炮眼、残药炮眼或掏出、拉出起爆药包。

（6）检查好凿岩机具、风绳、水绳等是否完好。

10.1.3.2　在凿岩过程中必须做到的工作

在凿岩过程中必须做到的工作如下：

（1）经常注意工作面的变化情况，发现问题及时处理；遇有冒水或异常现象，立即退出现场并发出警戒信号。

（2）坚持湿式凿岩，严禁干式凿岩。不是风水联动的凿岩机，开机时应严格执行先给水后给风，停机时先停风后停水。

（3）为确保凿岩机良好运转，开机时要遵守"三把风"的操作程序，风门开启由小到大渐次进行，严禁一次开启到最大风门，以免凿岩机遭到损坏。

（4）凿岩时应做到"三勤"，耳勤听、眼勤看、手勤动。随时注意检查凿岩机运转、钻具和工作面情况，若发现异常应及时处理后再作业。要防止顶帮掉浮石、钎杆折断、风水绳脱机等伤人事故的发生。

（5）发生卡钎或凿岩机处于超负荷运转时，应立即减少气腿子推力和减小风量来处理，严禁用手扳、铁锤类工具猛敲钎杆。

（6）凿岩时操作工人应站在凿岩机侧面，不准全身压在或两腿跨在气腿子上面。在倾角大于45°以上的采场作业，操作工不准站在凿岩机的正面；打下向眼时，不准全身压在凿岩机上，防止断钎伤人。

正在运转的凿岩机下面，禁止来往过人、站人和做其他工作。

（7）打上向炮眼退钎子时，要降低凿岩机运转速度慢慢拔出钎子。如发现钎子将要脱离开凿岩机时，要立即手扶钎子以防其自然滑落伤人。

（8）严禁在同一工作面边凿岩边装药的混合作业法。

（9）上风水绳前要用风水吹一下再上，必须上牢，防止松扣伤人。

（10）开机前先开水后开风，停机时先闭风后闭水，开机时机前面禁止站人，禁止打干眼和打残眼。

（11）浅孔凿岩时应慢开眼，先开半风，然后慢慢增大，不得突然全开防断杆伤人。打水平眼两脚前后叉开，集中精力，随时注意观察机器和顶帮岩石的变化。天井打眼前，应检查工作台板是否牢固，如不符合安全要求时停机处理安全后再作业。

10.1.3.3　中深孔凿岩必须做到的工作

中深孔凿岩必须做到的工作如下：

（1）检查机器、架件、导轨等的螺丝是否坚固可靠。

（2）凿岩时禁止用手握丝杆等旋转部位、冲击部位及夹钎器。

（3）接杆、卸杆时，要注意把身体躲开落钎方向的位置，防止钎杆落下伤人等。

（4）进入作业现场，首先详细检查照明通风是否良好，帮顶是否有浮石，各类支护，安全防护设施是否齐全完好，处理好不良隐患，确认安全后方可作业。

（5）开机前检查设备顶柱是否牢靠，各风水管连接是否处于良好状态，各部件等是否牢固可靠，确认无误时，方可开机工作。

（6）开门时距机器 2m 内严禁站人，先小风开进，机器上方必须设有坚固完好的防护板，并保证先开水后开风，严禁干式开门。

（7）安装、拆卸钻杆时，一定两人操作，互相配合，上下杆时必须使用专用工具卡钳子，不得用其他任何非标准工具代替，上卸杆时，对位置后，必须停止一切操作，待卸杆人员将卡钳子卡住时，通知操作人员并退后 2m 后，操作人员方可开风转动卸杆。

（8）钻杆扭断处理时，作业人员必须避开孔下部，不得拆除防护板，并做好防护措施，严防杆坠落伤人。

（9）开、关风水时，严禁面对风水头，注油紧固螺丝及处理，清扫机器时，一定关闭风源。

（10）作业完毕一定要用小风流将冲击器马达中杂物吹出，关好风水，清扫污物，回收用过的磨具，有安全防护设施的一定要挂好，安牢，不得留下任何隐患。

（11）操作台必须处在安全朝上风头方向的位置，操作台距钻机不少于 2m，开门时操作人员不得正视钻头。

（12）钻机周围不许有杂物影响操作，各种物品的摆放必须标准规范。

（13）台架在安装时一定要多人配合，垫板坚实，地面、顶板平整无浮石，立柱摆直一定要紧牢，大臂螺丝一定紧固牢靠。

（14）钻孔完成后，拆卸钻机时，一定要先拆风管，然后按着先小后大的方法，最后放倒支柱。

（15）钻机挪运安装之前，将作业现场及所行走的通道，清理平整，符合安全要求，挪运安装必须多人合作，抬放时口令一致。

（16）捆绑设备的绳索一定结实可靠，抬运用的木杠一定坚固抗压，并绑牢、捆好。

10.1.3.4　使用凿岩台车时必须做到的工作

使用凿岩台车时必须做到的工作如下：

（1）操作凿岩台车人员，必须经过培训合格后，方可操作。

（2）操作前必须处理好浮石，检查台车上电气、机械、油泵等是否完整好使。

（3）凿岩前必须将台车固定牢固，防止移动伤人。

（4）检查好各输油管、风绳、水绳等及其连接处是否有跑冒滴漏，如有问题需处理后开车。

（5）凿岩前应先空运转检查油压表、风压表及按钮是否灵活好使。

（6）凿岩台车必须配有足够的低压照明。

（7）大臂升降和左右移动，必须缓慢，在其下面和侧旁不准站人。

（8）打眼时要固定好开眼器。

（9）在作业过程中需要检查电气、机械、风动等部件时，必须停电、停风。

（10）凿岩结束后，收拾好工具，切断电源，把台车送到安全地点。

（11）台车在行走时，要注意巷道两帮，要缓慢行驶，以防触碰设备、人员等。

（12）禁止打残眼和带盲炮作业。

（13）禁止在换向器的齿轮尚未停止运转时强行挂挡。

（14）禁止非工作人员到台车周围活动和触摸操纵台车。

10.1.3.5　其他注意事项

其他注意事项如下：

（1）采用新型凿岩机作业时，要遵守新的凿岩机的操作规程。

（2）在高空或有坠落危险的地方作业时，必须系好安全带。

（3）打完眼后，应用吹风管吹干净每个炮眼，吹眼时要背过面部，防止水砂伤人。

（4）完成凿岩任务时，卸下水绳，开风吹净凿岩机内残水，以防机件生锈，然后卸下风绳。

（5）清理好所有的凿岩机具，搬到指定的安全地点，风水绳要各自盘把好，严禁凿岩机、风水绳与供风（水）管线连接在一起。

10.2　爆破

10.2.1　矿用硝铵炸药

黑火药是我国古代四大发明之一，硝化甘油为主要原料的炸药威力强大，因而在市场上占据了重要地位。随着硝铵类炸药的发展，逐渐取代硝化甘油炸药。

铵梯炸药的主要成分是硝酸铵和梯恩梯（TNT）。硝酸铵是氧化剂；梯恩梯既是还原剂，又是敏化剂。少量木粉起疏松作用，可以阻止硝酸铵颗粒之间的黏结。

铵油炸药是我国冶金矿山爆破工程中用量最大的一种炸药。铵油炸药的主要成分是硝酸铵，配以适量的柴油及木粉。硝酸铵本身是一种弱性炸药。在铵油炸药中，硝酸铵是氧化剂，与适量的柴油、木粉配合后，可获得较好的爆热。铵油炸药的优点非常突出，故应用很广，但铵油炸药具有容易吸湿和结块的缺点，不能直接用于水孔中爆破。此外，铵油炸药易燃，且燃着后不易扑灭。铵油炸药燃烧时产生大量有毒气体，在密闭条件下还可转变为爆炸。所以，尽管铵油炸药机械感度较低，仍应特别注意防火和灭火问题。

铵梯炸药和铵油炸药的优点虽然非常突出，但其所含硝酸铵易溶于水和从空气中吸潮而失效，所以限制了这两类炸药的使用范围。铵松蜡炸药是一种用憎水性物质包覆硝酸铵颗粒，从而形成抗水性硝铵炸药。

10. 2. 2　起爆方法

根据使用的起爆器材的不同，炸药包的起爆方法可分为火雷管起爆法、电雷管起爆法、导爆索起爆法、导爆管起爆法及联合起爆法。目前，火雷管起爆法、电雷管起爆法的应用逐渐减少；导爆索起爆法主要用于加强起爆；广泛应用的是导爆管起爆法。

火雷管起爆法是利用点燃的导火索引起火雷管爆炸进而引爆药包的起爆方法。火雷管起爆法所用的起爆器材有火雷管、导火索及点火器材。火雷管起爆法的适用范围很广，主要用于浅孔爆破。火雷管起爆法的优点是操作简便、成本较低，其缺点是需要在工作面点火，毒气量较大，安全性较差。

电雷管起爆法是利用电能引爆电雷管进而引爆药包的方法。电雷管起爆法的优点是：操作人员可以撤退到安全地点后再给电起爆；可以同时起爆大量雷管；可以准确控制起爆时间和延期时间；可以在爆破之前用仪表检测电雷管和电爆网路。缺点是操作较复杂，作业时间长，需要有足够的电源和消耗导线较多，易受静、杂电影响而早爆。为了安全起见，在进行起爆网路连线时应当停电，以免杂散电流引爆雷管。

导爆索起爆法是利用雷管爆炸引爆导爆索，再经由导爆索网路引起药包爆炸的方法。这种方法因不必在炮孔内装置起爆雷管，故又称为（孔内）无雷管起爆法。导爆索起爆法的优点是操作技术比较简单安全，可以使成组药包同时起爆，不受杂散电流、雷电或射频电的干扰；缺点是不能用仪表检测起爆网路的质量，导爆索价格较贵。一般只有深孔爆破或间断装药时使用此法。

在有杂散电流、静电、射频电或雷电干扰存在的地区使用电雷管起爆法，可能会发生意外爆炸事故。在这些情况下宜采用非电起爆的方法。除火雷管起爆法和导爆索起爆法之外，国内外已广泛应用导爆管起爆法。

导爆管是用高压聚乙烯挤制的管子，其外径为 3mm，内径约 1.5mm。管内壁表面涂有一薄层起爆药，导爆管内所含炸药量极少，而其直径又远远小于炸药稳定爆轰的临界直径，故按经典爆轰理论，不可能产生稳定爆轰。但根据管道效应原理，导爆管可以传播空气冲击波。波动过程中冲击波能量的衰减可由管壁内表面加强药粉的爆炸能量来补偿。冲击波传播后导爆管仍然完整无损，安全性很好。导爆管起爆系统的优点是操作简便，比较安全，能抵抗一般杂散电流和静电的干扰；原材料为塑料，可省大量金属材料、棉纱和起爆药，成本较低。它的缺点是不能用仪表检测网路连接的质量。

10. 2. 3　装药工艺

装药工艺就是将炸药装入炮孔的过程，可以是人工装药或机械化装药。

人工装药一般适合于装药量比较小的小型爆破，或者在没有装药机械的爆破工地。对于小孔径炮孔，人工装药常采用直径略小于炮孔的成品药卷，人工用炮棍将药卷逐个装入炮孔。炮棍用直径与药卷直径相当的木棍，长度视炮孔的深度而定，应比炮孔的深度略大，炮棍必须直，不能用弯曲的木棍。用炮棍将药卷送入炮孔时用力要恰当，不要用力硬往里送，以免损坏炮孔内的起爆线。向直径较大的炮孔装填袋装的散药时，人工只能装下向的炮孔。人工装药不需要各种装药机械，技术容易掌握，适合于中小企业采用。当装药量较少、装药结构复杂、药量控制要求高时，应当首先考虑人工装药。但是人工装药的劳动强度大、效率低、装药密度小。

机械化装药是采用各类装药机械代替人工装药，具有机械化程度高、生产效率高、装药密度大等优点，因而被各大型矿山广泛采用。机械化装药设备为井下矿山主要装药器，其装药的基本原理有喷射式、压入式、重力作用式。

10.2.4　爆破工作

10.2.4.1　爆破工作一般规定

（1）爆破工必须经过专门培训，考试取得爆破证者，方准从事爆破作业。背运爆破材料时，禁止炸药、雷管混合装、背、运。

（2）凿岩工作尚未结束，机具和无关人员尚未撤出危险地点，未放好爆破警戒前，禁止进行爆破作业。

（3）有冒顶危险或危及设备、无有效防护措施时，禁止进行爆破作业。

（4）需要支护不支护或工作面支护损坏，通道不安全或阻塞，禁止进行爆破作业。

（5）爆破材料不准乱放。爆破作业结束后需将剩余的爆破材料交回炸药库，并做好交接班工作。

（6）一个工作面禁止使用不同燃速的导火线，响炮时应数清响炮数，最后一炮算起，至少经 15min（经过通风吹散炮烟后），才准爆破人员进入爆破作业地点，严禁看回头炮。

（7）导爆管起爆时，连线起爆应由一人进行。

（8）爆破作业应有可靠照明。

（9）打大块时先检查有无残药，打大锤应注意周围人身的安全和自身安全。

（10）危险地点作业时，需采用临时支护或其他安全措施后再作业，特别危险地点作业时，需经有关人员检查，采取有效安全措施后方可作业。

（11）采场放炮，必须事先通知相邻采场、工作面作业人员，并加强警戒。

（12）爆破作业必须两人以上，禁止单人作业。

（13）矿山要统一放炮时间。

（14）二次爆破处理悬顶时，严禁进入悬拱和立槽下进行处理。

10.2.4.2　爆破材料的领退

（1）应根据当班的爆破作业量，填写好爆破材料领料单，领取当班的爆破材料。

（2）当班剩余的爆破材料应由当班退回库房，严禁自行销毁或私人保管。

（3）领退爆破材料的数量必须当面点清，若有遗失或被窃，应立即追查和报告有关领导。

10.2.4.3　爆破材料的运输

（1）领取爆破材料后，必须直接送到工作面或专有的临时保管库房（必须有锁），严禁他人代运代管，不得在人群聚集的地方停留。炸药和雷管必须分别放在各自专用的袋内。

（2）一人一次运搬爆破材料的数量：同时运搬炸药和起爆材料不得超过 30kg；背运原包装炸药不得超过一箱；挑运原包装炸药不得超过两箱。

（3）爆破材料必须用专车运送，严禁炸药、雷管同车运送。除爆破人员外，其他人员不准同车乘坐。

（4）汽车运输不得超过中速行驶，寒冬地区冬季运输，必须采取防滑措施；遇有雷雨停车时，车辆应停在距建筑物不小于 200m 的空旷地方。

（5）竖井、斜井运送爆破材料时，爆破工必须遵守下列规定：

1）事先通知卷扬司机和信号工。

2）在上下班人员集中的时间内，禁止运爆破材料。

3）运送爆破材料时，除爆破材料，严禁同时运送其他材料及设备。

4）严禁爆破材料在井口或井底车场停放。

（6）用电机车运送爆破材料时，必须遵守下列规定：

1）列车前后应设有"危险"标志。

2）电机车运行速度不超过 2m/s。

3）如雷管、炸药和导爆索用同一列车运送时，其各车厢之间应用空车隔开。

4）驾线电机车运送时，装有爆破材料的车厢与机车之间必须用空车隔开；运送电雷管时，必须采取可靠的绝缘措施。

10.2.4.4　爆破准备及信号规定

（1）在爆破作业前，应对爆破区进行安全检查，有下列情况之一者，禁止爆破作业。

1）有冒顶塌帮危险。

2）通道不安全或通道阻塞 2/3，或无人行梯子，有可能造成爆破工不能安全撤退。

3）爆破矿岩有危及设备、管线、电缆线、支护、建筑物、设施等的安全，而无有效防护措施。

4）爆破地点光线不足或无照明。

5）危险边界或通路上未设岗哨和标志或人员未撤除。

6）两次爆破互有影响时，只准一方爆破。贯通爆破时，两工作面距离达 15m 时，不得同时爆破；达 7m 时，需停止一方作业，爆破时，双方均应警戒。

7）爆破点距离炸药库存 50m 以内时。

（2）加工起爆药包应遵守下列规定：

1）起爆药包的加工，只准在爆破现场的安全地方进行，每次加工量不超过该次爆破需要量；雷管插入药包前，必须用铜、铝或木制的锥子在药卷端中心扎孔。

2）加工起爆药包地点附近，严禁吸烟、烧火，严禁用电或火烤雷管。

（3）设立警戒和信号规定。井下爆破时，应在危险区的通路上设立警戒红旗，区域为直线巷道 50m，转弯巷道 30m。严禁以人代替警戒红旗。全部炮响后，需经 15min 方能撤除警戒；若响炮数与点火数不符，需经 20min 后方能撤除警戒。严禁挂永久红旗。

10.2.4.5　装药与点火爆破

（1）装药前应对炮眼进行清理和检查。

（2）装起爆药包和硝化甘油炸药时，禁止抛掷或冲击。

（3）药壶扩底爆破的重新装药时间：硝铵炸药至少经 15min；硝化甘油炸药至少经过 30min。

（4）深孔装药炮孔出现堵塞时，在未装入雷管、黑梯药柱等敏感爆炸材料前，可用铜或非金属长杆处理。

（5）使用导爆管起爆时，其网络中不得有死结，炮孔内的导爆管不得有接头。禁止将导爆管对折 180° 和损坏管壁、异物入管、将导爆管拉细等影响导爆管爆轰波传播的操作。

（6）用雷管起爆导管时，导爆管应均匀敷设在雷管周围。

（7）装药时禁止烟火、明火照明；装电雷管起爆体开始后，只准用绝缘电筒或蓄电池灯照明。

（8）禁止单人装药放炮（补炮、糊大块除外），爆破工点完炮后必须开动局扇或打开风门（喷雾器）。

（9）装药时不许强冲击，禁止用铁器装药，要用木棍装。

（10）严禁无爆破权的人进行装药爆破工作。

（11）电气爆破送电未爆进行检查时，必须先将开关拉下，锁好开关箱，线路短路 15min 后方可进入现场检查处理。

（12）炸卡漏斗大块矿石时，禁止人员钻入漏斗内装药爆破。

（13）炮孔堵塞处理工作必须遵守下列规定：

1）装药后必须保证堵塞质量。

2）堵塞时，要防止起爆药包引出的导线、导火线、导爆索被破坏。

3）深孔堵塞不准在起爆药包后直接填入木楔。

（14）明火起爆时应遵守下列规定：

1）必须采用一次点火，成组点火时，一人不超过五组。

2）二次爆破单个点火时，必须先点燃信号管或计时导火线，其长度不超过该次点燃最短导火线的 1/3，但最长不超过 0.8m。

3）导火线的长度需保证人员撤到安全地点，但最短不小于 1m。

4）竖井、斜井和吊罐天井工作面爆破时，禁止采用明火爆破。

5）点燃导火线前，切头长度不小于 5cm，一根导火线只准切一次，禁止边装边点或边切边点。

6）从第一个炮响算起，井下 15min 内不得进入工作面，烟未排出，禁止进入。

（15）电力起爆必须符合下列规定：

1）只准用绝缘良好的专用导线做爆破主线、区域线或支线。露天爆破时，主线允许用架设在瓷瓶上的裸线，爆破线路不准与铁轨、铁管、钢丝绳和非爆破线路直接接触。禁止利用水、大地或其他导体做电力爆破网路中的主要导线。

2）装药前要检查爆破线路、插销和开关是否处于良好状态，一个地点只准设一个开关和插座。主线段应设两道带箱的中间开关，箱要上锁，钥匙由连线人携带。脚线、支线、区域线和主线在未连接前，均需处于短路状态。只准从爆破地点向电源方向联结网络。

3）有雷雨时，禁止用电力起爆；突然遇雷时，应立即将支线短路，人员迅速撤离危险区。

（16）导爆索起爆时应遵守下列规定：

1）导爆索只准用快刀切割。

2）支线应顺主线传爆方向连接，搭接长度不小于 15cm；支线与主线传爆方向的夹角不大于 90°。

3）起爆导爆索时，雷管的集中穴应朝导爆索传爆方向。

4）与散装铵油炸药接触的导爆索需采取防渗油措施。

5）导爆索与导爆管同时使用时不应用导爆索起爆导爆管，因导爆索爆速大于导爆管，易引起导爆索爆炸时击坏导爆管。

10.2.4.6 盲炮处理

（1）发现盲炮必须及时处理，否则应在其附近设明标志，并采取相应的安全措施。

（2）处理盲炮时，在危险区域内禁止做其他工作。处理盲炮后，要检查清除残余的爆破材料，并确认安全时方准作业。

（3）电爆破有盲炮时，需立即拆除电源，其线路需及时短路。

（4）炮孔内的盲炮，可采用再装起爆药包或打平行眼装药（距盲炮孔不小于0.3m）爆破处理，禁止掏出或拉出起爆药包。

（5）硐室盲炮可清除小井、平硐内填塞物后，取出炸药和起爆体。

（6）内外部爆破网络破坏造成的盲炮，其最小抵抗线变化不大，可重新连线起爆。

10.2.4.7　高硫、高温矿爆破

（1）高硫矿爆破时，炮孔内粉尘要吹净，禁止将硝铵类炸药的药粉与硫化矿直接接触，并禁止用高硫矿粉做填塞物。严防装药时碰坏药包。

（2）高温矿爆破时，孔底温度超过50℃，必须采取防止自爆的措施。

10.3　运搬

10.3.1　运搬设备

将回采崩落的矿石从工作面运搬到矿块底部受矿巷道的过程，称为采场运搬。采场运搬方法有重力运搬、机械运搬、爆力运搬和水力运搬。其中机械运搬是机械设备（电耙、输送机、自行设备等）直接进入工作面，将采场里崩落的矿石及时运走。

10.3.1.1　电耙

电耙具有结构简单、设备费用少、移动方便、坚固耐用、修理费用低和适用范围广等优点，如图10-14所示。电耙运搬的主要缺点是钢绳磨损很大，矿石容易粉碎，耙运距离大时生产效率低。

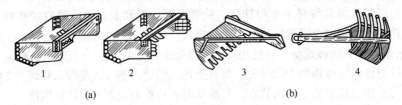

图10-14　电耙
(a) 箱形耙斗；(b) 筐形耙斗
1—刃板；2—刃齿；3—单面；4—双面

电耙使用条件：

（1）运搬距离一般为10~60m。当使用小型电耙绞车时，可减至5~10m。

（2）耙矿工作一般在水平或微倾斜的平面上进行；在特殊需要时，也可沿25°~30°倾角的底板向下或沿10°~15°倾角向上耙运。

（3）电耙出矿所经过的采场或巷道的高度不应小于1.5~1.8m。

（4）用于采场运搬矿石时，多沿采场底板耙运直接装车或耙运至溜井中。

10.3.1.2　铲运机

铲运机运搬矿石是铲运机前端带有容积较大的铲斗，矿石铲入铲斗后，将铲斗提起运至溜

井处，翻转铲斗卸出矿石，如图 10-15 所示。车体为前后两半，中央铰接，液压转向，操作轻便，转弯灵活，前后轴均为驱动轴，爬坡能力大。与装运机比较，铲运机的显著优点是：铲斗容积大，运行速度快，效率高。目前地下矿山，多采用尾部带有同步收放电缆的电动铲运机，大型铲运机速度高、生产能力大、总费用较低，目前向大斗容铲运机发展。由于柴油驱动铲运机在地下矿山使用中存在废气净化和通风困难，电动铲运机或架线式电动铲运机有很大发展前途。

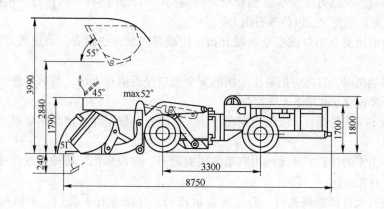

图 10-15　铲运机外形示意图

10.3.1.3　装运机

装运机运搬矿石是用铲斗将矿石装入自身带有的自卸车箱中，运至溜井卸矿，如图 10-16 所示。每台设备由一名司机操作，完成装、运、卸三种作业。

这种设备操作灵活可靠，装运效率较高，但拖有风绳，限制了运输距离（平均运距不超过 50m），且风绳磨损大，磨损严重处容易爆裂。影响运搬效率的主要因素有矿石块度、运距、巷道曲率半径以及路面的平整程度。此外，工作组织、设备的完好程度和司机的操作水平等，对装运机的效率也有很大的影响。目前，由于上述缺点，这种设备已逐渐被铲运机取代。

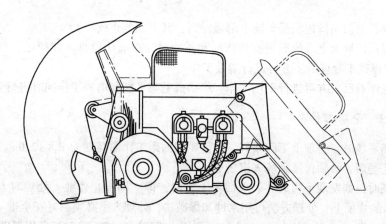

图 10-16　ZYQ14 型装运机外形示意图

10.3.2　平场撬毛工作

10.3.2.1　平场撬毛工作一般规定

(1) 撬碴应选用有经验的老工人操作，不能少于两人。一人撬碴，一人照明、监护，必须熟悉和掌握岩石性质、构造及变化规律。

(2) 撬碴时，应选好安全位置和躲避时的退路，不许在浮石下面作业，不得有障碍物，随时注意周围浮石的变化，以防落石伤人。

(3) 撬碴时由安全出口或安全区域开始，用敲帮问顶方法检查，前进式方法处理浮石，边撬边前进。

(4) 采场撬碴时，首先应把通往采场的安全出口浮石清理干净，然后对作业区域进行全面检查，撬净浮石后方准其他人员作业。

(5) 凡撬不下来的浮石，应通知现场作业人员注意，根据浮石情况用爆破方法处理或打顶子支护处理。

(6) 撬不下来的浮石，又无法用其他方法处理时，应设标记，通知附近作业人员和禁止人员在附近作业和通行。

(7) 发现有大量冒顶预兆时，应立即退出现场，并报告有关部门，采取可靠措施后再作业。

(8) 撬碴时，禁止人员从前通过。

(9) 在人道井、溜井或附近顶帮处理浮石时，应采取可靠的安全措施。

(10) 撬碴工作不许交给没有经验的人，要把本班情况向下班详细交代。

10.3.2.2　撬毛工作

(1) 平场前先撬好顶帮浮石。撬浮石必须自上而下，从外往里，从安全到不安全地方，仔细检查岩石节理、层理、裂缝等情况及浮石大小，在保证自身安全和他人安全的条件下进行工作。

(2) 撬浮石时必须有两人，撬毛人员不得站在下坡或较大坡面上，应站在上坡和有防滑措施的坡面上，并注意脱落浮石滚动伤人。撬不下来的浮石给上临时支柱或划上标志，并及时汇报。

(3) 撬浮石必须用撬棍。采矿场上部撬浮石，其下部禁止放斗。

(4) 发现在矿堆面上或炮眼里有残炸药和雷管时，在确认顶盘不能掉毛，可拾出放到安全地方或交给爆破工处理后，方可进行撬毛工作。

(5) 撬完浮石后，方可进行平场工作，严禁撬毛与平场和凿岩工作同时进行。

10.3.2.3　平场工作

(1) 采场平场时，必须上下联系好，保证矿堆面距工作面高度为 1.8~2.0m。

(2) 平完场后，必须保证采场人道畅通。

(3) 平场时，如发现下边放斗、上面不下货时，即立即停止作业。处理时人员不准站在漏斗正中上面的货堆上，处理方法可用水冲和爆破法，处理人员必须系好安全带。

(4) 平场时遇有 0.3m×0.4m 以上大块，可用人工破碎，破不碎时可采用爆破法破碎。

(5) 采场倒矿（废）前要喷雾洒水洗刷距工作面 15m 以内的顶帮壁及"货"堆要浇透

水，严禁干式作业。同时要处理好浮石。

10.3.2.4 放矿（放斗）工作

（1）放斗前应检查好漏斗和顶盘。放斗时人员必须站在漏斗口的侧面，不许正冲漏斗口。撬堵住漏斗口的大块时，严禁将撬棍的尾端正对身体，并注意撬棍触及电线。放漏斗时不准人员经过漏斗口。

（2）采场有人作业时，上下联系好后再放矿。留矿法采场上部有人作业时，在其相对应上部及其邻近的漏斗严禁放矿。

（3）留矿法采场放矿时，要按指令进行，不准私放和乱放漏斗。要控制好各漏斗的放矿量。

（4）用爆破法处理卡在漏斗里的大块时，必须用长木棍将炸药送到大块适当部位爆破，严禁钻入漏斗内和站在矿车上处理。

（5）推走矿车前要关好漏口。漏斗中的"碴"不准放空，至少要留下足够数量堵住漏斗嘴。

（6）处理漏斗堵塞和有积水的漏斗时，人员必须站在漏斗与外部相通的那一边，严防跑"货"将人堵在里边。

10.3.3 运搬工作

10.3.3.1 电耙运搬

A 电耙在回采工作中的应用

（1）有底部结构的采矿方法应用电耙底部结构。

（2）在房柱采矿法、全面采矿法、进路充填采矿法、壁式崩落法采场使用电耙运搬。

（3）在留矿法的变形方案中应用电耙运搬矿石。

（4）在削壁充填法、上向充填法采场内运搬矿石并铺平充填料。

B 电耙运搬工作

（1）一般规定如下：

1）必须熟悉设备构造、性能和操作方法。

2）工作前必须检查钢丝绳、滑轮、绞车、电机和电器开关，检查绞车固定情况及周围的安全情况、空载运行，检查绞车的运转情况。

3）制动时用力均匀，避免冲击，严禁同时制动两个制动轮。

4）耙斗工作时，如遇阻力过大或耙矿过多时，应使耙斗后退一定距离后再耙。

5）耙斗工作时，进入耙道的道口应挂警戒信号（如红灯、挂牌），禁止人员入耙道，人员在耙道行走时，禁止开动电耙。

6）绞车卷筒与操作台之间应设栏杆，防止断绳伤人。

7）工作停止时应把电源切断，禁止用耙斗打大块。

8）采场电耙绞车开动前，司机应发出信号，电耙钢绳运行时，禁止人员跨越。

（2）电耙运搬准备工作如下：

1）开耙前必须对电耙子和滑轮的各个部位进行全面细致的检查，确认无问题后再进入岗位。

2）检查电耙子周围是否处于安全状态，通风设备、照明装置是否好用，如有问题应立即处理。

3) 电耙道溜井上口靠电耙硐室侧要设置水幕降尘, 严禁粉尘侵入危及电耙工。水幕失效时, 不得进行耙矿作业。

4) 操作前应与有关人员工取得联系, 确认不会发生问题时, 合上电源开关, 启动电机进行耙矿; 电耙运行时人员不准跨过钢绳和在耙道中行走。

(3) 电耙运搬操作技术如下:

1) 操作时严禁两卷筒同时压闸, 以免损坏电耙。

2) 耙矿时若阻力过大, 将耙斗退回再耙, 不准超负荷运行。

3) 耙矿时遇到大块, 严禁用耙斗撞击破碎; 用爆破法破碎大块时, 应将钢丝绳安置在安全地点, 并执行爆破制度。

4) 耙矿时发现电耙异常, 应立即停车, 切断电源后方可修理。

5) 使用电耙道底部结构出矿的采场, 采场内有人作业时, 在其相应下部的漏斗禁止耙矿。

6) 作业完毕将电耙斗放到溜井上口附近, 拉下开关切断电源, 关闭水源, 关闭水幕, 并清扫好电耙子。

10.3.3.2 铲运机运搬工作

A 铲运机在回采工作中的应用

(1) 无底柱分段崩落法进路出矿。

(2) 进路充填采矿法进路出矿。

(3) 房柱法、全面法变形方案采场出矿。

(4) 采用铲运机出矿底部结构的采矿方法。

(5) 上向、下向充填法采场运搬。

B 铲运机运搬一般规定

(1) 必须熟悉铲运机的构造、性能及操作方法。

(2) 检查好工作面顶帮浮石、支护、照明、炮烟、开关等是否灵活可靠, 电缆是否漏电, 所属部件是否注油润滑, 发现问题, 及时处理。

(3) 操作中应随时注意周围人员和自己的安全, 以防挤伤。工作场地严禁在机器前后左右站人、在运输道上站人和堆放物品。

(4) 装岩时应注意工作面顶帮的安全情况及毛石堆中有无残存爆破材料, 发现不安全情况必须停机处理, 发现爆破材料处理好后再作业。

(5) 铲运机开动时, 应经常注意机器的运转情况, 发现异常情况, 应停机处理。

(6) 工作完后应把铲运机上的毛石清除干净, 并撤离工作面, 切断电源。

(7) 检查、修理、加油时, 必须使机器处于安全稳定状态, 动臂举升时, 严禁在臂下站人, 检查时必须支护好方可进行。

(8) 运行时与人相遇, 应停车让人通过, 严禁刮蹭木支护、支架、巷道两帮。禁止人员从升举的铲斗下通过。

(9) 运输巷道的底板要平整、无大块, 巷道的坡度应小于设备的爬坡能力, 弯道的曲线半径应符合设备的要求, 操作的一侧距岩壁应不小于1m。

(10) 禁止用铲斗撬浮石、顶撞击支护探头杆子。

C　铲运机开车前准备

（1）检查车灯的安装和使用情况、轮船的磨损程度及压力情况。

（2）检查轮毂的螺帽有无松动，行星减速器有无漏油。

（3）检查铰链部分有无松动，联结销轴是否安全，同时检查转向油缸及管路是否漏油、磨损，传动轴的万向节和支撑轴的磨损情况。

（4）检查空气滤清器是否损坏，过滤器进口是否有异物堵塞，发动机润滑油油面高度是否符合规定。

（5）检查柴油、变矩器油、液压油、制动液是否达到规定的液面高度，各管路、接头处是否有松动漏油现象。

（6）检查发动机、空压机的三角传动带有无开裂，其松紧程度是否合适。各仪表、开关有无破损、松动情况。

（7）检查座位周围有无影响操作的杂物，灭火设备及管路是否良好，检查蓄电池外壳及极柱接线情况。

（8）检查铲斗底部是否有裂缝，销轴及油缸销轴是否完好，举升油缸及管路是否漏油。

（9）检查各操纵杆、脚踏板是否灵活。

（10）检查风包连接管是否紧固，并按时排放风包内积水。检查底盘下面各油管的磨损情况。

D　铲运机启动技术

以上各项检查一切正常后方可启动，具体步骤如下：

（1）接通电源总开关，将速度、方向操纵杆置于中位。

（2）推进发动机熄火，开关手柄。

（3）按下超控按钮、预热按钮（在环境温度低于0℃时才需使用，但按下时间不能超过5min）。

（4）按下启动按钮，每次不超过5s，间隔时间不少于20s，3次不能启动，应查明原因处理后，方可重新启动。

（5）观察机油压力表，待指针指向规定压力表，放下超控按钮。

E　铲运机启动后检查

（1）启动后立刻松开启动按钮。

（2）观察各仪表指示情况，尤其是机油压力表，如5s内无压力显示应立即停车。

（3）怠速运转5~10min进行暖机，并倾听发动机有无异常声音。

（4）打开前后车灯，观察周围有无障碍物和人员。原地转向，看是否灵活。

（5）检查工作制动闸是否可靠。将方向控制手柄置于前进或后退位置，速度控制手柄置于二挡位置，然后踏下脚闸，油门加至最大，车应原地不动。

（6）将速度控制手柄置于二挡行驶，按下紧急制动闸，车应马上停止。

（7）操纵铲斗、动臂控制杆，检查铲斗举升和翻转情况。

F　铲运机正常行驶

（1）行驶前注意事项如下：

1）观察车周围，确认无障碍物和人，鸣喇叭，同时收起铲斗。

2）把方向、速度控制手柄置于所需位置。

3）按下停车意味按要求行驶，油门使用要适当，不可加油过猛过快，以免损坏发动机。

（2）铲装工作技术如下：

1）首先清除道路上的矿石和其他障碍物，注意保持车子前后形成一条直线，以低速接近料堆。

2）从最近点装起，并且每装一铲换一个位置。铲斗下平面要保持与地面基本成水平状态。

3）铲装时，如果后轮离地，应将车稍后退，然后再起斗。

4）铲斗的控制要配合好油门，使轮胎不至打滑，变矩器不停转（允许30s）。

5）铲斗装满后，要原地抖动一下铲斗，不可强铲硬底，遇阻力过大时要退回重新铲装。

（3）运输工作如下：

1）行驶中，要始终注意前进方向，依路面情况正确选择挡位，适时地变换行驶速度。

2）在狭窄的地方要减速行驶，在所有交叉路口和拐弯处要减速鸣笛，靠右行，空车要给满载车让路，货车给客车让路。

3）上下斜坡道之前，应首先检查一下车闸，上坡时铲斗在后，下坡时铲斗在前。

4）前进中，如果方向挡位或刹车失灵，要迅速将车靠向巷壁，然后熄火停车修理。

5）如运行前方有行人时，要及时停车，待行人过后再开车前进；在水洼路段要低速行驶。

6）在斜坡道上行驶时，车辆前后之间应保持50m的距离。

7）当车经过爆破区域时，发动机不准熄火。

8）严禁在铲斗和车的任何部位载人行驶，不准用铲运机运送爆破器材。

（4）卸载技术如下：

1）要低速进入卸矿区，卸矿时，要进行刹车。

2）当给卡车或矿车装矿时，要保证上部有足够的空间，并注意电线、水管等设施。

3）卸载时，机身要对正卸载处。

G　铲运机停车

（1）临时停车应注意：

1）不要阻塞交通，不停在人行道上、安全道上、救护站、通风井、泥泞处、漏水处。

2）使用停车制动闸制动，一般应熄火，如不熄火，司机不得远离车辆。

3）斜坡道上停车时，车轮下面应加塞木块或石块，避免溜车。

（2）长时间停车注意事项。除应遵守临时停车的各项规定处，还要做到：

1）进入指定地点。

2）将发动机怠速运转3~5min，然后拉出熄火手柄，使发动机熄火。

3）关闭钥匙开关和总电源开关（发动机关闭后，不准开前后灯照明）。

4）擦洗车辆，填写各种记录和报表。

H　铲运机运搬的其他注意事项

（1）铲运机司机需经专门培训，了解掌握本机构造性能，熟悉操作维修保养方法经考试合格取得操作证后，方可操作。

（2）司机在操作前，要对铲运机的机械电气部分进行检查，还应检查铲运机照明喇叭、刹车器、电缆磨损、轧漏划破等。严禁无灯无喇叭行驶。

（3）铲运机只准司机一人乘坐驾驶，禁止载乘他人或用铲斗载人，禁止司机将头、手、胳膊伸出司机室外。

（4）铲运机运行时，拖拽电缆两侧2m内不准有人站立。调车严禁触及或跨越电缆。加强运行中瞭望，如遇行人或作业人员必须停车待人撤出安全地点再进行作业。禁止无关人员在作业中的铲运机前逗留。

(5) 在作业面装矿时，对高处大块或者爆堆，必须处理好，防止大块或者大量矿石突然落下砸铲伤人。不合格的大块矿石、废旧钢材木材和钢丝绳，严禁铲装倒入溜井内。严禁向溜井内放水。

(6) 铲运机倒矿时，溜井口必须有坚固的占轮胎1/3高度的挡车设施。严禁铲车举铲斗行驶，铲车在通道上停留时，必须铲斗平放在地面上，并选择顶板两帮坚固稳定的地方停放。

(7) 运转中发现有异常情况或故障，应立即停机或停电。在运转中禁止维修保养润滑、紧固或更换备件等。铲车在维修保养时，必须把铲斗平放在地面上，不准在铲斗下面进行拆卸及检修等工作，若铲斗举起进行检修工作必须采取支、顶、掩等安全措施。

(8) 采场进行爆破时，必须先将铲运机撤到安全场所，并把拖拽电缆拖到安全距离以外方可进行爆破作业。

(9) 电气设备必须保持干燥清洁，有完整的防护罩，并且要有良好的接地装置。禁止在泥水中作业。

(10) 如遇电气设备起火时，应先切断电源，使用四氯化碳或二氧化碳灭火器灭火。禁止用水及导电物质灭火器灭火。如遇油料失火时，应使用灭火器碴石等，禁止用水。灭火器要经常保持完好有效状态。

10.3.3.3　装运机运搬

装运机是一种以空压作为动力的装载及运输设备，随着铲运机的发展逐渐被取代。

(1) 作业前，要对作业现场帮顶浮石进行认真检撬，清扫工作地段底板的散落矿石泥水，达到照明充足畅通无阻。

(2) 检查设备各部是否完好，发现松动螺栓及时紧固，检查设备管线、风源、润滑系统，有无渗漏现象，严禁设备带病作业。

(3) 装运机卸矿的溜井口必须要有150mm高的挡车设施，严禁将不合格大块矿石、废旧钢材、木材和钢丝绳倒入溜井内，严禁向溜井内放水。

(4) 装运机工作时，要加强对风绳管路的安全管理（尤其是风管接头处），防止被轮胎压坏，造成跑风或人身伤害。

(5) 操纵装运机必须站在脚踏板上，防止发生车轮压脚等事故，如有人经过装运机时，则必须停止动作，以免发生事故。

(6) 处理悬顶时，要及时把装运机开到安全地段，确认无问题才允许作业。

(7) 二次爆破或大爆破时，装运机必须停放在安全地带，确保设备安全。

(8) 在扬起的铲斗上紧固螺栓或修理底部其他零部件，必须把铲斗钩住或采取支顶措施，防止铲斗落下或机身侧落伤人。

(9) 拆卸轮胎时，必须将轮胎内气体排除，否则不允许拆卸。给轮胎打气时，应将压边安装正位，以防压边飞出伤人。

(10) 当司机离开设备、作业完毕或进行检修时，必须关闭总风柄，同时将操纵手柄上的搭钩搭上。

(11) 配合检修作业时，应给维修人员创造良好的作业条件，服从维修工和起重工的指挥。

(12) 装运机停止作业，要停放在离井口3m以外的适当位置，严禁停放在井口边和帮顶不稳固的地方，关闭风管阀门。挂好溜井安全围栏。

10.3.4　混凝土浇筑

10.3.4.1　浇筑混凝土的应用

（1）浇筑混凝土底板。
（2）接高溜井及布置顺路井。
（3）浇筑隔离墙。
（4）浇筑人工假底。
（5）溜井和人行顺路井锁口。
（6）安装漏斗口闸门。

10.3.4.2　浇筑混凝土工作

（1）工作前对施工作业面详细检查，认为安全后方准作业。发现问题，及时采取临时安全措施处理。工作时精神要集中，不得打闹、开玩笑。
（2）浇灌混凝土时应检查模板是否支得牢固。捣固时不要用力过猛，以免混凝土崩入眼部。
（3）工作台要牢固严密，以防折断或碎石坠落伤人。
（4）浇灌混凝土时，应注意模板钉子。在高空危险处浇灌混凝土时，必须系好安全带，以防坠落。
（5）使用震动器注意事项：震动器传动部分必须有防护罩；所有开关必须良好，所用导线必须是橡皮绝缘软线；必须有接地或接零，移动震动器必须停电；使用震动器必须穿胶靴，戴绝缘手套。

10.4　地压管理

10.4.1　支护（支柱）工作

10.4.1.1　支柱工作的应用

（1）布置多格顺路井。
（2）壁式单层充填采矿法。
（3）壁式单层崩落采矿法。
（4）留矿采矿法变形方案。
（5）分层崩落采矿法。
（6）需要在浇灌混凝土的位置打模板。

10.4.1.2　支柱工作一般规定

（1）架设木支架时，不得使用腐朽、蛀孔、软杂木、劈裂的坑木。
（2）掘进放炮前，靠近工作面的支架，应用扒钉、拉条、撑木等加固。
（3）发现棚腿歪斜、压裂、顶梁折断及坑木腐烂等，应及时更换修复。
（4）所有木料要检查是否符合要求，禁止使用尺寸不足、强度不够和腐烂的木料做支柱材料。

（5）搬运大木头时动作要协调，注意电机车架线、风水管路、电缆等以防伤人。

（6）使用斧子和大锤时，应注意周围人员的安全，工具不得随便乱扔。高空作业必须系安全带。

（7）上下材料、工具时需绑扎牢、联系好，不得乱扔。作业前应采取安全措施，以防人员坠落和物料掉下伤人。

（8）打撑子时，柱窝要选在坚硬的岩石上，并保证一定深度，以保证支护牢靠。

（9）处理冒顶或因特殊情况未架完成没处理完，应仔细向下班交代。

（10）采矿打顶子必须穿鞋戴帽，架设棚子时横梁与岩石、顶板之间间隙必须填实。

10.4.1.3 支柱技术

坑木运送应注意：运送材料时，严禁损坏电力线、照明线、电机车架空线、供风（水）管线和轨道及风门等设施和构筑物。往罐、箕斗中装料，有坠入可能的缝隙必须用2.5cm厚的优质木板堵严。材料不得突出容器之处，并用绳子捆好。在无容器的地方下料，高度超过10m时，用绳子捆着下放，严禁自由滑落，下料时必须做好上下联系。

（1）施工准备应注意：

1）作业前先吹净炮烟。人员站在安全地点洒水清洗顶、帮、工作面并浇透矿（废）石堆。

2）撬净工作面浮石。撬不下来且有空声的顶帮要做上明显的标志或做上临时支柱，并通知有关人员。

3）撬毛石时，采矿场由安全出口侧向里进行。

（2）架设木棚子、木立柱时应注意：

1）梁和腿的结合要严密，其夹角一般为100°~110°，顶压大夹角小，侧压大夹角大。棚腿柱窝应挖到硬岩，松软地段应垫基石或设地梁。棚梁与棚腿需在同一平面上，并需与巷道中心线成直角。梁的中部及腿的顶端与顶帮间的空隙均应用木楔楔紧。为防止棚子发生前后松动倾斜，各棚之间应用直径不小于10cm的撑木互相支撑。

2）用于水平采矿场的棚柱和顶柱应垂直支立。沿倾斜巷和倾斜采矿场架设时，应向下倾斜，倾角在45°以下时，棚腿和立柱支立方向在上下两盘成直角的垂线与柱顶重力线所构成夹角的分角线上，以适应顶盘岩层下移。木楔只准从上向下楔紧。

3）急倾斜的采矿场，需要支护时采用横木柱，横木柱与上下盘所成的角度的上一端稍倾0°~10°左右。

4）在顶盘节理发达松软处支立顶柱时，为扩大顶柱支护面积，顶柱上端应加柱帽，柱帽用劈开的半边坑木制作，宽度略小于柱顶直径，长至少伸出柱顶两边各0.2m。柱顶鸭嘴大小要大于柱帽木架弧，柱帽轴线方向应与断层、节理、倾斜成直角。

5）棚腿和立柱应大头向下，下端作适当切削，其切削长度不得超过直径，切割后端顶的大小不得小于直径的0.5倍。

（3）架设木垛时应注意：

1）架设木垛的木材应用圆木或方木。用圆木时，为增加稳固性，必须将相叠处削成上下平行的结合面。

2）木垛架叠高度，一般为坑木长的2倍以下，最高不得超过3倍。

3）架设木垛的位置，应坚实平坦，木垛顶底必须与顶底盘密接，并以木楔楔紧，相叠点位置应在一直线上。

4）在倾斜面上架设木垛时，应设临时托柱，而后进行叠架，以免其歪斜或转落。木垛与底盘接触的坑木必须与倾斜方向一致。

10.4.2　充填

10.4.2.1　充填注意事项

（1）充填工作开始前，必须把采场内的设备、材料、工具清理干净，存放在安全地点。

（2）充填前必须检查了解采场顶板护顶矿柱情况，对整个采场的安全情况，要心中有数。采场一切准备工作合乎要求时，方准充填。

（3）采场的软胶管要捆牢，固定在支架上；移动胶管时必须两人以上操作，不准单人盲目操作。

（4）充填采场必须有足够的照明，禁止无照明作业。

（5）充填工进入采场，首先观察充填井梯子板台是否可靠，进入采场必须观察采场顶板情况，禁止冒险作业。

（6）开车前行检查井下管路是否吊好，如有问题立即进行处理。

（7）充填开始前首先检查上下联系所使用的信号、电话是否灵敏可靠，并询问好充填搅拌站和充填采场的准备工作是否就绪，一切正常后方可发出充填开车信号。

10.4.2.2　充填操作技术

（1）工作时进入现场应首先进行安全确认，检查顶板、透口、各种电器设施及火工品的安全情况，发现问题，及时处理，确认安全后再作业。

（2）开车后查看采场的充填情况，注意观察人行井、溜井、板墙的渗透情况，巡回检查充填管路有无跑漏，发现问题立即停车处理。

（3）采场找平时，要做到充填面平整，不得充高或充低。

（4）为了保证采场充填浓度，凡是冲洗管路清水应放入采场的泄水井中，不得放入采场内。

（5）充填时必须按设计施工，保证充填质量和数量。

（6）管路输送充填料时，应随时注意检查，观察管路输送情况，发现管路堵塞时，应立即通知充填站停止输送，并立即采取措施处理。

（7）充填过程中，发现异常现象应立即停止充填。

（8）采场充填准备工作如下：

1）采场清底。待充填进路或采场的清底，包括将进路或采场内各种杂物、矿石、积水的清理，进路两帮或采场底角及底板的耙平，为下分层采矿，提供一个安全平整的人工充填体顶板。

2）按标准进行进路或采场钢筋铺设、吊挂。架设充填管路，完成充填密闭（砌筑充填挡墙、顺路井等）：钢筋接头、搭接处需要用18~22号铁丝扎牢，锚杆与吊挂筋、吊挂筋与桁架绑扎牢固。绑扎安装后，检查配置钢筋的级别、直径、根数和间距是否符合设计要求。

（9）采场充填结束，把采场管路、泥浆泵和其他设施都撤到安全地点放好。

10.4.2.3　充填搅拌工作

（1）充填搅拌准备工作如下：

1）坚守岗位，认真执行岗位责任制和交接班制度。

2）经常保持站房、设备及管道等清洁卫生，做到文明生产。

3）所有风水管道和阀门等不能有漏风、漏水和堵塞现象。

4）定期对设备和管道阀门等进行维护检修。

5）充填工作时，经常保持与井下的及时联系，紧密配合。

（2）充填搅拌工作注意事项如下：

1）充填工作开始时先用清水冲洗输送管道 5min，检查输送管道是否堵塞和渗漏。

2）充填工作中途因事故停车 5min 以上时，需接通事故冲洗水源冲洗输送管道 5min，然后用压风吹洗 2min。

3）充填工作结束时，先用清水冲洗输送管道，直到井下见清水，且清水内不含砂时为止，然后用压气吹洗输送管道 2min，同时用清水清洗砂泵和搅拌筒及有关管道等。

4）充填时，按一定的间隔时间（一般为 15min）测量浓度和压力，做好记录，如不符合要求，就及时调整。

5）水泥库贮存的水泥要采取防潮措施，散包水泥防止混入杂物，水泥的存放时间不超过 7~10 天。

6）充填使用的水泥在水泥仓中不超过 7 天。

复习思考题

10-1 常用的凿岩机械有哪几种？

10-2 炮孔布置有哪几类，分别适用于什么情况下？

10-3 凿岩工作前有哪些准备工作？

10-4 凿岩过程中应注意哪些事项？

10-5 矿用硝铵炸药有哪几类？

10-6 起爆方法有哪些？

10-7 起爆工作有哪些规定？

10-8 地压管理工作包含哪些内容？

10-9 支柱工作应用于哪些地方？

10-10 充填注意事项有哪些？

参 考 文 献

[1] 钟义旃. 金属矿床开采 [M]. 北京：冶金工业出版社，1990.

[2] 李朝栋. 金属矿床开采 [M]. 北京：冶金工业出版社，1987.

[3] 解世俊. 金属矿床地下开采 [M]. 北京：冶金工业出版社，1979.

[4]《采矿设计手册》编辑委员会. 采矿设计手册　矿床开采卷 [M]. 北京：建筑工业出版社，1993.

[5] 王青. 采矿学 [M]. 北京：冶金工业出版社，2005.

[6] 陈国山. 金属矿地下开采 [M]. 北京：冶金工业出版社，2015.

冶金工业出版社部分图书推荐

书　名	作　者	定价(元)
现代企业管理（第2版）（高职高专教材）	李　鹰	42.00
Pro/Engineer Wildfire 4.0（中文版）钣金设计与焊接设计教程（高职高专教材）	王新江	40.00
Pro/Engineer Wildfire 4.0（中文版）钣金设计与焊接设计教程实训指导（高职高专教材）	王新江	25.00
应用心理学基础（高职高专教材）	许丽遐	40.00
建筑力学（高职高专教材）	王　铁	38.00
建筑CAD（高职高专教材）	田春德	28.00
冶金生产计算机控制（高职高专教材）	郭爱民	30.00
冶金过程检测与控制（第3版）（高职高专国规教材）	郭爱民	48.00
天车工培训教程（高职高专教材）	时彦林	33.00
工程图样识读与绘制（高职高专教材）	梁国高	42.00
工程图样识读与绘制习题集（高职高专教材）	梁国高	35.00
电机拖动与继电器控制技术（高职高专教材）	程龙泉	45.00
金属矿地下开采（第2版）（高职高专教材）	陈国山	48.00
磁电选矿技术（培训教材）	陈　斌	30.00
自动检测及过程控制实验实训指导（高职高专教材）	张国勤	28.00
轧钢机械设备维护（高职高专教材）	袁建路	45.00
矿山地质（第2版）（高职高专教材）	包丽娜	39.00
地下采矿设计项目化教程（高职高专教材）	陈国山	45.00
矿井通风与防尘（第2版）（高职高专教材）	陈国山	36.00
单片机应用技术（高职高专教材）	程龙泉	45.00
焊接技能实训（高职高专教材）	任晓光	39.00
冶炼基础知识（高职高专教材）	王火清	40.00
高等数学简明教程（高职高专教材）	张永涛	36.00
管理学原理与实务（高职高专教材）	段学红	39.00
PLC编程与应用技术（高职高专教材）	程龙泉	48.00
变频器安装、调试与维护（高职高专教材）	满海波	36.00
连铸生产操作与控制（高职高专教材）	于万松	42.00
小棒材连轧生产实训（高职高专教材）	陈　涛	38.00
自动检测与仪表（本科教材）	刘玉长	38.00
电工与电子技术（第2版）（本科教材）	荣西林	49.00
计算机应用技术项目教程（本科教材）	时　魏	43.00
FORGE塑性成型有限元模拟教程（本科教材）	黄东男	32.00
自动检测和过程控制（第4版）（本科国规教材）	刘玉长	50.00